“十四五”高等职业教育新形态一体化教

信息技术课程系列

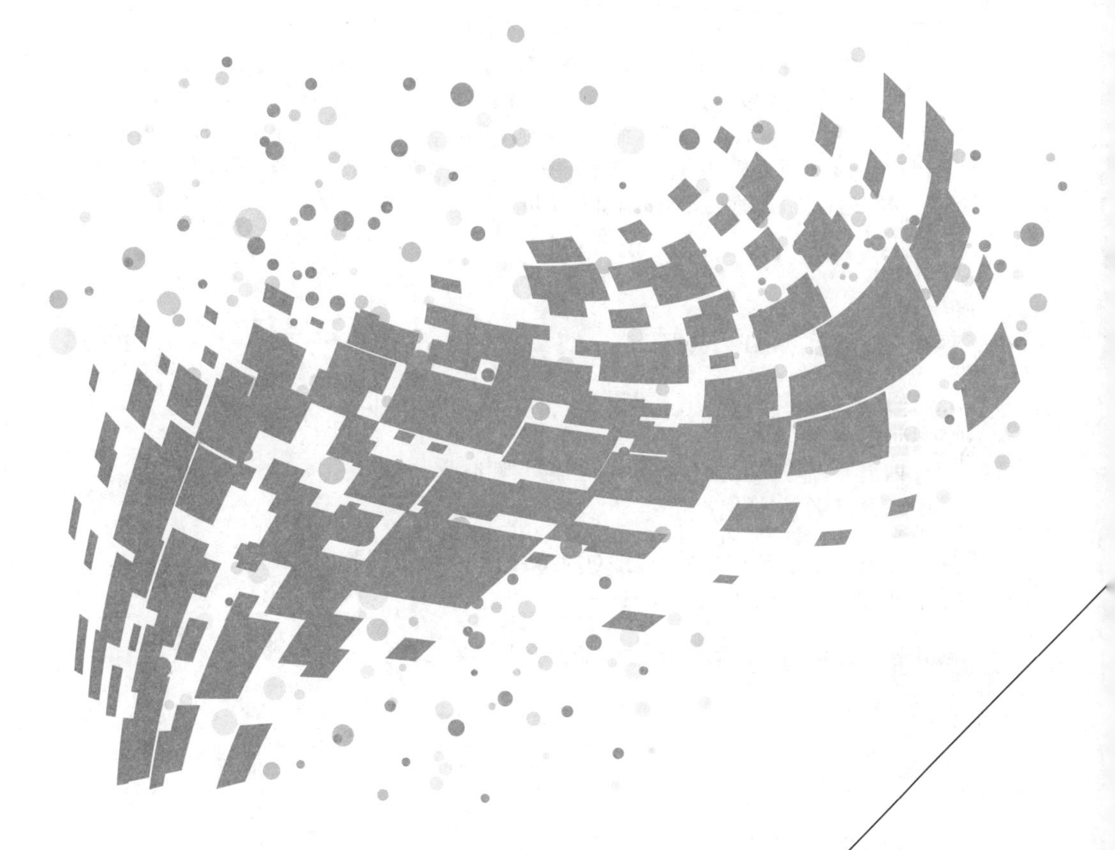

# Java程序设计基础与应用

黄振业　曲欣欣◎主　编
张　震　余可曼◎副主编

中国铁道出版社有限公司
CHINA RAILWAY PUBLISHING HOUSE CO., LTD.

## 内 容 简 介

本书为"十四五"高等职业教育新形态一体化教材之一，通过简明生动的语言和丰富的案例，以行业流行的Eclipse开发工具作为开发平台，有针对性地引导学生"在做中学"，培养学生分析问题和解决问题的能力，把提高学生的动手能力和综合素质作为首要任务。

本书包括Java语言基础和图形用户界面设计与开发两部分，具有由浅入深、循序渐进、案例典型、轻松易学、应用实践、随时随练的特色。Java语言基础部分包括Java语言概述、Java语言基础、Java程序流程控制、数组、字符串、面向对象程序基础与进阶、常用类和异常处理等内容；图形用户界面设计与开发部分包括图形用户界面设计、图形用户界面应用开发、数据库操作和多线程等内容。

本书适合作为高职高专院校计算机及相关专业的教材，也可作为职业培训的教材或自学者的参考书。

**图书在版编目（CIP）数据**

Java程序设计基础与应用 / 黄振业，曲欣欣主编 .—北京：中国铁道出版社有限公司，2024.1
"十四五"高等职业教育新形态一体化教材
ISBN 978-7-113-30881-0

Ⅰ. ① J… Ⅱ. ①黄…②曲… Ⅲ. ① JAVA语言－程序设计－高等职业教育－教材 Ⅳ. ① TP312.8

中国国家版本馆CIP数据核字（2023）第240620号

书　　名：Java程序设计基础与应用
作　　者：黄振业　曲欣欣

策　　划：侯　伟　　编辑部电话：（010）51873135
责任编辑：包　宁
编辑助理：谢世博　郭馨宇
封面设计：尚明龙
责任校对：安海燕
责任印制：樊启鹏

出版发行：中国铁道出版社有限公司（100054，北京市西城区右安门西街8号）
网　　址：http://www.tdpress.com/51eds/
印　　刷：三河市燕山印刷有限公司
版　　次：2024年1月第1版　2024年1月第1次印刷
开　　本：787 mm×1 092 mm　1/16　印张：18　字数：471千
书　　号：ISBN 978-7-113-30881-0
定　　价：56.00元

**版权所有　侵权必究**

凡购买铁道版图书，如有印制质量问题，请与本社教材图书营销部联系调换。电话：（010）63550836
打击盗版举报电话：（010）63549461

# “十四五”高等职业教育新形态一体化教材

## 编审委员会


总顾问：谭浩强（清华大学）　黄心渊（中国传媒大学）

主　任：高　林（北京联合大学）

副主任：鲍　洁（北京联合大学）　眭碧霞（常州信息职业技术学院）

孙仲山（宁波职业技术学院）　秦绪好（中国铁道出版社有限公司）

委　员：（按姓氏笔画排序）

于　京（北京电子科技职业学院）　于　鹏（新华三技术有限公司）

于大为（苏州信息职业技术学院）　万　冬（北京信息职业技术学院）

万　斌（珠海金山办公软件有限公司）　王　芳（浙江机电职业技术学院）

王　坤（陕西工业职业技术学院）　王　忠（海南经贸职业技术学院）

方风波（荆州职业技术学院）　方水平（北京工业职业技术学院）

左晓英（黑龙江交通职业技术学院）　龙　翔（湖北生物科技职业学院）

史宝会（北京信息职业技术学院）　乐　璐（南京城市职业学院）

吕坤颐（重庆城市管理职业学院）　朱伟华（吉林电子信息职业技术学院）

朱震忠（西门子（中国）有限公司）　邬厚民（广州科技贸易职业学院）

刘　松（天津电子信息职业技术学院）　汤　徽（新华三技术有限公司）

阮进军（安徽商贸职业技术学院）　孙　刚（南京信息职业技术学院）

孙　霞（嘉兴职业技术学院）　芦　星（北京久其软件有限公司）

杜　辉（北京电子科技职业学院）　李军旺（岳阳职业技术学院）

杨文虎（山东职业学院）　杨龙平（柳州铁道职业技术学院）

杨国华（无锡商业职业技术学院）
吴　俊（义乌工商职业技术学院）
吴和群（呼和浩特职业学院）
汪晓璐（江苏经贸职业技术学院）
张　伟（浙江求是科教设备有限公司）
张明白（百科荣创（北京）科技发展有限公司）
陈小中（常州工程职业技术学院）
陈子珍（宁波职业技术学院）
陈云志（杭州职业技术学院）
陈晓男（无锡科技职业学院）
陈祥章（徐州工业职业技术学院）
邵　瑛（上海电子信息职业技术学院）
武春岭（重庆电子工程职业学院）
苗春雨（杭州安恒信息技术股份有限公司）
罗保山（武汉软件职业技术学院）
周连兵（东营职业学院）
郑剑海（北京杰创科技有限公司）
胡大威（武汉职业技术学院）
胡光永（南京工业职业技术大学）
姜大庆（南通科技职业学院）
聂　哲（深圳职业技术学院）
贾树生（天津商务职业学院）
倪　勇（浙江机电职业技术学院）
徐守政（杭州朗迅科技有限公司）
盛鸿宇（北京联合大学）
崔英敏（私立华联学院）
葛　鹏（随机数（浙江）智能科技有限公司）
焦　战（辽宁轻工职业学院）
曾文权（广东科学技术职业学院）
温常青（江西环境工程职业学院）
赫　亮（北京金芥子国际教育咨询有限公司）
蔡　铁（深圳信息职业技术学院）
谭方勇（苏州职业大学）
翟玉锋（烟台职业技术学院）
樊　睿（杭州安恒信息技术股份有限公司）

秘　书：翟玉峰（中国铁道出版社有限公司）

# 序

2021年十三届全国人大四次会议表决通过的《中华人民共和国国民经济和社会发展第十四个五年规划和2035年远景目标纲要》，对我国社会主义现代化建设进行了全面部署。“十四五”时期对国家的要求是高质量发展，对教育的定位是建立高质量的教育体系，对职业教育的定位是增强职业教育的适应性。当前，在百年未有之大变局下，在“十四五”开局之年，如何切实推动落实《国家职业教育改革实施方案》《职业教育提质培优行动计划（2020—2023年）》等文件要求，是新时代职业教育适应国家高质量发展的核心任务。新科技和新工业化发展阶段的到来和我国产业高端化转型，必然引发企业用人需求和聘用标准发生新的变化，以人才需求为起点的高职人才培养理念使创新中国特色人才培养模式成为高职战线的核心任务，为此国务院和教育部制订和发布的包括1+X职业技能等级证书制度、专业群建设、“双高计划”、专业教学标准、信息技术课程标准、实训基地建设标准等一系列具体的指导性文件，为探索新时代中国特色高职人才培养指明了方向。

要落实国家职业教育改革一系列文件精神，培养高质量人才，就必须解决“教什么”的问题，必须解决课程教学内容适应产业新业态、行业新工艺、新标准要求等难题，教材建设改革创新就显得尤为重要。国家这几年对于职业教育教材建设下了很大的力度，2019年，教育部发布了《职业院校教材管理办法》（教材〔2019〕3号）、《关于组织开展“十三五”职业教育国家规划教材建设工作的通知》（教职成司函〔2019〕94号），在2020年又启动了《首届全国教材建设奖全国优秀教材（职业教育与继续教育类）》评选活动，这些都旨在选出具有职业教育特色的优秀教材，并对下一步如何建设好教材进一步明确了方向。在这种背景下，坚持以习近平新时代中国特色社会主义思想为指导，落实立德树人根本任务，适应新技术、新产业、新业态、新模式对人才培养的新要求，中国铁道出版社有限公司邀请我与鲍洁教授共同策划组织了“‘十四五’高等职业教育新形态一体化教材”，尤其是我国知名计算机教育专家谭浩强教授、全国高等院校计算机基础教育研究会会长黄心渊教授对课程建设和教材编写都提出了重要的指导意见。这套教材在设计上把握了这样几个原则：

1. 价值引领，育人为本。牢牢把握教材建设的政治方向和价值导向，充分体现党和国家的意志，体现鲜明的专业领域指向性，发挥教材的铸魂育人、关键支撑、固本培元、文化交流等功能和作用，培养适应创新型国家、制造强国、网络强国、数字中国、智慧社会的不可或缺的高层次、高素质技术技能型人才。

2. 内容先进，突出特性。充分发挥高等职业教育服务行业产业优势，及时将行业、产业的新技术、新工艺、新规范作为内容模块，融入了教材中。并且为强化学生职业素养养成和专业技术积累，将专业精神、职业精神和工匠精神融入教材内容，满足职业教育的需求。此外，为适应项目学习、案例学习、模块化学习等不同学习方式要求，注重以真实生产项目、典型工作任务、案例等为载体组织教学单元的教材、新型活页式、工作手册式等教材，反映人才培养模式和教学改革方向，有效激发学生学习兴趣和创新潜能。

3. 改革创新，融合发展。遵循教育规律和人才成长规律，结合新一代信息技术发展和产业变革对人才的需求，加强校企合作、深化产教融合，深入推进教材建设改革。加强教材与教学、教材与课程、教材与教法、线上与线下的紧密结合，信息技术与教育教学的深度融合，通过配套数字化教学资源，满足教学需求和符合学生特点的新形态一体化教材。

4. 加强协同，锤炼精品。准确把握新时代方位，深刻认识新形势新任务，激发教师、企业人员内在动力。组建学术造诣高、教学经验丰富、熟悉教材工作的专家队伍，支持科教协同、校企协同、校际协同开展教材编写，全面提升教材建设的科学化水平，打造一批满足学科专业建设要求，能支撑人才成长需要、经得起实践检验的精品教材。

按照教育部关于职业院校教材的相关要求，充分体现工业和信息化领域相关行业特色，以高职专业和课程改革为基础，编写信息技术课程、专业群平台课程、专业核心课程等所需教材。本套教材计划出版 4 个系列，具体为：

1. 信息技术课程系列。教育部发布的《高等职业教育专科信息技术课程标准（2021 年版）》给出了高职计算机公共课程新标准，新标准由必修的基础模块和由 12 项内容组成的拓展模块两部分构成。拓展模块反映了新一代信息技术对高职学生的新要求，各地区、各学校可根据国家有关规定，结合地方资源、学校特色、专业需要和学生实际情况，自主确定拓展模块教学内容。在这种新标准、新模式、新要求下构建了该系列教材。

2. 电子信息大类专业群课程系列。高等职业教育大力推进专业群建设，基于产业需求的专业结构，使人才培养更适应现代产业的发展和职业岗位的变化。构建具有引领作用的专业群平台课程和开发相关教材，彰显专业群的特色优势地位，提升电子信息大类专业群平台课程在高职教育中的影响力。

3. 新一代信息技术类典型专业课程系列。以人工智能、大数据、云计算、移动通信、物联网、区块链等为代表的新一代信息技术，是信息技术的纵向升级，也是信息技术之间及其与相关产业的横向融合。在此技术背景下，围绕新一代信息技术专业群（专业）建设需要，重点聚焦这些专业群（专业）缺乏教材或者没有高水平教材的专业核心课程，完善专业教材体系，支撑新专业加快发展建设。

4. 本科专业课程系列。在厘清应用型本科、高职本科、高职专科关系，明确高职本科服务目标，准确定位高职本科基础上，研究高职本科电子信息类典型专业人才培养方案和课程体系，重在培养高层次技术技能型人才，组织编写该系列教材。

新时代，职业教育正在步入创新发展的关键期，与之配合的教育模式以及相关的诸多建设都在深入探索，按照“选优、选精、选特、选新”的原则，发挥在高等职业教育领域的院校、企业的特色和优势，调动高水平教师、企业专家参与，整合学校、行业、产业、教育教学资源，充分发挥教材建设在提高人才培养质量中的基础性作用，集中力量打造与我国高等职业教育高质量发展需求相匹配、内容形式创新、教学效果好的课程教材体系，努力培养德智体美劳全面发展的高层次、高素质技术技能人才。

本套教材内容前瞻，体系灵活，资源丰富，是值得关注的一套好教材。

国家职业教育指导咨询委员会委员
北京高等学校高等教育学会计算机分会理事长
全国高等院校计算机基础教育研究会荣誉副会长
高林

2021年8月

# 前 言

程序设计是高等院校重要的计算机基础课程，本书的培养目标是希望学生通过这门课程的学习，不仅掌握高级程序设计语言的基本知识，更重要的是在解决实际问题的过程中逐步掌握程序设计的思想，培养学生分析问题和解决问题的能力。

Java 语言是 Sun 公司（已被甲骨文公司收购）推出的能够跨平台的面向对象的编程语言。自推出以来，Java 语言凭借其易学易用、功能强大的特点得到了广泛应用。作为一门面向对象的编程语言，Java 语言不仅吸收了 C++ 语言的各种优点，还摒弃了 C++ 中难以理解的多继承、指针等概念。Java 语言作为静态面向对象编程语言的代表，极好地实现了面向对象理论，允许用户以优雅的思维方式进行复杂的编程。

本书以程序设计为主线，以项目应用为驱动，通过案例和问题引入内容，重点分析讲解程序设计的思想和方法，再通过综合实践加深巩固。全书共 13 章，主要包括 Java 语言基础和图形用户界面设计与开发两部分内容。其中 Java 语言基础部分为第 1 章至第 9 章，内容包括 Java 语言概述、Java 语言基础、Java 程序流程控制、数组、字符串、面向对象程序基础与进阶、常用类和异常处理；图形用户界面设计与开发部分为第 10 章至第 13 章，内容包括图形用户界面设计、图形用户界面应用开发、数据库操作和多线程。

本书是一线教师长期教学和软件开发实践的经验积累，也是根据学生的认知规律精心组织编写的项目化教程。本书具有以下特色：

（1）由浅入深，循序渐进：本书以高职高专学生为主要对象，先从 Java 语言基础学起，再学习面向对象程序设计，然后学习图形用户界面设计与开发，结合数据库相关知识，最后学习开发一个较完整的项目。

（2）案例典型，轻松易学：本书由具体案例引出，学习对应的知识点，通过“一个知识点、一个案例、一段分析、一个综合实践”模式，透彻详尽地讲述实际开发中所需的各类知识。

（3）应用实践，随时练习：本书每章都提供了“综合实践”和“习题”，使学生能够通过对问题的解答重新回顾、熟悉所学知识，举一反三，为进一步学习做好充分的准备。

总体来说，本书的体系结构和内容组织较好地体现了新的教学设计思想，注重理论联系实际，融知识学习和能力培养为一体。

本书的目标：学生完成本课程的学习之后，能够理解并熟练掌握 Java 语言的基本语法，掌握面向对象程序设计的编程思想，运用 GUI 设计、事件处理、异常处理和 JDBC 等技术，处理并解决实际中遇到的问题，培养和提高学生分析问题和解决问题的能力。

本书由浙江金融职业学院黄振业、曲欣欣主编，由浙江金融职业学院张震、杭州平治信息技术股份有限公司余可曼任副主编。在编写过程中，我们参考了大量的相关资料，吸取了许多同仁的宝贵经验。在此，一并向以上所有为本书做出贡献的人员表示衷心的感谢！

由于作者水平有限，书中难免存在疏漏与不足之处，敬请读者提出宝贵的意见和建议。

编　者

2023 年 11 月

# 目 录

# 第1章 Java语言概述

学习目标

◎理解Java的特点、实现机制及体系结构；

◎掌握安装开发工具JDK和搭建集成环境Eclipse的方法。

素质目标

◎了解最新的技术发展趋势和应用前景，培养创新意识；

◎了解我国在信息技术中的卡脖子问题，培养科技报国的使命感和责任担当；

◎了解我国在互联网和新兴技术方面的优势，树立科技自信。

Java语言是一门面向对象的高级程序设计语言，它既简单，又具有强大的功能。使用Java语言开发的程序是可以跨平台的，可以在任何计算机、操作系统和支持Java的硬件设备上运行。

## 1.1 Java 语言简介

20世纪90年代，互联网技术蓬勃发展，各大公司为了改变静态网页单调和刻板的形象，纷纷投入大量的研发力量。Sun公司（现已被Oracle公司收购）根据嵌入式软件的要求，对C++进行了改造，开发了一种称为OAK的面向对象语言，并于1995年正式发布，命名为Java语言。

当前Java的应用无处不在，包括桌面应用系统开发、嵌入式设备应用、电子商务应用、多媒体系统开发、分布式系统开发、企业级应用开发和Web应用系统开发等。目前全球大约有25亿台机器运行着Java，有450多万活跃的Java开发者，数以亿计的Web用户每次上网都可以体验Java所带来的便利。

### 1.1.1 Java特性

Java语言是目前最流行的高级程序设计语言之一，具有很多优点，如简单、可靠、安全、分布性、多线程、完全面向对象、与平台无关性等。下面进行简单介绍：

（1）Java语言的语法简单明了。它与C语言和C++语言很接近，使得大多数程序员很容易学习和使用Java。另一方面，Java丢弃了C++中很少使用又很难理解的某些特性，如操作符重载、多继承、自动强制类型转换等。Java语言也不使用指针，它提供了自动废料收集功能，使程序员不必为内存管理而担忧，同时提供了丰富的类库、API文档以及第三方开发包。

（2）Java语言是面向对象的。它提供类、接口和继承等原语，为了简单起见，只支持类之间的单继承，但支持接口之间的多继承，并支持类与接口之间的实现机制。Java语言全面支持动态绑定，而C++语言只对虚函数使用动态绑定。总之，Java语言是一个完全面向对象的程序设计语言。

（3）Java语言是分布式的。它支持Internet应用的开发，在基本的Java应用编程接口中有一个网络应用编程接口，它提供了用于网络应用编程的类库，包括URL、URLConnection、Socket、ServerSocket等。Java的远程方法激活机制也是开发分布式应用的重要手段。

（4）Java语言是可移植的。Java程序具有与体系结构无关的特性，可以非常方便地移植到网络中的不同计算机上。

（5）Java语言是多线程的。多线程机制能够使应用程序在同一时间内并行执行多项任务，而且相应的同步机制可以保证不同线程能够正确地共享数据，使用多线程可以带来更好的交互能力和实时行为。

（6）Java语言是解释型的。运行Java程序需要解释器，任何移植了Java解析器的计算机或其他设备都可以用Java字节码进行解释执行。字节码独立于平台，它本身携带了许多编译时的信息，使得连接过程更加简单，开发过程也就更加迅速，更具探索性。

（7）Java语言是高性能的。Java编译后的字节码是在解释器中运行的，所以它的速度比多数交互式应用程序快很多。另外，字节码可以在程序运行时被翻译成特定平台的机器指令，从而进一步提高运行速度。

### 1.1.2 Java版本

Java发展至今，按其应用的范围可以分为三个版本，这使软件开发人员、服务提供商和设备生产商可以针对特定的市场进行开发。

（1）Java SE（Java platform，standard edition）：之前称为J2SE。它允许开发和部署在桌面、服务器、嵌入式环境和实时环境中使用的Java应用程序。Java SE包含了支持Java Web服务开发的类，并为Java EE提供基础。

（2）Java EE（Java platform，enterprise edition）：之前称为J2EE。企业版本帮助开发和部署可移植、健壮、可伸缩且安全的服务器端Java应用程序。Java EE是在Java SE 的基础上构建的，它提供Web 服务、组件模型、管理和通信API，可以用来实现企业级的面向服务体系结构（service-oriented architecture，SOA）和 Web 2.0 应用程序。

（3）Java ME（Java platform，micro edition）：之前称为J2ME。它为在移动设备和嵌入式设备（如手机、PDA、电视机顶盒和打印机）上运行的应用程序提供一个健壮且灵活的环境。Java ME 包括灵活的用户界面、健壮的安全模型、许多内置的网络协议以及对可以动态下载的联网和离线应用程序的丰富支持。

### 1.1.3 Java虚拟机

Java虚拟机（Java virtual machine，JVM）是一种用于计算设备的规范，它是一台虚构出来的计算机，是通过在实际的计算机上仿真模拟各种计算机功能来实现的。简单来说，JVM是用于执行Java应用程序和字节码的软件模块，并且可以将字节码转换为特定硬件和特定操作系统的本地代码。JVM在执行字节码时，实际上最终还是把字节码解释成具体平台上的机器指令执行，这就是Java能够“一次编译，到处运行”的原因。

JVM是Java的核心和基础，在Java编译器和操作系统平台之间的虚拟处理器。它是一种基于下层操作系统和硬件平台并利用软件方法实现的抽象的计算机，可以在其上执行Java的字节码程序。Java编译器只需面向JVM，生成JVM能理解的代码或字节码文件。Java源文件经编译器编译成字节码程序，通过JVM将每一条指令翻译成不同平台机器码，从而在特定平台上运行，如图1-1所示。

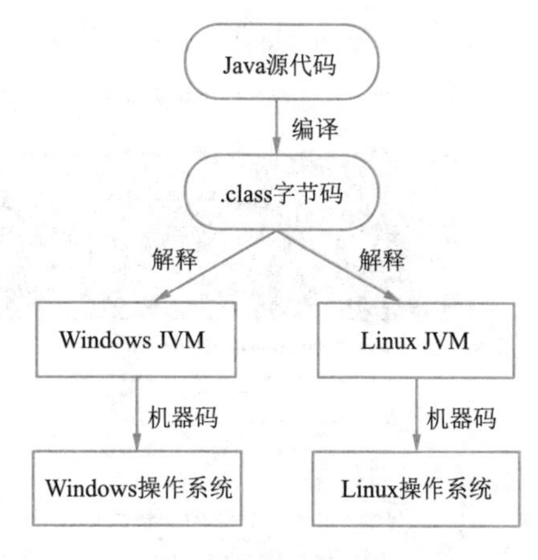


图 1-1 Java 程序编译执行过程

### 1.1.4 Java API文档

应用程序编程接口（application programming interface，API）是Java程序开发必不可少的编程词典。Java语言提供了成千上万个类库，这些类又封装了许多方法，供编程人员使用。简单来说，API就是一个帮助文档，让用户能快速了解Java中类的继承结构、成员变量与成员方法、构造方法、静态成员等。

JDK18的API文档如图1-2所示。

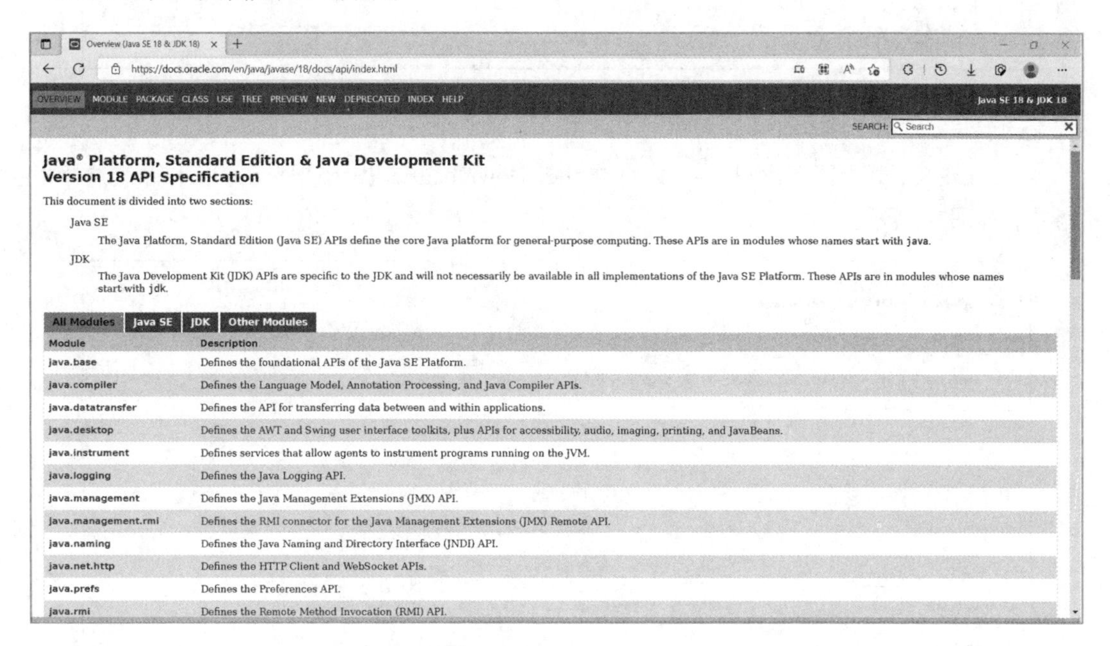


图 1-2 Java API 文档页面

## 1.2 Java 开发环境搭建

在学习Java语言之前，必须先搭建它所需要的开发环境。要编译和执行Java程序，JDK（Java development kit，Java语言开发包）是必需的。下面具体介绍下载并安装JDK和配置环境变量的方法。

### 1.2.1 JDK下载

JDK是Sun公司的产品，由于Sun公司已经被Oracle收购，因此JDK可以在Oracle公司的官方网站下载。下面以JDK18为例，具体下载步骤如下：

（1）打开Oracle官网，找到JDK下载页面，如图1-3所示。

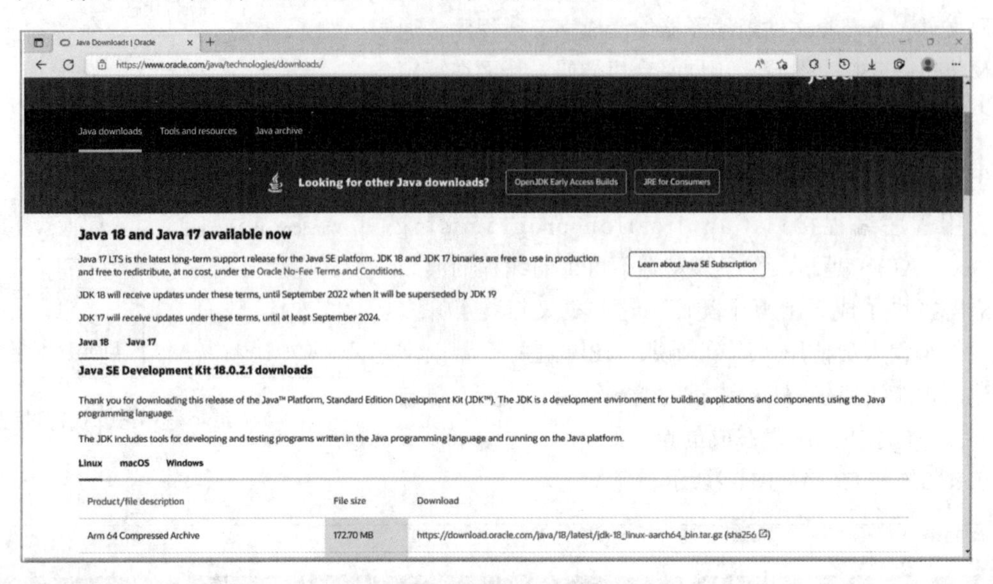


图 1-3　JDK18 下载页面

（2）在JDK下载页面中找到JDK18，单击JDK Download按钮，根据自己的操作系统选择相应的版本，如图1-4所示。

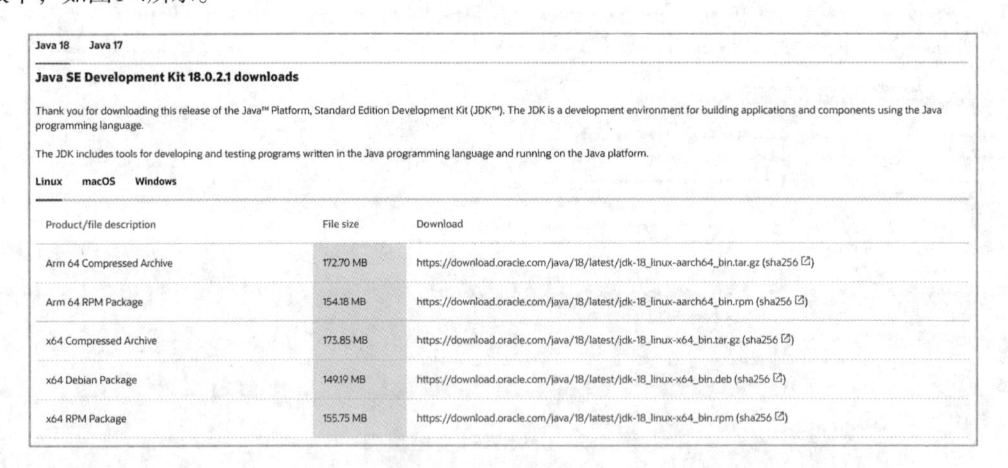


图 1-4　JDK 下载列表

### 1.2.2　Windows系统环境配置

JDK的安装比较简单，选择默认选项，依次单击“下一步”按钮即可。安装结束后，必须配置系统的环境变量，才能使用Java开发环境。虽然Windows有很多版本，但是配置Java环境变量的操作大致相同。具体步骤如下：

（1）进入环境变量配置界面，打开“系统属性”对话框，单击“环境变量”按钮如图1-5所示，打开“环境变量”对话框，单击“新建”按钮如图1-6所示。

方法1：右击“计算机”图标→属性→高级系统设置→高级→环境变量。

方法2：按【Windows+ R】组合键→输入sysdm.cpl并按【Enter】键→高级→环境变量。

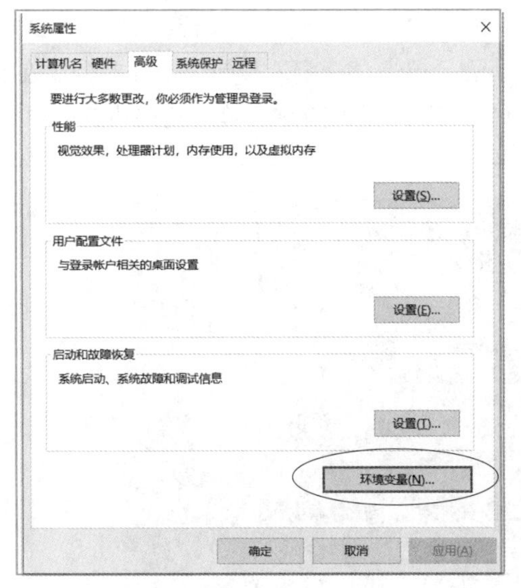


图 1-5 “系统属性”对话框

图 1-6 “环境变量”对话框

（2）弹出“新建系统变量”对话框，分别输入变量名“JAVA_HOME”和变量值。其中变量值即JDK的安装路径，要根据自己实际的安装路径输入，如图1-7所示。单击“确定”按钮，关闭“新建系统变量”对话框。

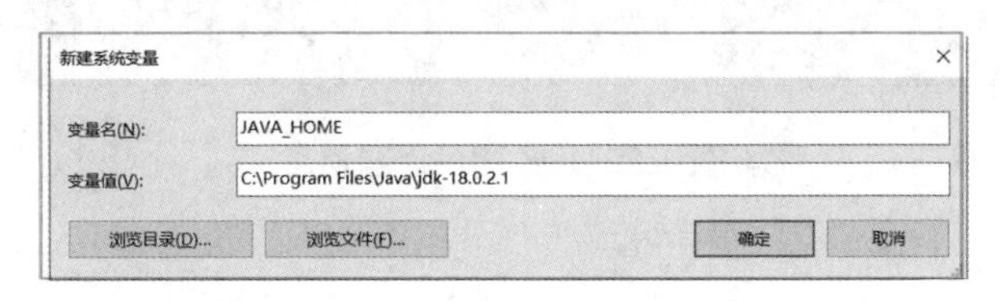


图 1-7 “新建系统变量”对话框

（3）在“环境变量”对话框中双击Path变量，弹出“编辑环境变量”对话框，在列表最后添加“%JAVA_HOME%\bin”，如图1-8所示。单击“确定”按钮，完成Java环境变量的设置。

图 1-8 “编辑环境变量”对话框

JDK配置完成后，需确认其是否配置准确。选择“开始”→“运行”命令，或按【Windows+R】组合键，弹出“运行”对话框，输入cmd后单击“确定”按钮启动控制台。在控制台中执行javac命令，如果输出如图1-9所示的JDK编译器信息，说明JDK环境搭建成功。

```
管理员: C:\windows\system32\cmd.exe

C:\Users\Administrator>javac
用法: javac <options> <source files>
其中, 可能的选项包括:
  -g                         生成所有调试信息
  -g:none                    不生成任何调试信息
  -g:{lines,vars,source}     只生成某些调试信息
  -nowarn                    不生成任何警告
  -verbose                   输出有关编译器正在执行的操作的消息
  -deprecation               输出使用已过时的 API 的源位置
  -classpath <路径>            指定查找用户类文件和注释处理程序的位置
  -cp <路径>                   指定查找用户类文件和注释处理程序的位置
  -sourcepath <路径>           指定查找输入源文件的位置
  -bootclasspath <路径>        覆盖引导类文件的位置
  -extdirs <目录>              覆盖所安装扩展的位置
  -endorseddirs <目录>         覆盖签名的标准路径的位置
  -proc:{none,only}          控制是否执行注释处理和/或编译。
  -processor <class1>[,<class2>,<class3>...] 要运行的注释处理程序的名称; 绕过默认的搜索进程
  -processorpath <路径>        指定查找注释处理程序的位置
  -parameters                生成元数据以用于方法参数的反射
  -d <目录>                    指定放置生成的类文件的位置
  -s <目录>                    指定放置生成的源文件的位置
  -h <目录>                    指定放置生成的本机标头文件的位置
  -implicit:{none,class}     指定是否为隐式引用文件生成类文件
  -encoding <编码>             指定源文件使用的字符编码
  -source <发行版>              提供与指定发行版的源兼容性
  -target <发行版>              生成特定 VM 版本的类文件
  -profile <配置文件>             请确保使用的 API 在指定的配置文件中可用
  -version                   版本信息
  -help                      输出标准选项的提要
  -A关键字[=值]                   传递给注释处理程序的选项
  -X                         输出非标准选项的提要
  -J<标记>                     直接将 <标记> 传递给运行时系统
  -Werror                    出现警告时终止编译
  @<文件名>                     从文件读取选项和文件名
```

图 1-9　JDK 的编译器信息

# 1.3　Eclipse 开发工具

虽然使用记事本与JDK编译工具也可以编写Java程序，但是在项目开发过程中必须使用大型的集成开发工具（integrated development environment，IDE）来编写Java程序，这样既可以避免编码错误，又可以借助IDE工具的代码辅助功能快速输入程序代码。

Eclipse是由IBM公司推出的集成开发工具，它基于Java语言编写，并且是开放源代码与可扩展的，也是目前最流行的Java集成开发工具之一。IBM公司捐出Eclipse源代码，组建了Eclipse联盟，由该联盟负责该工具的后续开发。Eclipse为编程人员提供了一流的Java程序开发环境。它的平台体系结构是在插件概念的基础上构建的，插件是Eclipse平台区别于其他开发工具的特征之一。学习了本节之后，读者将对Eclipse有一个初步的了解，为后面的深入学习做好铺垫。

## 1.3.1　Eclipse下载

打开Eclipse官网，进入下载页面，Eclipse下载页面中包含各种版本的Eclipse下载区域，找到Eclipse IDE for Java Developers选项，选择相应的操作系统版本，单击相应链接进入下载页面。如图1-10所示。

Eclipse下载页面会根据客户端所在的地理位置分配合理的下载镜像站点（也可以单击Select Another Mirror选项选择其他镜像），用户只需在Eclipse下载页面中单击Download按钮即可，如图1-11所示。

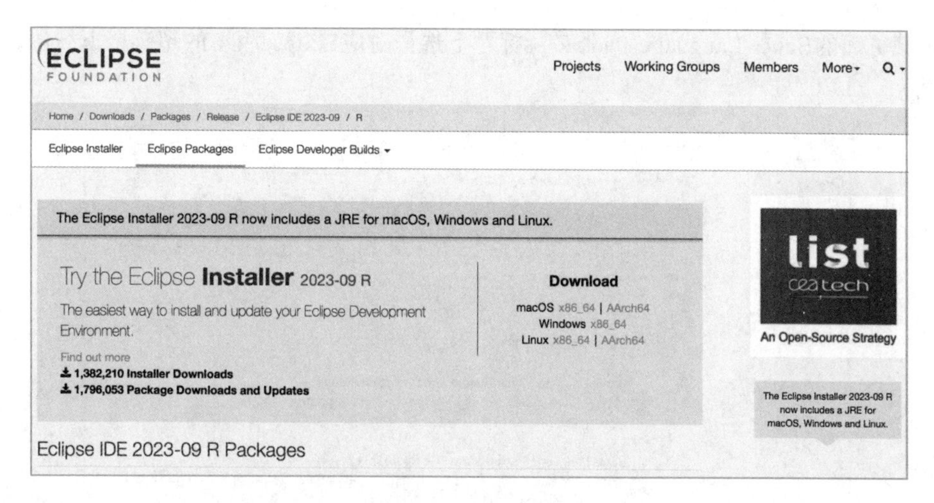


图 1-10　Eclipse 下载页面

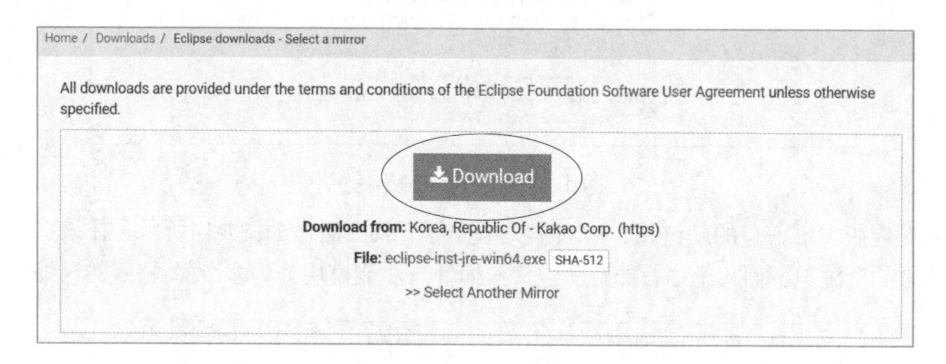


图 1-11　Eclipse 下载页面

## 1.3.2　Eclipse汉化

Eclipse默认是英文版，在启动Eclipse之前，可以安装中文语言包，让自己在使用Eclipse时更能得心应手。

打开Eclipse官方网站，进入Babel项目组首页，如图1-12所示。单击Downloads超链接进入语言包下载页面。

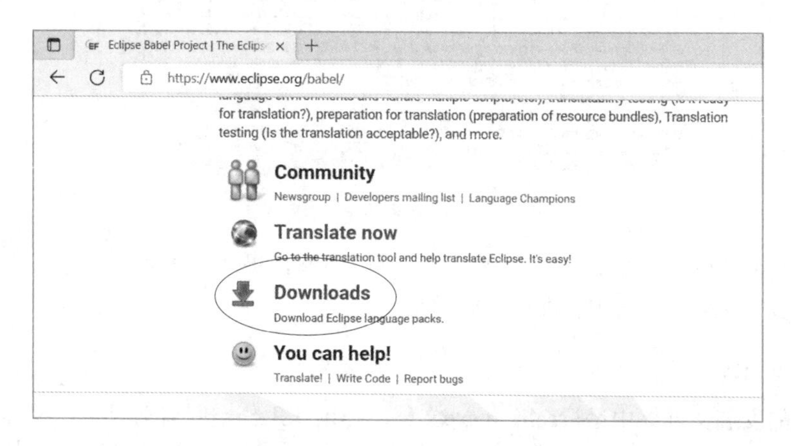


图 1-12　Babel 项目组页面

在下载页面的Babel Language Pack Zips标题下选择对应Eclipse版本的超链接下载语言包，如图1-13所示。

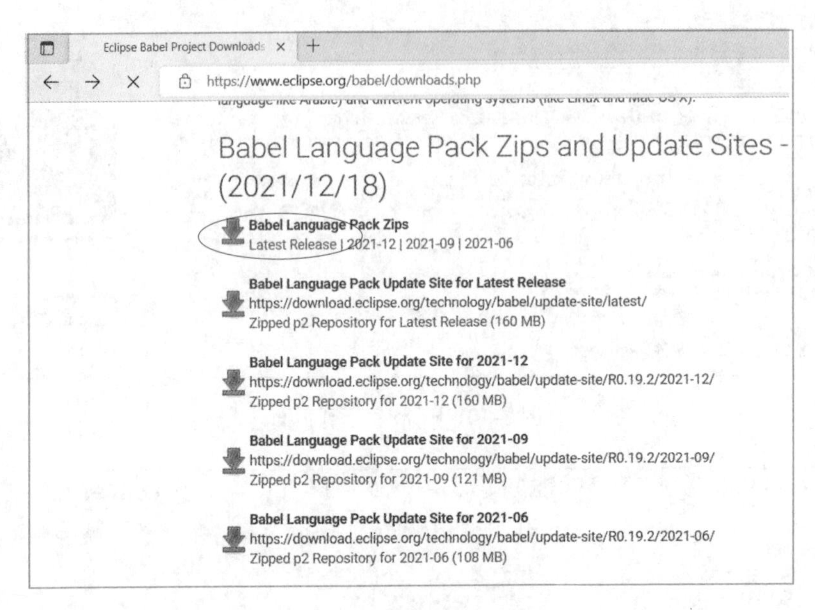


图 1-13　语言包下载页面

打开对应版本语言包的超链接，进入中文语言包下载页面，如图1-14所示。在该页面中包含了对应语言的资源包，而每个语言的资源包又按插件与功能模块分为多个.zip格式的压缩包。

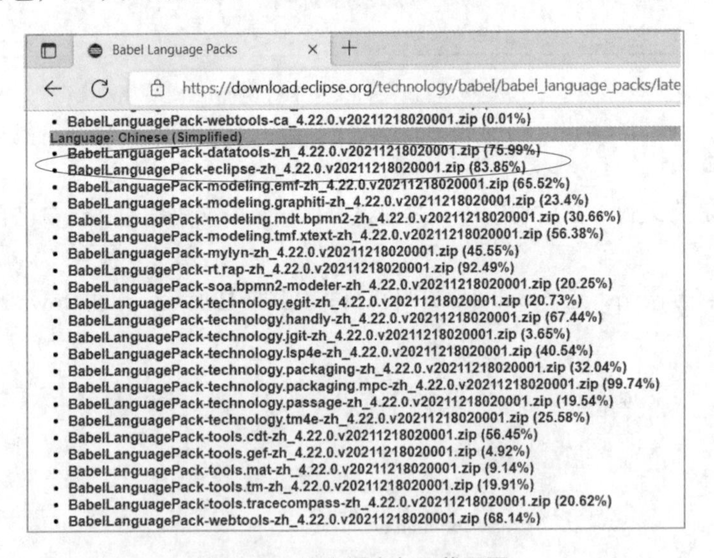


图 1-14　中文语言包下载页面

在页面中找到简体中文语言包，下载之后将其解压缩，得到features和plugins文件夹，将这两个文件夹放置到Eclipse文件夹中，即可完成操作。

### 1.3.3　Eclipse配置与启动

在Eclipse的安装文件夹中运行eclipse.exe文件，弹出“工作空间启动程序”对话框，在其中设置Eclipse的工作空间（工作空间用于保存Eclipse建立的程序项目和相关设置）。本书的开发环境统一设置工作空间为“D:\workspace\”文件夹，在“工作空间启动程序”对话框的“工作空间”文本框中输入“D:\workspace”，单击“确定”按钮，即可启动Eclipse，如图1-15所示。

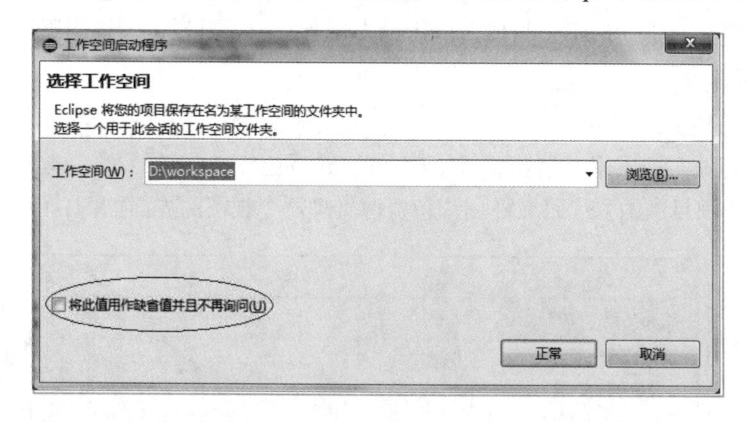


图 1-15 “工作空间启动程序”对话框

每次启动Eclipse都会弹出“工作空间启动程序”对话框，可勾选“将此值用作缺省值并且不再询问”复选框设置默认工作空间，这样再次启动时就不会弹出该对话框了。不同的工作空间可以根据实际需要在“文件”→“切换工作空间”子菜单中切换。

### 1.3.4 Eclipse工作台

Eclipse工作台是程序开发人员开发程序的主要场所。Eclipse可以将各种插件无缝地集成到工作台中，也可以在工作台中开发各种自定义插件。Eclipse工作台主要包括标题栏、菜单栏、工具栏、编辑器、透视图和相关的视图等，如图1-16所示。对于初学者来说，首先要了解的是“包资源管理器”视图、“编辑器”窗口、“控制台”视图、工具栏上的常用按钮以及菜单中的常用菜单项。其他的视图和菜单功能可以在以后的学习中逐步熟悉。

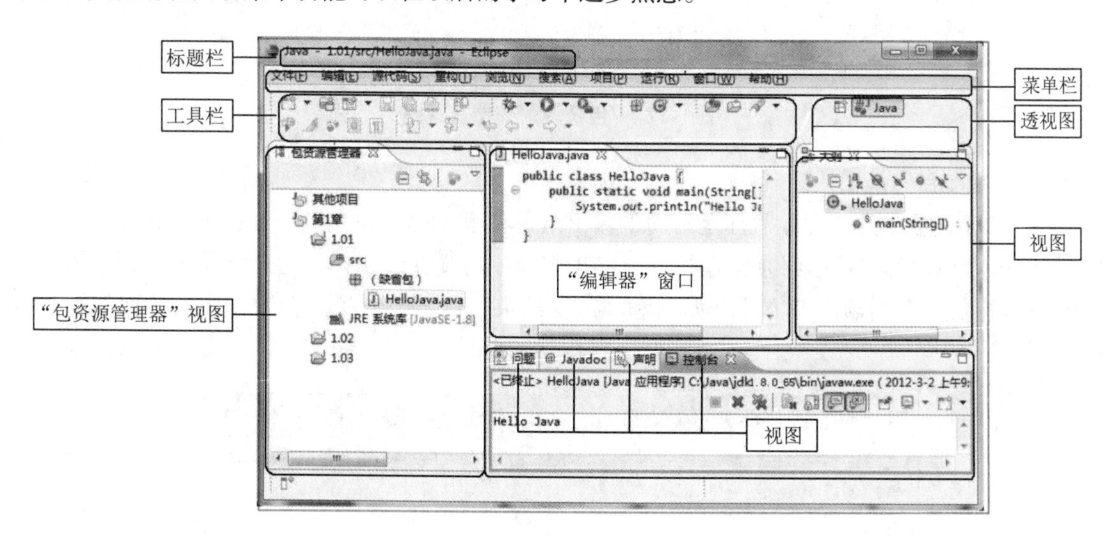


图 1-16 Eclipse 工作台

Eclipse的菜单栏包含了Eclipse的基本命令，在使用不同的编辑器时，还会动态地添加有关该编辑器的菜单。基本的菜单栏中除了常用的“文件”“编辑”“窗口”“帮助”等菜单外，还提供了一些功能菜单，如“源代码”“重构”菜单等。

Eclipse的工具栏位于菜单栏的下方，这和大多数软件的布局格式相同。工具栏中的按钮都是菜单命令对应的快捷图标，在打开不同的编辑器时，还会动态地添加与编辑器相关的新工具栏按钮。另外，除了菜单栏下面的主工具栏，Eclipse中还有视图工具栏、透视图工具栏和快速视图工具栏等多种工具栏。

1．“包资源管理器”视图

“包资源管理器”视图用于浏览项目结构中的Java元素，包括包、类、类库的引用等，但最主要的用途是操作项目中的源代码文件。“包资源管理器”视图的界面如图1-17所示。

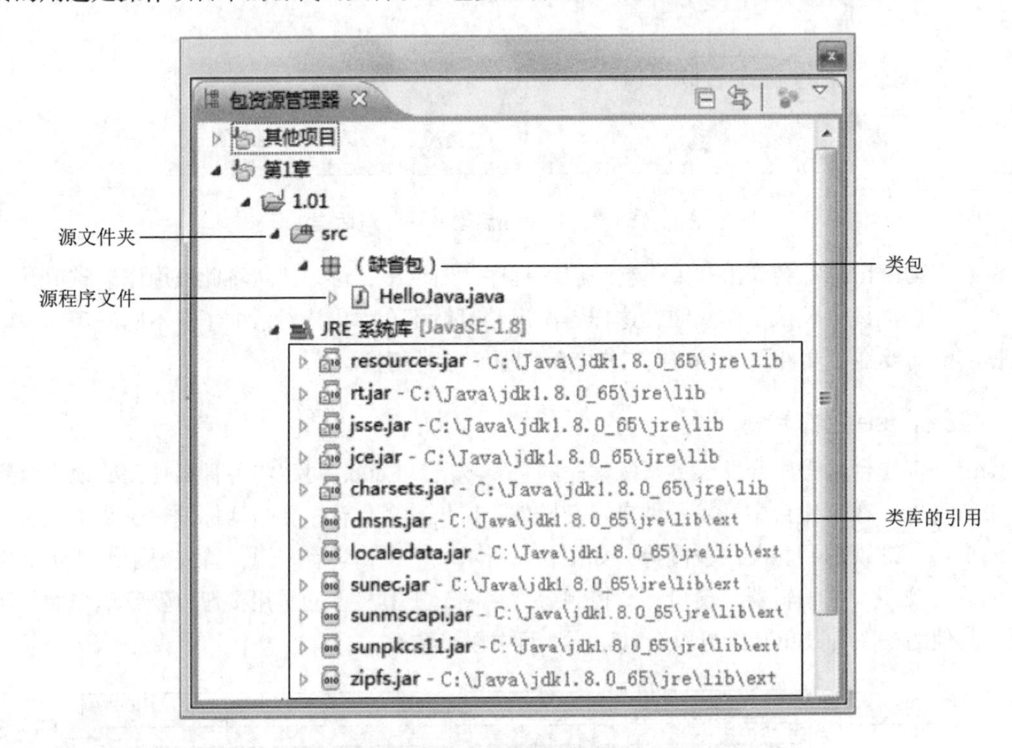


图1-17 “包资源管理器”视图

2．“控制台”视图

“控制台”视图用于显示程序运行时的输出结果和运行时异常信息（runtime exception）。在学习Swing程序设计之前，必须使用控制台实现与程序的交互，例如，为方便某个方法的调试，在方法执行前后分别输出“方法开始”和“方法结束”信息。“控制台”视图的界面如图1-18所示。

图1-18 “控制台”视图

# 习　题

1. Java语言有哪些特点，以及它有哪些版本？
2. 简述Java程序编译的执行过程。
3. 在Windows系统环境下，如何配置Java的系统环境变量？
4. 英文版的Eclipse如何进行汉化？

# 第2章 Java语言基础

**学习目标**

◎掌握Java应用程序结构、标识符与关键字；
◎熟练掌握Java语言的基本数据类型，能定义并使用变量与常量；
◎熟练掌握Java各种运算符的优先级，能使用运算符与表达式进行数值计算；
◎熟练掌握程序与用户交互的几种方法。

**素质目标**

◎通过对Java基础语法的学习，培养编程素养和严谨规范的职业精神；
◎通过对历史上软件事故的了解，培养严谨求实的科学精神。

## 2.1 案例2-1：第一个Java程序

### 1. 案例说明

编写一个Java应用程序，在控制台输出“Hello World！”信息。程序运行结果如图2-1所示。

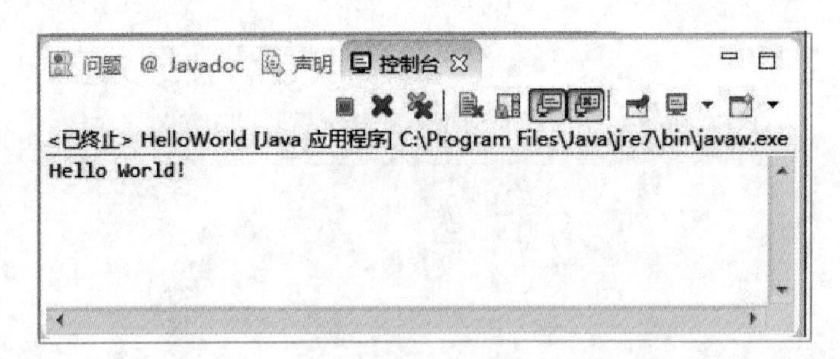


图2-1 程序运行结果

### 2. 实现步骤

（1）打开Eclipse，选择“文件”→“新建”→“项目”命令，弹出“新建项目”对话框，双击Java选项（或者在文本框中输入Java），再选中“Java项目”选项，如图2-2所示，单击“下一步”按钮，弹出“新建Java项目”对话框，将项目命名为study，单击“完成”按钮，如图2-3所示。这时study项目会出现在“包资源管理器”窗口中，同时，系统会在工作空间目录下建立一个同名文件夹，用于管理整个项目的子目录与文件。

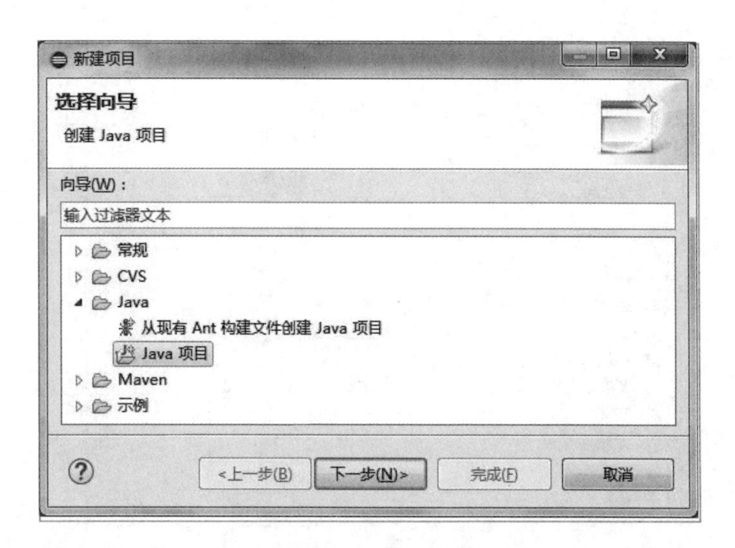


图 2-2 “新建项目”对话框

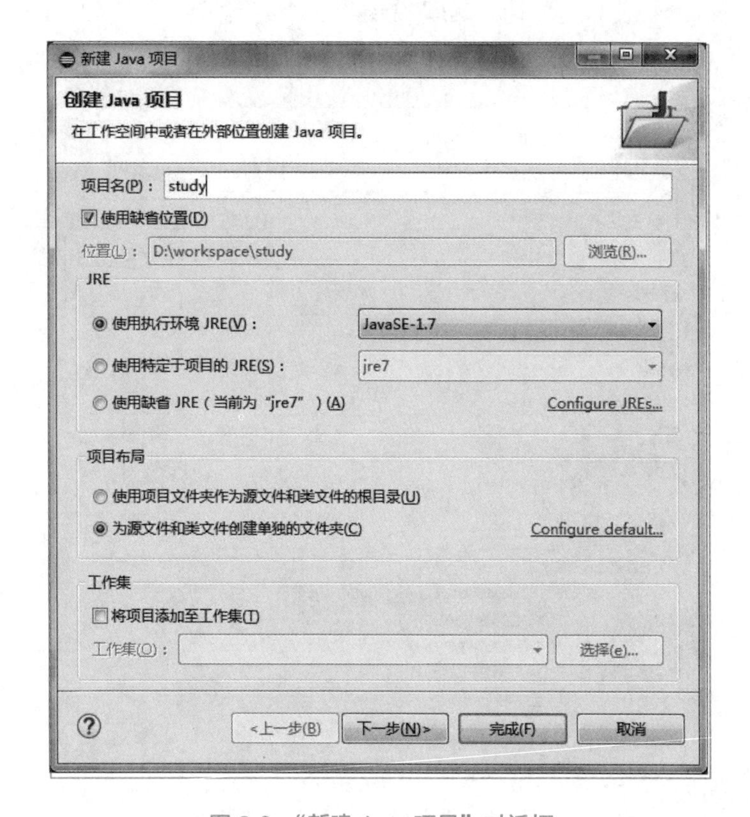


图 2-3 “新建 Java 项目”对话框

（2）选中study项目节点并右击选择“新建”→“包”命令，如图2-4所示，并在“新建包”对话框中输入包名称chap02。

（3）右击chap02包节点，选择“新建”→“类”命令，弹出“新建Java类”对话框，输入类名称HelloWorld，并选中“public static void main(String[] args)”复选框，单击“完成”按钮，如图2-5所示。

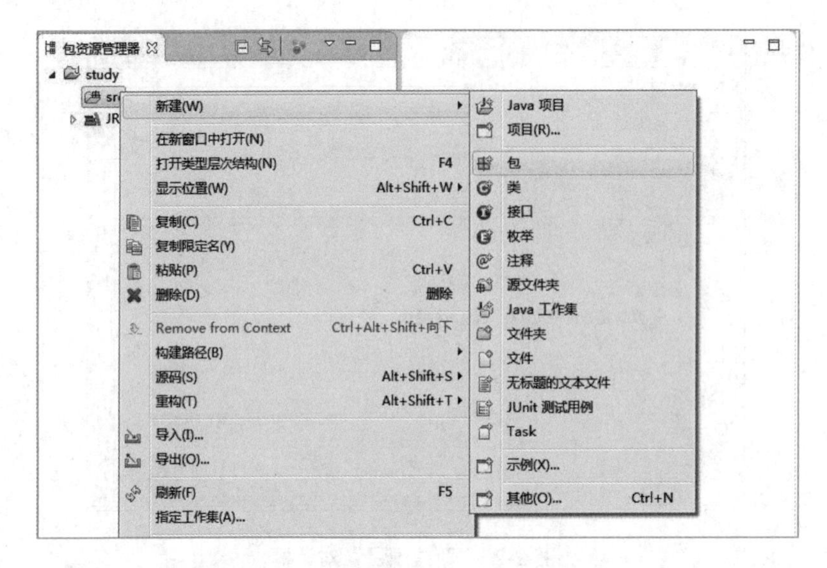


图 2-4 选择“新建”→“包”命令

图 2-5 “新建 Java 类”对话框

（4）在main()方法中输入对应代码，保存程序并运行。

```
/ **
  * HelloWorld.java
  * 第一个 Java 程序 HelloWorld
  */
package chap02;                                          // 定义包
```

```
public class HelloWorld {                           //定义公共类HelloWorld
    public static void main(String[] args) {        //main()方法
        // TODO 自动生成的方法存根
        System.out.println("Hello World!");
    }
}
```

3. 知识点分析

本案例演示了Java项目的创建、Java程序编写以及运行的过程。其中，class是一个关键字，用于定义一个类；HelloWorld是类的名称；类名之后的大括号定义了当前类的作用域；main()方法是Java程序的执行入口，程序将从main()方法开始执行类中的代码；System.out.println("Hello World");的作用是打印一段文本信息并输出到屏幕。

## 2.2 Java 主类结构

Java程序主要分为两类：Java应用程序（Java application）和Java小程序（Java applet）。Java应用程序在本机上由Java解释程序激活Java虚拟机，而Java小程序是通过浏览器激活Java虚拟机，两者的程序结构不同。本书主要介绍Java应用程序的相关知识，Java小程序的相关知识内容可参考其他图书。

### 2.2.1 Java应用程序的主类结构

一个Java应用程序成功运行之后，在它的项目文件夹下将会生成扩展名为.java和.class的两个文件。其中，程序的源代码存储在.java文件中，而编译产生的字节码文件则存储在.class文件中。

案例2-1中只有一个源代码文件“HelloWorld.java”，该文件编译后产生字节码文件“HelloWorld.class”。“HelloWorld.java”文件存放在“src\chap02”目录下，而“HelloWorld.class”文件则存放在“bin\chap02”目录下。如果study项目中包含了多个源代码文件，那么在编译时系统将为每个源文件生成一个相对应的.class文件。

一个.java文件可以包含多个类，但是整个文件最多只能有一个类用public修饰，而且这个public类的名称必须和其文件名一致，比如案例2-1中，文件名和类名必须都是“HelloWorld”。如果该文件中没有public类，那么该文件的文件名可以任意命名。

每个Java应用程序必须包含一个main()方法。它是整个程序的入口，程序从这里开始执行，这一点和C/C++语言是一样的。args[]参数用来接收命令行参数，是一个字符串数组。

### 2.2.2 标识符和关键字

Java对各种数据对象命名时使用的字符序列称为标识符，如包、类、方法、参数、变量和常量等。Java的标识符严格区分大小写，没有字符数的限制，而且必须符合以下几点要求：

视频

标识符和关键字

（1）必须由字母、数字、下画线“_”或符号“$”组成，而且不能以数字开始。

（2）不能使用关键字。

（3）不能使用其他特殊字符，如空格、问号等。

例如，number、年龄、_234等都是合法的，而class、5x、my name等都是非法的。

Java关键字是事先已经定义好的，具有特别意义与用途的标识符，又称保留字，它们用来表示一种数据类型，或者表示程序的结构等，不能用作标识符。Java中所有关键字都是小写的，常见的有boolean、break、case、catch、char、class、continue、default、do、double、else、extends、false、final、finally、float、for、if、implements、import、int、interface、long、new、null、package、private、public、return、short、static、super、switch、this、throw、throws、true、try、void、while等。

Java中虽然没有const和goto两个关键字，但是它们也不能作为标识符。

一般来说，类名以大写字母开头，后面每个单词的第一个字母也都大写；变量名、对象名与普通方法名则第一个字母小写，后面每个单词的第一个字母都大写。

### 2.2.3 代码的注释

视频 注释

为了提高程序的可读性，通常在程序的适当位置加上一些解释性的注释语句。注释语句只是用来对程序进行说明，并不参与程序的执行。此外，还可以使用注释暂时屏蔽某些程序语句，等到需要时，只要简单地删除注释标记即可。

Java中的基本注释有三种：

（1）单行注释：双斜线//开始，不能换行。

（2）多行注释：以“/*”开始，“*/”结束，可以换行；但不允许嵌套，否则将出错。

（3）文档注释：以“/**”开始，“*/”结束。文档注释放在声明之前，以说明该程序的层次结构及方法，也可以将程序使用帮助信息嵌入到程序中。

## 2.3 案例2-2：计算圆的面积和周长

#### 1. 案例说明

编写一个Java应用程序，输入圆的半径，在控制台输出其面积。程序运行结果如图2-6所示。

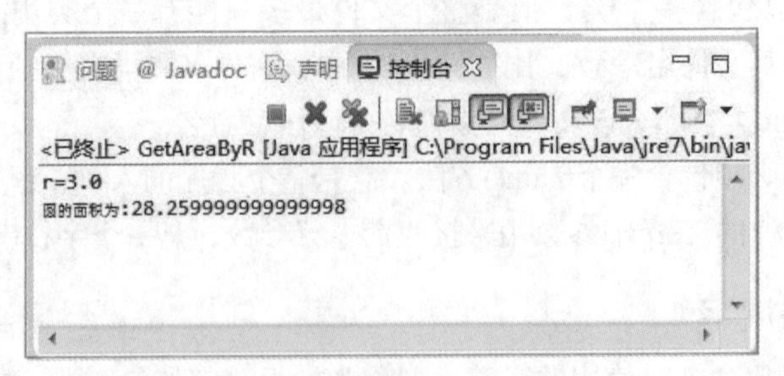


图2-6 程序运行结果

#### 2. 实现步骤

（1）在chap02包中创建CircleArea类。

（2）在main()方法中输入对应代码，运行程序。

```
public class CircleArea{
```

```
    public static void main(String[] args) {
        final double PI = 3.14;                    //定义常量PI
        double r,area;                             //定义变量
        r = Double.parseDouble(args[0]);           //将字符串数组的第一个参数由字符串类型转换为双精度浮点数
        System.out.println("r = " + r);
        area = PI * r * r;                         //计算面积
        System.out.println("圆的面积为:" + area);
    }
}
```

（3）选择“运行”→“运行配置”命令，弹出“创建、管理和运行配置”对话框，如图2-7所示。

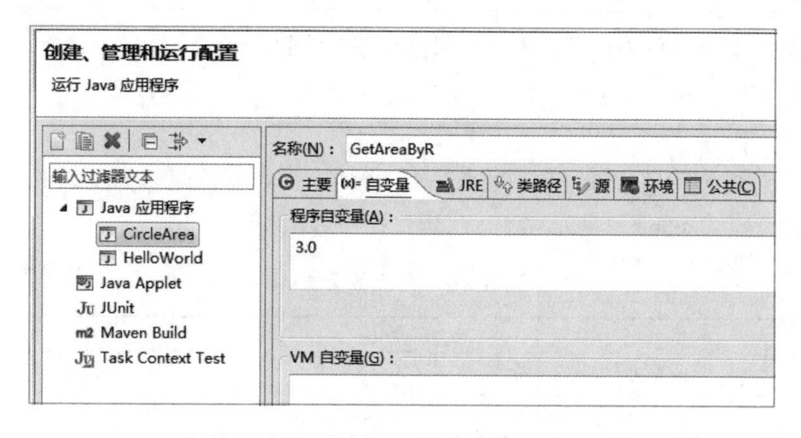


图2-7　“创建、管理和运行配置”对话框

（4）在左侧窗口中选中对应的应用程序，在右侧窗口的“自变量”选项卡中输入半径“3.0”，单击“运行”按钮。

3. 知识点分析

本案例可以实现圆的面积计算，根据功能需要定义变量和常量，并实现变量间的类型转换，最后使用运算符完成圆的面积计算。

## 2.4　基本数据类型

数据是计算机程序处理的对象，也是运算产生的结果。为了更好地处理各类数据，Java定义了多种数据类型。不同的数据类型所占用的存储空间和系统执行数据处理的方法都不相同。因此，在使用数据时，必须先对其类型进行说明或定义。系统执行的各种数据运算只能在相同或相容的数据类型之间进行，否则将发生错误。对于初学者来说，认识到这一点尤其重要。

与其他编程语言不同的是，Java的基本数据类型在任何操作系统中都具有相同的大小和属性。C语言在不同的系统中，相同数据类型变量的取值范围有可能是不一样的。Java语言的基本数据类型分为三种：数值型、字符型和布尔型。

### 2.4.1 数值型数据

数值型数据分为整数类型和浮点数类型两种。

#### 1. 整数类型

整数类型的数据不带小数部分。Java中的整数类型不存在无符号类型，一共支持四种整数类型，见表2-1。

表 2-1 整数类型

| 类 型 名 称 | 取 值 范 围 | 占用空间 /B |
|---|---|---|
| byte | −128 ～ 127 | 1 |
| short | −32 768 ～ 32 767 | 2 |
| int | −2 147 483 648 ～ 2 147 483 647 | 4 |
| long | −9 223 372 036 854 775 808 ～ 9 223 372 036 854 775 807 | 8 |

不同的整数类型表示的取值范围不同，根据程序对整数范围的实际需要，灵活选择上述一种整数。

#### 2. 浮点数类型

浮点数类型同时使用整数部分和小数部分表示数字。Java支持两种实数类型，即单精度浮点数float和双精度浮点数double，见表2-2。

表 2-2 浮点数类型

| 类 型 名 称 | 取 值 范 围 | 占用空间 /B |
|---|---|---|
| float | $1.4 \times 10^{-45}$ ～ $3.4 \times 10^{38}$ | 4 |
| double | $4.9 \times 10^{-324}$ ～ $1.8 \times 10^{308}$ | 8 |

整数类型除以零会发生异常，浮点数除以零则会输出Infinity。

### 2.4.2 字符型数据

字符型char的数据范围是0～65 535，它是Unicode字符集中的单个字符，占用2字节。字符类型常量用单引号，而且单引号中有且仅有一个字符。例如，'ab'和"c"都不是字符型常量。

在Java语言中字符串类型String不是基本数据类型，用它声明的变量将被当作对象来处理。相关内容将在第5章中介绍。

### 2.4.3 布尔型数据

布尔类型数据只有两个值，即true和false。在Java语言中，布尔类型数据和整数类型没有关系，不能相互转换，这一点也与C语言不一样。

## 2.5 常量与变量

程序在处理数据时，必须将数据保存在计算机的内存中，保存在内存中的数据从可变性上看，分为常量和变量两种。常量和变量都会出现在任何一个程序中，所以正确理解并掌握常量和变量的概念对学习程序设计是十分重要的。

### 2.5.1　变量

变量是Java中的一个基本存储单元。通常来说，任何程序都离不开变量的参与。人们编制程序就是为了减少重复劳动，提高工作效率。而变量的存在使其成为可能，这是因为变量可以存储不同的值或数据。与常量不同，变量的值可以反复赋值。

视 频

变量的概念与使用

#### 1. 变量的声明

在Java中，使用变量前必须先声明。变量的声明规定了变量的类型和名字。变量的声明格式如下：

```
变量类型　变量名;
```

例如：

```
int i;                              //声明一个整数型变量
float f;                            //声明一个单精度浮点型变量
char c;                             //声明一个字符型变量
boolean b;                          //声明一个布尔型变量
```

若使用一个未声明的变量，则在程序编译时会发生错误。Java中并不要求声明变量的同时马上初始化该变量，即为变量赋初值，但及时为变量赋初值是一个好习惯。例如：

```
int i = 1;                          //在声明 i 的同时赋初值 1
char c1 = 'a', c2 = 'b';            //声明并赋值多个变量，用“,”进行分隔
```

#### 2. 对变量的赋值

变量声明之后就可以在后面的程序中使用它们。无论变量在声明时是否进行了初始化，都可以对其值进行再次赋值。为变量赋值使用赋值号“=”。例如：

```
int x = 5;
double d;
a = 10;
d = 3.14;
```

这里需要说明的是，浮点数型常量在Java中默认为double类型，因此将实数类型常量赋值给浮点型变量时，必须在实数类型常量后面加上类型说明，否则将产生编译错误。例如：

```
float f1 = 3.14F                    //或使用 f
double d = 3.14D                    //或使用 d，也可以省略
float f2 = 3.14                     //错误，不能将 double 类型常量赋值给 float 类型变量
```

在使用未赋值的变量时要格外注意，不然可能会发生错误。例如：

```
int x, y = 0;
y = x + 1;                          //错误，因为变量 x 没有初始值
```

给变量赋予不同类型的值时，会发生错误。例如：

```
int d = 5.31;                       //错误，因为给整数型变量赋了一个浮点数
char c = "abc";                     //错误，因为给字符型变量赋了一个字符串值
```

可以给多个变量一起赋值。例如：

```
int a, b, c;
```

```
a = b = c = 1;                          //a,b,c 同时赋值为 1
```

### 2.5.2 常量

编写程序代码时经常会反复出现同一个常数值，通过使用常量可以提高代码的可读性，并使代码更易于维护。顾名思义，常量的值在程序整个执行过程中都保持不变，不能重复赋值。

常量分为：直接常量和符号常量两种。

#### 1. 直接常量

直接常量就是数据值本身。常见的直接常量有数值常量、字符型常量、字符串型常量和布尔型常量。其中，布尔类型只有true和false两个值。另外，需要注意，常量和变量一样，字符型常量用单引号界定，字符串型常量用双引号界定。

直接常量的例子如下：

```
123, -12, 3.14                          //数值常量
'a','=', 'Z'                            //字符型常量
"a","name", "北京"                      //字符串型常量
true, false                             //布尔常量
```

在Java中，有些字符是不能直接表示的，如换行符，还有些字符放在单引号中作为字符常量，如“\”。这时需要使用转义符表示这些字符常量，转义符由反斜杠“\”加字符组成，常见的转义符见表2-3。

表 2-3 常用转义符

| 字符形式 | 字符意义 |
|---|---|
| \n | 换行符 |
| \t | 制表符 |
| \' | 单引号' |
| \" | 双引号" |
| \\ | 反斜杠\ |
| \b | 退格符 |
| \r | 回车符 |

例如，输出一个双引号。如果不加“\”，那么第二个双引号将自动和第一个双引号配对，因此，系统会认为该字符串多出了一个双引号，也就是最后一个双引号。

```
System.out.println("\"");               //输出一个双引号
System.out.println("Hello\nWorld");     //分两行输出 Hello 与 World
```

#### 2. 符号常量

编写程序代码时经常会反复出现同一个常数值，如案例2-2中的圆周率。有时，这些常数值难以记忆甚至没有明显的意义，如企业员工的工资系数。如果程序中不使用符号常量，一旦某个原本固定的值要发生改变时，那么就要在整个程序代码中查找更改该数字。不仅可读性差，而且很容易出错。因此，使用符号常量是十分重要的。

符号常量是有意义的名称，用于代替不变的数字或字符串。常量的命名规则与变量的命名规则相同，但不能和已经定义的变量重名。可以采用C语言的命名习惯，将常量名都用大写字母表示，这样就可以很容易区分程序中哪些是常量，哪些是变量，增加程序的可读性。

用户定义符号常量使用关键字final，声明的语法格式为：

```
final 数据类型 常量名 = 常量表达式；
```

例如：

```
final double PI = 3.14;
```

# 2.6 数据类型之间的类型转换

在Java程序中，将一种数据类型的常量或者变量转换到另外一种数据类型，称为类型转换。常见的类型转换有三种，即隐式类型转换、强制类型转换、字符串类型与数值类型之间的转换。

## 2.6.1 隐式类型转换

隐式转换是指系统内部根据程序运行的需要自动进行的数据类型转换。例如：

视频

数据类型转换——自动转换

```
String a, b;
a = 5 + "";        // 系统会把数字 5 隐式转换成字符串类型 "5"，再进行连接，最后赋值
b = 10 + a;        // 同理，得到 b 为 "105"，而不是 "15"
```

隐式转换允许在赋值和计算时由编译系统按一定的优先次序自动完成。一般来说，低精度类型到高精度类型的转换是由系统自动完成的。根据不同数据所占的字节数，它们之间的精度高低顺序如下：

byte < short,char < int < long < float < double

例如：

```
int i = 'a' + 1;          // 字符 'a' 隐式转换成 short 类型 97，结果 i=98
char ch = 'a' + 1; // 字符 'a' 隐式转换成 97，相加之后再把结果 98 隐式转换成 'b'，结果 ch='b'
long l = i;               // 变量 i 隐式转换成 long 类型，再赋值给 l
ch = i;                   // 系统出错，因为 int 类型精度高于 char 类型
```

## 2.6.2 强制类型转换

视频

数据类型转换——强制转换

强制转换又称显式转换，强制转换是指通过程序代码，使用专门的格式或调用转换方法改变数据的类型。强制转换的格式为：

```
目标数据类型  变量名 = （目标数据类型） 数据或表达式
```

例如：

```
char ch;
int i = 97;
ch = (char)i;                   // 强制转换
float f = (float)1.2            // 将 double 常量强制转换成 float
```

由于不同数据类型的存储方式有一定的差异，在转换时可能会导致数据发生变化，要特别注意。例如：

```
short a = 300;
byte b = (byte)a;               //b = 44;
```

同时，强制类型转换并不是万能的，有些类型之间的转换不能用强制类型转换。例如：

```
String str = (String)80                        //编译出错
double f = (double)"3.14"                      //编译出错
```

### 2.6.3 字符串类型与数值类型的转换

由于字符串类型与数值类型之间的转换比较常用，又不能直接用强制类型转换，所以下面介绍一下它们之间的类型转换。

#### 1. 字符串类型转换为数值类型

语法格式为：

```
数值类型所对应的包装类 .parseXXX(字符串类型表达式)
```

或

```
数值类型所对应的包装类 .valueOf(字符串类型表达式)
```

其中，“字符串类型表达式”的值必须严格符合“数值类型名称”对数值格式的要求。例如：

```
string s1 = "12", s2 = "12.5";
int x = Integer.parseInt(s1);                  //转换成功
int y = Integer.valueOf(s1);                   //转换成功
double d1 = Double.parseDouble(s2);            //转换成功
double d2 = Double.valueOf (s2);               //转换成功
float f = Float.parseFloat(s2);                //转换成功
int z = Integer.parseInt(s2);                  //转换失败，参数格式不正确
int k = Integer.valueOf(s2);                   //转换失败，参数格式不正确
```

不过这两种方法的返回类型有所不同，比如Integer.parseInt()方法返回的是一个int类型的常量；Integer.valueOf()方法返回的则是Integer类型的对象，上述转换的例子涉及包装类Integer和基本数据类型int之间的拆箱操作。基本数据类型都对应着相应的包装类，具体内容将在第8章中介绍。

#### 2. 数值类型转换为字符串类型

在数据处理时，经常需要将数值类型转换为字符串输出显示，常用方法有以下三种：

（1）将数值类型与空字符串连接。例如：

```
int i = 5;
String s1 = i+"";                              //转换成功，转换后 s1="5"
```

（2）调用包装类的toString()方法。语法格式为：

```
数值类型所对应的包装类 .toString(数值类型表达式)
```

其中，“数值类型表达式”的类型必须和对应的包装类相同，否则将发生错误。例如：

```
int i = 123; double d = 123.456;
String s1 = Integer.toString(i);               //转换成功
String s2 = Double.toString(d);                //转换成功
String s3 = Integer.toString(d);               //转换失败，d 不是整数
```

（3）调用String类型的valueOf()方法。这种方法还可以将字符类型转换成字符串。例如：

```
String s1 = String.valueOf(3.5);      //转换成功
String s2 = String.valueOf('a');      //转换成功
```

# 2.7　运算符和表达式

描述各种不同运算的符号称为运算符，表达式用来表示某个求值规则。运算符是表达式的组成部分，根据操作数的个数划分，可以分为：一元运算符、二元运算符和三元运算符；根据运算符的类型划分，又可以分为：算术运算符、字符串运算符、关系运算符、逻辑运算符、条件运算符和赋值运算符。

表达式的类型由运算符的类型决定，大致分为：算术表达式、字符串表达式、关系表达式、逻辑表达式、条件表达式和赋值表达式。

## 2.7.1　运算符与表达式类型

### 1. 算术运算符与算术表达式

视频

算术运算符

算术表达式又称数值型表达式，由算术运算符、数值型常量、变量、函数和圆括号组成，其运算结果为数值。算术运算符分为一元运算符和二元运算符。

1）一元运算符

一元运算符可以和一个变量构成一个表达式，常见的一元运算符有取负（-）、取正（+）、自减（--）和自增（++）。例如：

```
int x = 4, y = 10;
x++;                                   //x 的值为 5，等价于 x=x+1
--y;                                   //y 的值为 9，等价于 y=y-1
```

一元运算符x++和++x是不同的。前者是先使用x的值再增量；后者是先增量再使用x的值，因此所得到的值也不同。例如：

```
int x1, x2, y = 1, z = 1;
x1 = y++;                              //x1 的值为 1
x2 = ++z;                              //x2 的值为 2
```

2）二元运算符

二元运算符需要两个操作数参与，通常得出一个结果。除了常用的加（+）减（-）乘（*）除（/）外，还有取余，用“%”表示。它的优先级和乘除一样，高于加减。例如：

```
int i = 10 % 3 * 2;                    //则 i 的值为 2
```

在使用算术表达式时，要注意操作数的数据类型。例如：

```
double i = 9 / 2;                      //则 i 的值为 4
double j = 9.0 / 2;                    //则 j 的值为 4.5
```

### 2. 字符串运算符和字符串表达式

字符串运算符只有一个，即“+”运算符，表示将两个字符串连接起来。例如：

```
"北京" + "奥运会"                  //连接后的结果为: 北京奥运会
"AB" + "cd" + "F"                  //连接后的结果为: "ABcdF"
```

再如：

```
string s1, s2 = "国";
s1 = "中" + s2 + "加油! "          //连接后的结果为: "中国加油! "
```

字符串进行连接时，可能会涉及数值类型的转换，这部分内容将在第5章中讲解。

**3. 关系运算符与关系表达式**

关系运算符用于比较两个操作数之间的关系，若关系成立，则返回一个逻辑真（true）值，否则返回一个逻辑假（false）值。关系运算符共有六种，即>、<、>=、<=、==和!=，依次为：大于、小于、大于或等于、小于或等于、等于和不等于。需要注意的是，等于运算符"=="由两个等号组成，中间不能有空格，使用时特别注意不要和赋值运算符"="混淆。前四种运算符的优先级比后两种运算符高。

关系运算符不仅可以比较数值，还可以比较字符。字符串要比较大小则需要借助equals()和compareTo()方法，这些内容将在第5章中详细介绍。

例如：

```
11 > 4                   //结果为true，数值型比较数值大小
'a' > 'b'                //结果为false，比较字符型相对应的ASCII码
i % 2 == 0               //若结果为true，则i是偶数，否则i为奇数
```

**4. 逻辑运算符与逻辑表达式**

视频

逻辑运算符

逻辑表达式又称布尔表达式，是对操作数进行逻辑运算，得到的结果和关系表达式类似，返回逻辑真（true）值或逻辑假（false）值。最常用的逻辑运算符是：!（非）、&&（与）和||（或）。其中，"非"的优先级最高，"与"的优先级次之，"或"的优先级最低。三种运算符的中文名称已经比较清晰地表明了各运算符的含义。

"非"运算是求原布尔值相反的运算，例如：!true的值为false。

"与"运算是求两个布尔值都为真的运算，只有两个布尔值都为真时是真。例如："true && true"的值为true；"true && false"与"false && false"的值都为false。

"或"运算是求两个布尔值至少有一个为真的运算，只有两个布尔值都为假时才是假。例如："false || false"的值为false；"true || false"和"true || true"的值为true。

**5. 条件运算符与条件表达式**

由运算符"?"与":"组成的表达式为条件表达式。运算符"?:"是一个三元运算符，它是if…else…的简单形式，第3章中还将对if...else...语句进行讲解，这里先介绍条件运算符的用法。其一般格式为：

```
逻辑表达式? 表达式1: 表达式2
```

"逻辑表达式"可以是运算结果为布尔值的表达式，也可以是一个布尔常量。当逻辑表达式的值为true时，则运算结果为"表达式1"的值；如果为false时，则运算结果为"表达式2"的值。例如：

```
int x = 5, y = 8, max, min;
```

```
max = x > y ? x : y;                    //max 的值为 8
min = x < y ? x : y;                    //min 的值为 5
```

条件运算符“?:”是可以嵌套的，而且条件运算符结合性为右结合。例如：

```
int x = 1, y = 2, z = 3, a;
a = x > y ? x : y > z ? y : z;          //a 的值为 3
```

#### 6. 赋值运算符与赋值表达式

视频
赋值运算符

由赋值运算符组成的表达式为赋值表达式。最常用的是简单赋值运算符“=”，在前面的章节中，已多次使用到。另外，还有复合的赋值运算符，如+=、-=、*=、%=等。

在一元运算符中，已介绍过“x++”等价于“x=x+1”。此外，还有许多简化的运算符的写法。例如：

```
x += y;                                 //等价于 x = x + y;，减乘除法类似
x %= y;                                 //等价于 x = x % y;
```

### 2.7.2　运算符的优先级和结合性

在程序设计过程中，一个表达式往往由多个运算符组成，所以这就引出了一个新的问题：运算符的优先级和结合性。优先级是指当一个表达式中出现多个不同的运算符时，先进行哪种运算。结合性是指当一个表达式中出现两个以上的相同优先级的运算符时，运算的方向是从左到右还是从右到左。

#### 1. 优先级

运算符的优先级从高到的底的顺序见表2-4。从表中可以得出运算符的优先级有以下特点：

- 一元运算符 > 二元运算符 > 三元运算符
- 算术运算符>关系运算符>逻辑运算符>条件运算符>赋值运算符

表 2-4　运算符的优先级

| 运算符类别 | 运　算　符 | 优先级高低 |
|---|---|---|
| 括号和一元算术运算符 | () [] x++ x-- | 高 ↑ |
| | +（取正） -（取负） ! ++x --x | |
| 二元算术运算符 | * / % | |
| | + - | |
| 关系运算符 | > < >= <= | |
| | == != | |
| 逻辑运算符 | && | |
| | \|\| | |
| 条件运算符 | ?: | |
| 赋值运算符 | = += -= *= /= %= | 低 |

前面没有具体讨论小括号的作用，这是因为经过多年的数学学习，我们已经对小括号非常了解，小括号的作用就是忽略优先级。

#### 2. 结合性

结合性也是运算顺序，与优先级不同的是，结合性是在同级别的运算符之间，从方向上控制运算顺序，即控制运算按从右往左或从左往右的方向顺序运算。

在多个同级运算符中，只有赋值运算符与条件运算符是从右往左结合的，除此之外的二元运算符都是从左往右结合的。例如，a+b+c是按(a+b)+c的顺序运算的；而a=b=c是按a=(b=c)的顺序赋值的。条件运算符是按从右往左结合的，那么再来看上面那个嵌套的条件运算符的例子就显得非常简单了。

# 2.8 程序与用户交互的简单方法

程序和用户之间的交互是必不可少的，用户经常会输入一些数据，程序也经常会输出一些信息。在之前的例子中，使用System.out.println()方法向控制台输出信息，还利用系统的自变量输入变量的值，下面介绍一些其他输入方法。

## 2.8.1 从命令行输入数据

运行一个Java程序时，要给它提供一个main()方法入口，参数args是一个String类型的数组，该数组中保存执行Java命令时传递给所运行的类的参数。

例 2.1 编写程序ArgsPrint，输出main()方法的参数args数组中的所有内容。

```
public class ArgsPrint {
    public static void main(String[] args) {
        System.out.println(args.length);                //输出数组的长度
        for(int i = 0; i < args.length; i++)            //利用循环语句输出数组内容
            System.out.println(args[i]);
    }
}
```

在Windows字符界面中的运行结果如图2-8所示。

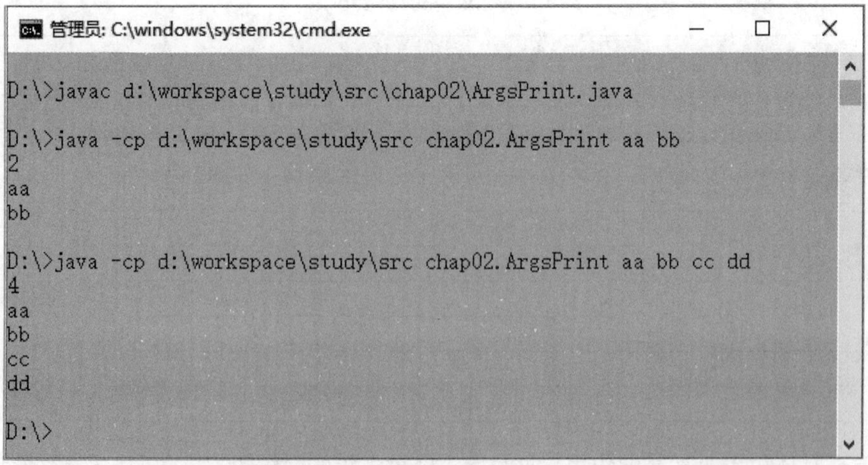

```
管理员: C:\windows\system32\cmd.exe

D:\>javac d:\workspace\study\src\chap02\ArgsPrint.java

D:\>java -cp d:\workspace\study\src chap02.ArgsPrint aa bb
2
aa
bb

D:\>java -cp d:\workspace\study\src chap02.ArgsPrint aa bb cc dd
4
aa
bb
cc
dd

D:\>
```

图 2-8 Windows 字符界面运行结果

在Eclipse环境中的执行方法与案例2-2中的一样，运行结果如图2-9所示。

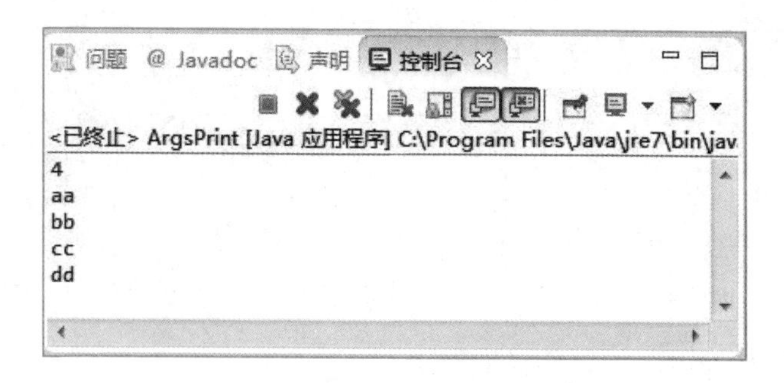


图 2-9 Eclipse 环境运行结果

### 2.8.2 在控制台输入/输出数据

#### 1. 向控制台输出数据

标准输出流（System.out）中提供了三种输出方法：

（1）print(输出项)：输出数据后不换行。输出项可以是变量名、常量、表达式。

（2）println(输出项)：输出数据后换行。输出项可以是变量名、常量、表达式。

（3）printf("格式控制部分",表达式1,表达式2,...,表达式n)：这种输出的形式与C语言中的printf()函数类似，这里不展开叙述。

#### 2. 从控制台输入数据

使用Scanner类可以实现从控制台输入数据，即使用java.util.Scanner类创建一个对象：

```
Scanner  reader = new Scanner(System.in);
```

借助reader对象，可以实现各种类型数据的读入，读入的方法有：

- nextInt()：读入整数。
- nextFloat()：读入单精度数。
- nextDouble()：读入双精度数。
- nextLine()：整行读入字符串。
- next()：以空格作为分隔符读入字符串。

视 频

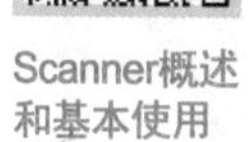


例如：

```
String str = reader.nextLine();            // 输入一行字符串
int i = reader.nextInt();                  // 输入一个整数
```

### 2.8.3 利用对话框输入/输出数据

（1）利用JOptionPane. showInputDialog输入数据。例如：

```
String in = JOptionPane.showInputDialog("请输入一个整数", 0);
```

该语句的输出结果如图2-10所示。其中参数“0”表示默认输入值，也可省略。语句执行之后，字符串变量in的值就是对话框的输入值。

（2）利用JOptionPane. showMessageDialog输出数据。例如：

```
JOptionPane.showMessageDialog(null, "您刚才输入的是" + in);
```

该语句的输出结果如图2-11所示。

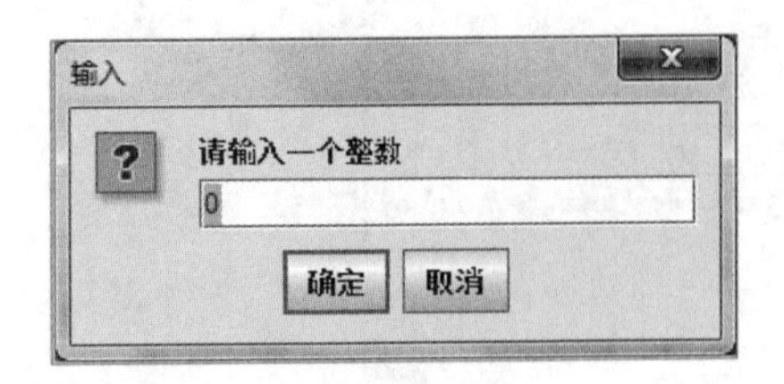

图 2-10 对话框输入

图 2-11 对话框输出

关于对话框的使用，将在第11章中详细叙述。

## 2.9 综合实践

**题目描述**

编写程序，从控制台输入两个整数，在控制台输出它们的和。输出格式要求为："X+Y=Z"。

**输入样例**

3 5

**输出样例**

3+5=8

## 习　题

**一、选择题**

1. 下列关于Java语言的叙述正确的是（　　）。
   A. Java语言不区分大小写
   B. 源文件的扩展名是.class
   C. 源文件中public类的数目不限
   D. Java程序结构中前三条语句的顺序为：package，import，public class
2. main()方法的返回类型是（　　）。
   A. public　　B. void　　C. static　　D. main
3. 以下不是Java原始数据类型的是（　　）。
   A. int　　B. char　　C. String　　D. double
4. 用来声明包语句的关键字是（　　）。
   A. package　　B. new　　C. String　　D. import
5. Java源文件和编译后的文件的扩展名分别为（　　）。
   A. .class和.java　　B. .class和.class　　C. .java和.class　　D. .java和.java
6. "System.out.println(4>5?6:7)"语句的输出结果是（　　）。
   A. 4　　B. 5　　C. 6　　D. 7
7. Java源程序的主类是指包含有（　　）方法的类。
   A. main()　　B. toString()

C. init()　　D. actionPerfromed()

8. 一个可以独立运行的Java应用程序（　　）。

A. 可以有一个或多个main()方法　　B. 最多只能有两个main()方法

C. 可以有一个或两个main()方法　　D. 只能有一个main()方法

9. 下列符号中，可以在Java程序里表示单行注释的是（　　）。

A. /　　B. /**/　　C. //　　D. /***/

10. Java语言使用的字符码集是（　　）。

A. ASCII　　B. BCD　　C. DCB　　D. Unicode

11. 下列说法正确的是（　　）。

A. 一个程序可以包含多个源文件　　B. 一个源文件中只能有一个类

C. 一个源文件中可以有多个公共类　　D. 一个源文件只能供一个程序使用

12. 下面不是Java语言中基本数据类型的是（　　）。

A. byte　　B. char　　C. Integer　　D. boolean

13. 下列表达式正确的是（　　）。

A. float f = 1.25　　B. int = 128

C. char c =" c "　　D. boolean b = false

14. 以下Java标识符正确的是（　　）。

A. super　　B. 3x　　C. filename　　D. my name

15. 以下关于变量的定义正确的是（　　）。

A. int a = 10;　　B. b = 2;

C. int = 20;　　D. int a; b = a + 10;

16. 下列选项中不属于比较运算符的是（　　）。

A. =　　B. <　　C. <=　　D. !=

17. 下列选项中按照箭头方向不可以进行自动类型转换的是（　　）。

A. byte → int　　B. int → long

C. double →long　　D. byte → char

18. 以下常量表达正确的是（　　）。

A. 'AB'　　B. '\t'　　C. True　　D. x

19. “i = 3 % 2 * 4;”表达式的结果为（　　）。

A. 3　　B. 1　　C. 4　　D. 8

20. 设int变量x=1,y=2,z=3，则表达式y+=z--/++x的值是（　　）。

A. 3　　B. 3.5　　C. 4　　D. 2

## 二、简答题

1. 变量的命名有哪些规则？可以用汉字命名变量吗？

2. Java语言定义了哪几种基本数据类型？什么是变量？什么是常量？

3. 列举你所知道的一元运算符和二元运算符。

4. 将数学表达式$S=\dfrac{-a+b^2-3c}{3a-b^2}$转换为Java语言表达式。

5. 整型变量a、b、c，请用Java语言表达式表示“a能被b整除，或者a能被c整除”。

6. 下列数据中，哪些是变量？哪些是常量？是什么类型的常量

（1）int　（2）"int"　（3）mm　（4）import

（5）'\n'　（6）2.34F　（7）For　（8）true

7. 求下列表达式的值。

（1）int i = 1, j = 4, k;
k = ++i + j % 6 / 3;

（2）float x = 2.5f, y = 4.7f; int a = 7;
x = x + a % 3 + (int)(x + y++) % 2 / 4;

（3）boolean f = 2 > 3 || 'a' > 'b' && 'd' > 'D';

（4）double f = 1 / 2 * 3;

（5）char d= 'A'; d += 33;

8. 按优先级的高低排列以下运算符。

（1）&&　（2）+　（3）!=　（4）%　（5）!　（6）||

## 三、编程题

1. 编写程序，输出下列字符。

```
***************
欢迎进入Java世界
***************
```

2. 编写程序，分别定义int、char、float和double四种变量，并给其赋初值，在控制台分别将它们的值输出。

3. 假设整型变量i和j中存有初值，编写代码将两者的初值相互交换，并输出结果。

4. 编写程序，在控制台输出一个反斜杠符号和一个双引号，即“\"”。

5. 从控制台输入一个浮点数，且小数点后面只有一位小数。利用强制类型转换将其四舍五入，并输出该整数。

例如，f = 1.3，输出“1”；f = 1.6，输出“2”。

6. 编写程序，从对话框输入两个整数，在控制台输出它们的和。

输出格式要求为：“X + Y = Z”。例如，输入3和5，输出“3 + 5 = 8”。

7. 从控制台输入半径的值，实现案例2-2。

8. 利用对话框输入半径并输出面积，实现案例2-2。

# 第3章 Java程序流程控制

学习目标

◎熟练掌握if语句的结构及使用方法；

◎掌握switch分支结构及使用方法；

◎熟练掌握for与while循环语句结构及使用方法；

◎掌握循环嵌套结构及使用方法。

素质目标

◎在学习流程控制语句的过程中锻炼思维能力，培养严谨的思维习惯和实践能力。

## 3.1 案例3-1：整数的奇偶性

### 1. 案例说明

编写一个Java应用程序，从控制台输入一个整数，输出它的奇偶性。程序运行结果如图3-1所示。

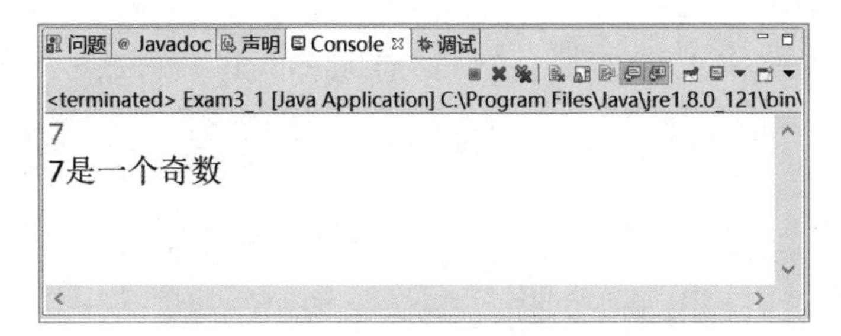


图3-1 程序运行结果

### 2. 实现步骤

（1）在chap03包中创建Exam3_1类，在main()方法中输入对应代码。

```
package chap03;
import java.util.Scanner;
public class Exam3_1 {
    public static void main(String[] args) {
        int num;
        Scanner read = new Scanner(System.in);     //创建一个Scanner类的对象
```

```
        num = read.nextInt();          // 利用方法读入一个整数，并赋值给变量 num
        if(num % 2 == 0){              // 如果 num 是偶数
            System.out.println(num + "是一个偶数");
        }
        else{                          // 否则 num 是奇数
            System.out.println(num + "是一个奇数");
        }
    }
}
```

（2）在控制台中输入需要测试的整数。

3. 知识点分析

本案例使用if…else…分支语句实现一个整数奇偶性的判断，if后面()中的布尔类型表达式为判断条件，如果判断条件成立，程序执行if后面{}中的语句；否则执行else后面{}中的语句。

## 3.2 分支语句

在前面章节中，程序都是按顺序执行的。但是，在现实中经常需要根据不同的情况采取不同的行动。例如，在案例3-1中，根据输入整数的奇偶性，输出对应的提示语句。这种根据一定的条件有选择地执行程序的结构称为选择结构，又称分支结构。

Java提供了两种选择语句以实现选择结构：if语句，可以判断特定的条件是否满足，用于单分支选择结构，也可以通过嵌套实现多分支选择结构；switch语句，通过表达式的值与多个不同的值进行比较来处理多个选择，用于多分支选择结构。

视频 条件语句—if

视频 条件语句—if...else

视频 条件语句—if...else if...else

### 3.2.1 if语句

if语句根据条件表达式的值选择所要执行的语句。其一般格式为：

```
if(判断条件)
    { 语句块1 }
else
    { 语句块2 }
```

由if…else…语句构成的选择结构的控制流程如图3-2所示。

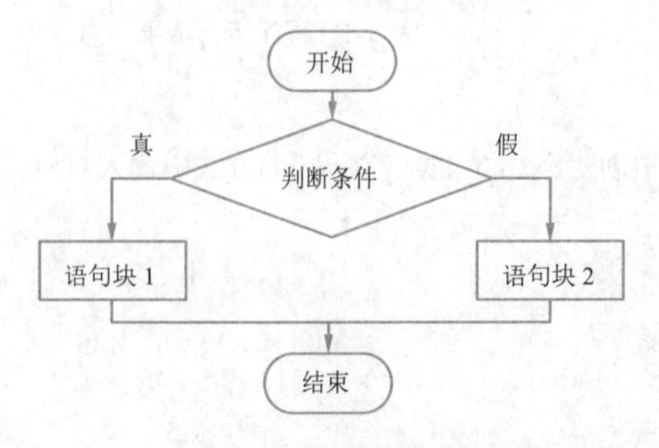


图3-2 选择结构控制流程图

在if…else…语句中，判断条件可以是关系表达式、逻辑表达式或者逻辑常量值。当返回值为真（true）时，程序执行语句块1；当返回值为假（false）时，程序执行语句块2。

语句块1、2可以是单条语句，也可以是多条语句。当它是单条语句时，大括号可以省略；当它是多条语句时，则必须使用大括号。如果语句块1、2又是一条if…else…语句，那么这就构成了一条嵌套式的if语句。

对于if…else…语句来说，else部分的语句是可选的。也就是说，程序设计者可以根据实际情况决定是否省略else子句。

初学者要特别注意，当语句块中有多条语句时，往往容易忘记添加大括号，因此不妨在初学时都不要省略大括号。

例 3.1 输入三个数，输出最大值。

分析：两个数求最大值比较容易，但是三个数要两两比较它们之间的大小关系则比较麻烦。可以先求其中任意两个数的最大值，然后再将其和第三个数比较即可，即求两次“两个数的最大值”。代码如下：

```
public static void main(String[] args) {
    double max,a,b,c;
    Scanner rd = new Scanner(System.in);
    a = rd.nextDouble();
    b = rd.nextDouble();
    c = rd.nextDouble();
    if(a > b)                    //先求前两个数的最大值并将其保存在max中
        max = a;
    else max = b;
    if(max < c)                  //再比较max和第三个数的大小
        max = c;
    System.out.println("最大值为: " + max);
}
```

有时程序需要对三种或三种以上的情况进行判断，这就需要设计多分支的选择结构。这时，可以使用if语句的嵌套结构。其一般格式为：

```
if (条件表达式1)       { 语句块1 }
else  if (条件表达式2) { 语句块2 }
…
else  if (条件表达式n) { 语句块n }
else { 语句块n+1 }
```

例 3.2 输入阿拉伯数字1～5，输出对应的大写汉字。

```
public static void main(String[] args) {
    Scanner rd = new Scanner(System.in);
    int n = rd.nextInt();
    String output = "您的输入有误! ";
    if(n == 1) output = "壹";
    else if(n == 2) output = "贰";
```

```
    else if(n == 3) output = "叁";
    else if(n == 4) output = "肆";
    else if(n == 5) output = "伍";
    System.out.println(output);
}
```

编译器不能根据书写格式判断层次关系，因此需要人为地确定层次关系，即从后往前查找else，else与离它最近且没有配对的if是一对。可见，最后的else语句到底属于哪一层很难判定，这时可以添加大括号增加程序的可读性。

else部分与语法上允许的最相近的上一个if语句相关联。因此在有些时候，虽然语句块1只有一条语句，但是一对大括号并不能省略，否则将可能得到错误的结果，可参考本章课后习题简答题第3题。

### 3.2.2 switch语句

视 频

switch条件语句

从例3.2可以看到当有多种选择时，用if语句处理起来比较烦琐，可读性也比较差，而且还很容易出错。这时可以使用switch语句实现同样的功能，关键字switch是“开关”的意思。

switch语句是多分支选择语句，它通过switch表达式的值与多个不同值进行比较，选择相应的case语句处理多个选择。switch表达式是一个整型、字符型或字符串类型表达式。其一般格式为：

```
switch(表达式)
{
    case 常数1:
        语句块1
        break;
    …
    case 常数n:
        语句块n
        break;
    default:
        语句块n+1
        break;
}
```

switch语句的执行方法如下：首先计算表达式的值，然后将该值与case标签中指定的常数比较。若两者相等，则执行该case标签后面的语句块。如果所有case标签后的常数都不等于表达式的值，且若存在一个default标签，则执行default标签后面的语句块；若此时不存在default标签，则switch语句执行结束。

（1）表达式的值必须是整型、字符型或字符串型的常数值，不能是float或double类型。

（2）如果同一个switch语句中有两个以上的case标签指定了同一个常数值，编译时将发生错误。

（3）一个switch语句中最多只能有一个default标签。

switch语句一旦找到相匹配的case分支（即表达式的值与case后的值相等），程序就开始执行这个case分支后面的语句块，系统将不再判断与后面case、default标签的条件是否匹配，除非遇到break语句，否则switch语句不会结束，这往往不是用户所希望的。因此，break语句可以终止当前分支的执行体。

下面将例3.2用switch语句实现，代码如下：

```
public static void main(String[] args) {
    Scanner rd = new Scanner(System.in);
    int n = rd.nextInt();
    String output = new String();            //初始化一个字符串对象
    switch (n){
        case 1:
            output = "壹";break;
        case 2:
            output = "贰";break;
        case 3:
            output = "叁";break;
        case 4:
            output = "肆";break;
        case 5:
            output = "伍";break;
        default:
            output ="您的输入有误! ";break;
    }
    System.out.println(output);
}
```

如果将上述switch语句中的break语句全部删除，那么当输入n=1时，程序将会输出“您的输入有误！”。

switch语句中，每个case标签对应的只能是一个常数值，而不能是一个数值范围。但是，在现实中往往会碰到各分支的条件是一个数值范围。

**例 3.3**　假设某商场的商品打折，一次性购买的商品金额越多优惠就越多。标准如下：

| | |
|---|---|
| 金额<500元 | 没有优惠 |
| 500元≤金额<1 000元 | 9.5折 |
| 1 000元≤金额<3 000元 | 9折 |
| 3 000元≤金额<5 000元 | 8.5折 |
| 金额≥5 000元 | 8折 |

设计一个Java程序实现该优惠标准的计算。

分析：由于优惠标准中金额不是一个常数，而是一个数值范围，所以不能简单地使用switch语句来实现。分析此问题，不难发现优惠标准的变化是有一定规律的，即优惠的变化点都是500的倍数。利用上述特点，将购买金额整除以500得到的商只有11个整数值。那么就可以利用这11个常数，结合switch语句实现该程序。代码如下：

```
public static void main(String[] args) {
    double money,cutRate = 1;
```

```
        int m;
        money = (new Scanner(System.in)).nextDouble();  //生成一个匿名对象
        if (money<0)
            m = -1;
        else if (money >= 5000)
            m = 10;                                     //money ≥ 5000 时，m 为 10
        else m = (int)(money/500);                      // 将购买的总金额除以 500，得到商
        switch (m){
            case 0: cutRate = 1;break;                  // money<500 元的折扣
            case 1: cutRate = 0.95; break;              // 500 ≤ money<1000 元的折扣
            case 2:
            case 3:
            case 4:
            case 5: cutRate = 0.9; break;               // 2～5 为 1000 ≤ money<3000 元的折扣
            case 6:
            case 7:
            case 8:
            case 9: cutRate = 0.85; break;              // 6～9 为 3000 ≤ money<5000 元的折扣
            case 10: cutRate = 0.8; break;              // money ≥ 5000 元的折扣
            default:                                    // m=-1
                System.out.println("输入有误"); break;
        }
        System.out.println("打折后的金额为: " + money*cutRate);
    }
```

在该例中，要判断的购买金额money是一个浮点数，而switch表达式的值不能为浮点数类型，通过引入整型变量m，解决了该问题。

## 3.3 案例 3-2：序列求和

### 1. 案例说明

编写一个Java应用程序，求序列和1 + 1/3 + 1/5 + 1/7 + … + 1/99 + 1/101，并用对话框输出结果。程序运行结果如图3-3所示。

图 3-3　程序运行结果

### 2. 实现步骤

在chap03包中创建Exam3_2类，在main()方法中输入对应代码，保存程序并运行。

```
public static void main(String[] args) {
    double sum = 0;                                    //设置求和变量的初始值
    for(int i = 1; i <= 101; i += 2){
        sum = sum + 1.0 / i;                           //注意不能用1
    }
    JOptionPane.showMessageDialog(null, "序列的和为: " + sum);
}
```

3. 知识点分析

本案例使用for循环语句实现一个序列的求和操作，循环变量i用于控制循环次数，for后面{}中的语句为每次循环需要重复执行的语句，每一轮循环都需要进行条件判断，如果判断条件成立，程序执行for后面{}中的语句，否则循环结束。

## 3.4 循环语句

循环语句是指根据指定条件反复执行某部分代码的运行方式。Java中提供了三种循环语句：for循环、while循环和do…while循环，其中for循环和while循环是最常用的循环语句。

### 3.4.1 for循环语句

for循环是最常用的一种循环语句，它体现了一种在规定循环次数内、逐次反复的功能。如案例3-2，根据题意，可以知道循环需要进行N次。for循环语句格式为：

```
for (表达式1; 表达式2; 表达式3)
{ 循环语句序列 ; }
```

for循环语句有以下几点需要注意：

（1）表达式1是循环变量的初始化部分，只在初次进入循环时执行一次。该表达式也可以放在for循环语句之前，但是“;”不能省略。例如：

```
int i = 1;
for (; i <= n; i++)
    sum += i;
```

（2）表达式2是条件判断表达式，即每次执行循环语句序列前，都要对条件表达式进行判断。若条件表达式的值为true，则进入循环体执行循环语句序列；若条件表达式的值为false，则循环结束。

（3）表达式3是递增或递减循环变量的语句，也可以是包含一个用逗号分隔的语句表达式列表。例如：

```
for (int i = 1, j = 1; i <= n; i++, j++)
    sum += i * j;
```

（4）循环语句序列是每次循环都要重复执行的语句，当该语句序列中只含有一条语句时，大括号可以省略。

该循环语句的控制流程如图3-4所示。

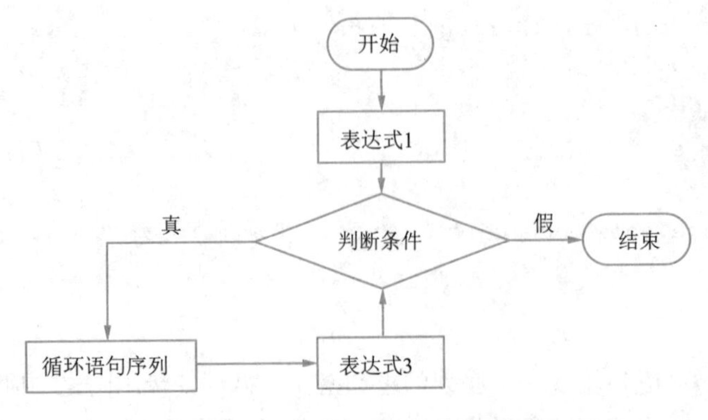

图 3-4 for 循环结构控制流程图

例 3.4 求1～100之间能被3整除或者能被7整除的数的和。

```
public static void main(String[] args) {
int sum = 0;
for(int i = 1; i<=100; i++){
   if(i % 3 == 0 || i % 7 == 0)
      sum += i;
}
System.out.println("1 ~ 100 之间能被 3 整除或者能被 7 整除的数的和为: " + sum);
}
```

for循环还有另外一种增强型形式，又称foreach形式，它在传统的for循环中增加了强大的迭代功能，是在JDK1.5之后提出来的，将在第4章中详细介绍。

### 3.4.2 while循环语句

在循环次数未知的情况下可以使用while循环语句。其语法格式为：

```
while （条件表达式）
{ 循环语句序列; }
```

使用while循环语句需要注意以下几点：

（1）条件表达式是每次进入循环体前的判断条件，当表达式的值为true时，进入循环体执行循环语句序列；当表达式的值为false时，循环结束。

（2）条件表达式为关系表达式或逻辑表达式，表达式一般会包含控制循环的变量。

（3）循环语句序列中要包含改变循环变量值的语句，以免陷入死循环。

（4）和其他语句一样，当循环语句序列只有一条语句时，大括号可以省略。

while循环语句的控制流程如图3-5所示。

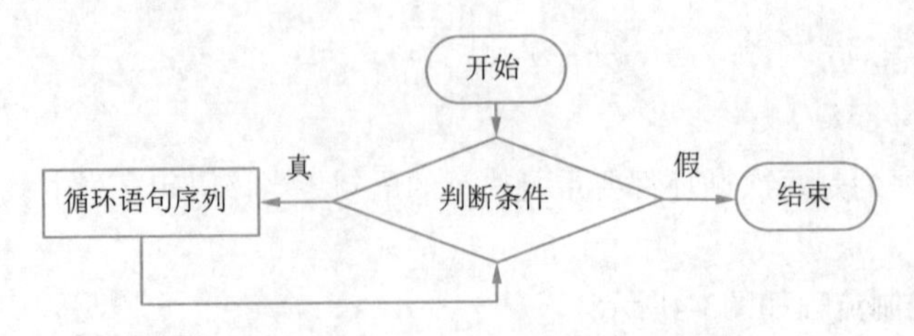

图 3-5 while 循环结构控制流程图

例 3.5　从键盘输入一个整数，输出其各位置上数字的和。

分析：该问题的关键是如何获得各位置上的数字。将输入的整数除以10，得到的商是舍去原整数个位上数字后的数，余数则为原整数个位上的数字。对这个商做同样的操作，将得到原整数十位上的数字。重复上述操作，当最后一次整除得到的商为“0”时，前面操作得到一连串的余数就是原整数各位置上的数字。例如，输入整数3109，循环语句的执行过程见表3-1。

表 3-1　循环语句执行过程说明

| 循环步骤 | 被除数 | 整除10得到的商 | 余数 |
|---|---|---|---|
| 1 | 3109 | 310 | 9 |
| 2 | 310 | 31 | 0 |
| 3 | 31 | 3 | 1 |
| 4 | 3 | 0 | 3 |

由于输入的整数是不确定的，因此循环的次数也不定，所以采用while循环语句比较方便。代码如下：

```
public static void main(String[] args) {
    int num,sum = 0;
    num = (new java.util.Scanner(System.in)).nextInt();
    System.out.print(num + " 各位置上的数字的和为: ");          //num会改变，先将其输出
    num=Math.abs(num);                                          // 求绝对值
    while (num != 0) {
        int remainder = num % 10;                               // 求余数
        sum += remainder;                                       // 各余数求和
        num = num / 10;
    }
    System.out.println(sum);
}
```

### 3.4.3　do…while循环语句

和while循环语句一样，do…while循环语句也可用于循环次数未知的情况。其语法格式为：

```
do
{ 循环语句序列; }
while (条件表达式)
```

当程序执行到do后，立即进入循环体执行循环语句序列，然后再对条件表达式进行判断。若条件表达式的值为真，则重复循环，否则退出循环。

do…while循环语句和while循环语句唯一的差异就是控制循环的方式不同。前者的循环语句序列至少被执行一次；而后者的循环语句序列可能一次都不执行。

### 3.4.4　多重循环语句

在一个循环的循环体中又包含了另外一个循环，这称为循环的嵌套。被嵌入的循环又可以嵌套其他循环，这就是多重循环语句。以二重循环为例，被嵌入的循环是内循环，包含内循环的循环则是外循环。实际应用中经常用到多重循环。

例 3.6 求2～1000之间所有的素数。

代码如下：

```
public static void main(String[] args) {
    int count = 0;
    for(int num = 2; num <= 1000; num++){
        int i;
        for(i = 2; i < num; i++){
            if(num % i == 0)
                break;          // 如果 num 在 2 ～ num-1 之间找到约数，则循环跳出
        }
        if(num == i){           // 如果 num 和 i 相等，说明 num 在 2 ～ num-1 之间没找到约数
            System.out.print(num + "\t");   // 注意使用制表符的优点
            count++;
            if(count % 15 == 0)             // 每行输出 15 个素数
                System.out.print("\n");
        }
    }
}
```

在例3.6中，如果将循环变量i定义在循环体内，那么内循环结束之后，i将失去意义不能再使用，在执行语句if(num==i)时会发生编译错误。变量作用域的内容在第6章中详细介绍。

### 3.4.5 跳转语句

Java语言提供了四种跳转语句，即break、continue、return和throw。跳转语句的功能就是改变程序的执行流程。break语句可以独立使用；continue语句只能用在循环结构的循环体中；return语句可以从一个方法返回，并把控制权交给调用该方法的语句；throw语句将在第9章中详细介绍。

在分支结构和循环结构中，有时需要提前继续或者提前退出，为实现这一功能，要配合使用continue和break语句。在一个循环中，如循环到50次的语句，如果在第10次循环体中执行了break语句，则整个循环语句彻底结束；如果在第10次循环体中执行了continue语句，那么第10次循环体的执行就此结束，continue语句之后的语句将不再被执行，整个循环语句转入第11次循环。

例 3.7 阅读程序，体会continue、break和return语句的区别。

```
package chap03;
public class Test {
    public static void show(){
        for(int i = 1; i <= 9; i++){
            if(i == 3 || i == 4)
                continue;
            if(i == 6)
                break;
            System.out.print(i + "\t");
        }
        System.out.print("10\t");
```

```
    }
    public static void main(String[] args) {
        show();                                         //调用方法
        System.out.println("11");
    }
}
```

当i为3或4时，执行continue语句，本次循环中后面的语句将不再执行，直接到下一次循环；当i==6时，执行break语句，循环跳出，不再继续，show()方法中的其他语句继续执行。程序输出结果为：

```
1      2      5      10      11
```

如果将例3.7中的break语句替换成return语句，那么当i==6时，不仅循环语句终止，而且show()方法也随之结束，程序的控制权交由main()方法继续执行。程序输出结果为：

```
1      2      5      11
```

## 3.5 综合实践

**题目描述**

假设每只公鸡5元，每只母鸡3元，三只小鸡1元，用100元钱买100只鸡。问公鸡、母鸡和小鸡各买几只？

**输入样例**

本题无输入

**输出样例**

公鸡0只，母鸡25只，小鸡75只
公鸡4只，母鸡18只，小鸡78只
公鸡8只，母鸡11只，小鸡81只
公鸡12只，母鸡4只，小鸡84只

## 习　题

**一、选择题**

1. 运行下面程序段之后输出（　　）。

```
int a = 0, b = 1;
if(a = b) System.out.println("a=" + a);
```

A. a = 0　　B. a = 1
C. 编译错误　　D. 正常运行，但没有输出

2. 下列关于选择结构的说法正确的是（　　）。

A. if语句和else语句必须成对出现

B. if语句可以没有else语句对应

C. switch结构中每个case语句中必须用break语句

D. switch结构中必须有default语句

3. 下面程序段的运行结果是（　　）。

```
int x = 8;
if (x > 5)
    System.out.println("x");
else
    System.out.println("y");
```

A. 5　　B. 8　　C. x　　D. y

4. 下面程序段运行结束后j的值为（　　）。

```
int j = 1, x = 4;
switch(x){
    case 1:     j++;
    case 2:     j++;
    case 3:     j++;
    case 4:     j++;
    case 5:     j++;
    default:    j++;
}
```

A. 1　　B. 2　　C. 3　　D. 4

5. 下列程序段运行后，k 的值是（　　）。

```
int  x = 7, y = 5, k;
switch (x % y) {
     case 2:      k = x / y; break;
     case 4:      k = x * y; break;
     case 6:      k = x - y; break;
     default:     k = x + y; break;
}
```

A. 2　　B. 1　　C. 24　　D. 1.4

6. 下列关于条件语句的描述错误的是（　　）。

A. if语句中的条件表达式是一个布尔值

B. 选择语句分为if条件语句和switch条件语句

C. switch语句中的表达式只能是布尔类型的值

D. switch语句只能针对某个表达式的值作出判断

7. 下列循环语句中会发生死循环的是（　　）。

A. for( ; ; );　　B. do{}while(false);

C. while(false) ;　　D. for(int i = 0; i < 1000000; i++);

8. 下面程序段的运行结果是（　　）。

```
int n = 5;
while (n > 10) {
```

```
    System.out.print(n);
    n++;
}
```

A. 无输出　　B. 死循环　　C. 输出56789　　D. 编译错误

9. 下面有关for循环的描述正确的是（　　）。

A. for循环只能用于循环次数确定的情况

B. for循环是先执行循环体语句，后判断表达式

C. 在for循环中，不能使用break语句跳出循环体

D. for循环的循环体语句中，可以包含多条语句，但必须用大括号括起来

10. 下列程序段运行后，i的值是（　　）。

```
int i = 2;
do{
    i *= 2;
}while(i<16);
```

A. 4　　B. 8　　C. 16　　D. 32

11. 下面程序段的运行结果是（　　）。

```
int n = 0;
while(n++ <= 2)
    ;
System.out.println(n);
```

A. 2　　B. 3　　C. 4　　D. 有语法错误

12. 下面程序段运行后，count的值是（　　）。

```
int i = 0;
int count = 0;
do {
    if (!(i + "").contains("4"))
        count++;
    i++;
} while (i < 500);
System.out.println("一共有：" + count);
```

A. 322　　B. 323　　C. 324　　D. 325

13. 下面程序段的运行结果是（　　）。

```
int temp = 0;
for (int i = 1; i < 5; i++)
    for (int j = 0; j < i; j++)
        temp++;
System.out.println(temp);
```

A. 5　　B. 9　　C. 10　　D. 15

14. 下面程序段运行后，变量sum的值为（　　）。

```
int sum = 0;
for (int i = 2; i < 11; i++)
    if (i % 2 == 0 && i % 3 != 0)
        sum += i;
```

A. 30　　B. 24　　C. 36　　D. 54

15. 下面程序段运行后，变量j的值为（　　）。

```
int j = 0;
for (int i = 1; ; i++)
{
    if (i == 2 || i == 4)
        continue;
    if (i == 7)
        break;
    j += i;
}
```

A. 15　　B. 22

C. 21　　D. 程序进入死循环

## 二、简答题

1. if语句和switch语句有什么区别，它们分别在什么情况下使用？

2. 用条件运算符实现例3.1。

3. 给出下列语句对应的数学函数。

（1）

```
if (x <= 1)
{
    if (x >= -1)
        y = x + 1;
    else  y = x + 2;
}
```

（2）

```
if (x <= 1)
{
    if (x >= -1)
        y = x + 1;
}
    else  y = x + 2;
```

4. break语句和continue语句有什么区别？

## 三、编程题

1. 编写程序，在控制台输入三角形的三条边。如果它们可以构成一个三角形，则输出该三角形的面积（海伦公式）；如果不能构成三角形，则给出出错信息。

2. 编写程序，输入学生百分制成绩（0～100的数），如果成绩低于60分，输出Fail；否则输出Pass。

3. 编写判断闰年的程序，通过对话框输入一个年份，输出其是否为闰年。

4. 编写程序，输入$x$值，输出$y$值。

$$y=\begin{cases}-x-1 & (x<-1)\\ x+1 & (-1\leqslant x\leqslant 1)\\ \dfrac{7-x}{3} & (x>1)\end{cases}$$

5. 编写程序，输入一个5位数，判断它是不是回文数。如12321是回文数，即个位与万位相同，十位与千位相同。

6. 编写程序，输入一个百分制成绩，输出对应的五级制成绩。五级制成绩分为：A、B、C、D、E，分别对应的百分制成绩为：90～100、80～89、70～79、60～69、0～59。

7. 某航空公司规定：根据淡旺季和订票张数决定机票价格的折扣率，在旅游旺季，即7～9月，如果订票数大于或等于10张，票价优惠15%，10张以下，票价优惠10%；在旅游淡季，即1～5月份及10月，如果订票数大于或等于10张，票价优惠40%，10张以下，票价优惠20%；其他月份一律优惠5%。根据以上规则设计程序，用对话框分别输入月份和购买的机票张数，输出该机票购买的折扣率。

8. 编写程序，输入一个正整数$n$（$n \leqslant 10$），输出$n$！的值。

9. 在控制台输入两个整数$a$和$b$，输出它们的和。要求程序可以输入多用例，每个测试用例包含一对整数$a$和$b$，每行一对整数；当输入“0，0”测试用例时，程序终止。运行结果如图3-6所示。

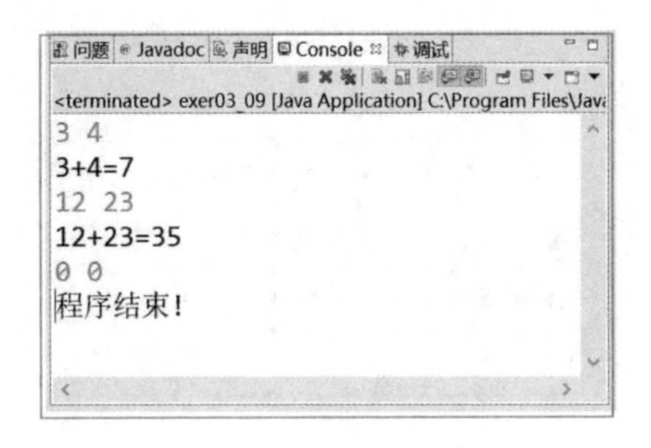


图 3-6 运行结果

10. 编写程序，输入一个整数，输出其位数，要求必须输入整数。

11. 编写程序，计算序列1！+2！+…+10！的值。

12. 编写程序，输出以下4×5的矩阵。

| 1 | 2 | 3 | 4 | 5 |
|---|---|---|---|---|
| 2 | 4 | 6 | 8 | 10 |
| 3 | 6 | 9 | 12 | 15 |
| 4 | 8 | 12 | 16 | 20 |

13. 编写程序，计算12 + 22 + 32 + 42 +… + 972 + 982 + 992 + 1002的值，输出计算结果。

14. 有一分数序列：2/1，3/2，5/3，8/5，13/8，21/13，…，求出这个数列的前20项之和。

15. 猴子第一天摘了若干个桃子，立即吃了一半，还不解馋，又多吃了一个；第二天吃剩下的桃子的一半，还不过瘾，又多吃了一个；以后每天都吃前一天剩下的一半多一个，到第$n$天想吃桃子时，只剩下一个桃子。编写程序，输入$n$值，求猴子第一天共摘了多少个桃子？

16. 一球从100 m高度自由落下，每次落地后反跳回原高度的一半再落下，求它在第10次落地时，共经过多少米？第10次反弹多高？将结果输出。

17. 读入1 个正整数$n$（$n \leqslant 100$），计算并输出1-1/2 + 1/3-1/4 + …的前$n$项和。如输入3，输出0.8333333333333333。

18. 编写程序，输出100～999之间所有的水仙花数。水仙花数是一个三位数，其各个位置上的数的立方和等于该数本身。如$153 = 1^3 + 5^3 + 3^3$。

19. 输入两个正整数$a$和$n$，且$a$为个位数，$n \leqslant 8$，求$a + aa + aaa + aa \cdots a$（$n$个$a$）之和。如输入2和3（$a = 2, n = 3$），则输出246，（$246 = 2 + 22 + 222$）。

20. 编写程序，打印九九乘法表，运行结果如图3-7所示。

```
1×1=1
1×2=2  2×2=4
1×3=3  2×3=6  3×3=9
1×4=4  2×4=8  3×4=12 4×4=16
1×5=5  2×5=10 3×5=15 4×5=20 5×5=25
1×6=6  2×6=12 3×6=18 4×6=24 5×6=30 6×6=36
1×7=7  2×7=14 3×7=21 4×7=28 5×7=35 6×7=42 7×7=49
1×8=8  2×8=16 3×8=24 4×8=32 5×8=40 6×8=48 7×8=56 8×8=64
1×9=9  2×9=18 3×9=27 4×9=36 5×9=45 6×9=54 7×9=63 8×9=72 9×9=81
```

图 3-7 九九乘法表

21. 编写程序，打印图3-8所示的图形。

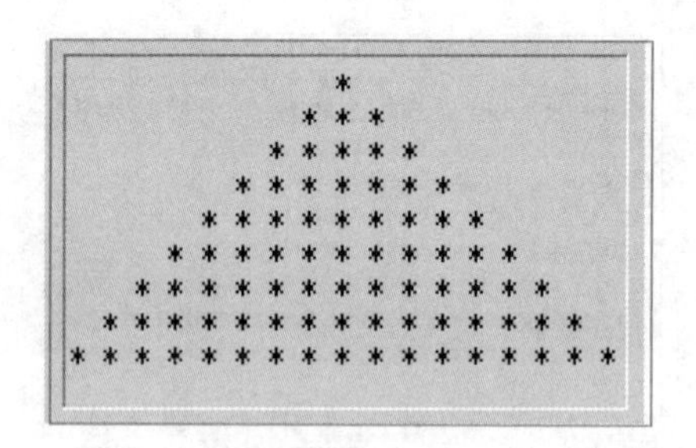

图 3-8 运行结果

22. 编写程序，在1～100中找出三个数，它们的和为100、平方和为6082，注意，不要输出重复的答案。

# 第4章 数　组

学习目标

◎熟练掌握一维数组和二维数组的声明与初始化；

◎熟练掌握数组的遍历、排序、复制等基本操作；

◎理解冒泡和选择两种简单的排序算法。

素质目标

◎通过数组的使用可以优化算法和数据结构，培养创新意识；

◎通过对不同算法之间的优劣对比，培养勤于思考、勇于探索的求知精神。

## 4.1　数组的基本概念

在前面章节中涉及的变量，无论是基本类型变量，还是对象类型变量，都属于单一变量，也就是说一次只能存储一个基本类型数据或对象类型数据。但是，在实际应用中，往往需要处理一批数据。例如，100个学生的成绩，对于这批数据当然可以声明100个变量：score1，score2，…，score100。但是用这种单一变量来处理数据将会非常麻烦，无论是变量的声明和赋值，还是变量值的输出，都是一个庞大的“工程”。由于无法使用循环语句，一切操作都将变成用户手动完成。对于这样一些名字类似、类型相同的批量数据，可以使用数组表示它们。

数组包含一组类型相同的变量，通过数组的索引可以访问这些变量。数组中包含的变量称为数组的元素，而这些元素的类型都是相同的，也就是数组的类型。在Java中，数组被看作一个对象，虽然基本数据类型变量不是对象，但是由基本数据类型组成的数组却是对象。根据数组的维数，数组分为一维数组、二维数组等。

## 4.2　案例 4-1：数组求和

### 1．案例说明

编写一个Java应用程序，求整数数组中各个数字之和，并以序列的形式输出。程序运行结果如图4-1所示。

图 4-1 程序运行结果

2. 实现步骤

在chap04包中创建Example4_1类，在main()方法中输入对应代码，保存程序并运行。

```
package chap04;
public class Example4_1 {
    public static void main(String[] args) {
        int num[] = {5,10,7,4,1,6,3,8,2,9};                    //初始化数组
        int sum = 0, i = 0;
        while(i < num.length - 1){
            sum += num[i];
            System.out.print(num[i++] + "+");
        }
        sum += num[i];                                          //加上最后一个数
        System.out.print(num[i] + "=" + sum);
    }
}
```

3. 知识点分析

本案例使用while循环对数组遍历，依次访问数组中的每个元素，在遍历的过程中，对数组中的每个元素进行求和。while后面()中的布尔类型表达式为循环判断条件，如果循环判断条件成立，程序执行while后面{}中的语句；否则循环结束。

## 4.3 数组的声明与创建

Java中的数组必须先声明并实例化后才能使用。声明一个数组并没有指定数组元素的个数，此时系统无法为其分配内存空间，因此必须对声明的数组对象进行实例化，创建数组的内存空间。

### 4.3.1 一维数组的声明与创建

一维数组的声明格式为：

```
数据类型 [] 数组名 ;
```

或

```
数据类型 数组名 [];
```

其中，数组类型可以是基本数据类型，也可以是对象数据类型；数组名的命名规则遵循Java

标识符的命名规则。例如：

```
double[] score;           //声明了一个名为score、类型为double的一维数组
String name[];            //声明了一个名为name、类型为String的一维数组
```

数组变量的声明仅仅是给出了数组名字和元素的数据类型，要想真正使用数组，还必须将其实例化，即分配数组占用的内存空间。在为数组分配内存空间时必须指明数组长度，数组实例化的格式为：

```
数组名称 = new 数组的数据类型[数组长度]
```

例如：

```
double[] score;
score = new double [4];                    //实例化数组score，包含4个元素
```

经过实例化后的数组可在程序中使用，数组的声明语句和实例化语句可以合并成一条语句。例如：

```
double[] score = new double [4];     //声明并实例化一个double类型数组，长度为4
```

以上例子表明：创建一个有4个元素的double类型数组，并将创建的数组对象赋给引用变量score，score[0]表示第一个元素，score[3]表示最后一个元素。数组通过不同的下标（又称索引）来区分数组中不同的元素。由于创建的数组score中有4个元素，所以数组中元素的下标为0～3。

### 4.3.2　二维数组的声明与创建

二维数组的声明与创建和一维数组类似，只是有两个“[]”。用一条语句同时完成数组的声明和创建，格式如下：

```
数据类型[][]  数组名 = new 数组的数据类型[数组长度1] [数组长度2];
```

二维数组的长度即数组的元素个数，为数组两个维度长度的乘积。一般把二维数组看作一个矩阵，“数组长度1”为矩阵的行数，“数组长度2”为矩阵的列数。例如，定义一个4行5列的数组，代码如下：

```
int[][] chess = new int[4][5];
```

## 4.4　数组的初始化

数组一旦实例化之后，不仅为数组元素分配了所需的内存空间，而且数组元素也被初始化为相应的默认值。不同数据类型的数组被初始化的默认值也不同，见表4-1。数组在这一点上与基本数据类型不同。

表4-1　数组被初始化的默认值

| 数据类型 | 默认值 |
| --- | --- |
| 数值类型（int、float、double等） | 0 |
| 字符类型（char） | 一个空字符，即'\u0000' |
| 字符串类型（String） | null（空值） |
| 布尔类型（boolean） | false |

数组在实例化时，可以为元素指定初始化值。一旦数组被指定初始化，就必须为数组的所有元素指定初始化，而且在初始化语句中，不能指定数组的长度，系统会根据元素数目自动计算数组长度，否则会发生编译错误。例如：

```
int[] array = new int[4]{ 1, 2, 3, 4 };   //错误，不能指定长度
int[] array = new int[]{ 1, 2, 3, 4 };    //正确，该语句包含了声明、实例化和赋初值
```

上面的语句写起来比较烦琐，Java允许以简化形式声明初始化数组。例如：

```
int[] array = { 1, 2, 3, 4 };              //系统实例化并自动确定元素个数
```

当数组元素的值具有明显规律时，可以使用for循环进行初始化。例如：

```
int[] array = new int[10];
for(int i = 0; i < array.length; i++)     //array.length表示数组的长度
    array[i] = i * i;
```

二维数组的初始化与一维数组类似，例如：

```
int[][] num = new int[][]{ {1, 2}, {3, 4}, {5, 6} };
```

## 4.5 数组的访问

访问数组就是访问数组中的元素，通过数组名和数组元素的下标访问一个数组元素。Java的所有数组的下标都是从“0”开始，数组的length属性表示数组长度。对数组中元素的访问与对单一变量的访问方式相同。例如：

```
int[] array = new int[4];
array[0] = 20;                               //将数组array的第1个元素的值设为20
String str = String.vauleOf(array[1]);       //将数组array的第2个元素转换成字符
串，再赋值给str
array[2]++;                                  //将数组array的第3个元素的值自增一次
```

## 4.6 数组的基本操作

为了方便对数组进行一些常用的操作，java.util包的Arrays类包含了用来操作数组的各种静态方法，见表4-2。在使用这些方法之前，必须先导入java.util.Arrays类。

表4-2 Arrays类的常用静态方法

| 方　法 | 功 能 描 述 |
|---|---|
| boolean equals( 数组 1，数组 2); | 比较两个数组是否相等。两个数组必须是同类型的，当且仅当两个数组的元素个数相等，而且对应位置元素也相同时，才表示两个数组相同，返回 true；否则返回 false |
| String toString(); | 返回数组元素的字符串形式 |
| void fill( 数组，value); | 将数组中的每个元素的值都替换为指定值 |
| void sort( 数组 ); | 对数组中的元素按照升序排序 |
| 数组 copyOf( 数组 ,length); | 返回从数组中复制指定长度的数组 |
| int binarySearch( 数组 ,value); | 在调用此方法前必须先对数组进行排序，该方法按照二分查找算法查找数组是否包含指定的值，如果包含，则返回该值在数组中的索引；如果不包含该值，则返回 -1 |

### 4.6.1 遍历数组

遍历数组就是获取数组中的每个元素。通常遍历数组都是使用for循环实现的。

例 4.1 初始化一个整数数组，将数组中的每个元素的值加1，再将该数组输出。

```
public static void main(String[] args) {
    int num[] = {1,2,3,4,5};
    System.out.println("原数组为:" + Arrays.toString(num));
    for(int i = 0;i < num.length; i++)
       num[i]++;
    System.out.println("修改后的数组为:" + Arrays.toString(num));
}
```

程序输出结果为：

```
原数组为:[1, 2, 3, 4, 5]
修改后的数组为:[2, 3, 4, 5, 6]
```

从JDK1.5起，Java的for循环新增加了一种简写形式，即for…each形式，它使用的关键字依然是for，但参数格式不同。其语法格式为：

```
for(数组元素类型 循环变量 : 数组的名字){
    循环体
}
```

这种形式的循环语句中，声明的循环变量类型必须和数组的类型相同。它是一种简化版的for循环，可以用来遍历数组、集合等容器类型。for…each循环不需要指定循环次数，而是遍历容器中的每个元素。该for循环语句可以理解为“对于数组中的每个元素，即每次循环时的循环变量，都将执行循环体中的相应操作”。

案例4-1用for…each形式的循环语句实现的代码如下：

```
public static void main(String[] args) {
    int num[] = {5, 10, 7, 4, 1, 6, 3, 8, 2, 9};       //初始化数组
    int sum = 0;
    for(int element : num){
        sum += element;
    }
    System.out.print("数组的和为: " + sum);
}
```

这种形式的for循环语句中的循环变量element不再表示数组的下标，而表示的是数组的元素，所以不会发生初学者容易犯的“数组下标越界”错误。

这里需要注意的是，for…each形式的循环语句，如果循环变量是基本数据类型，那么当它在循环中发生变化时，原来的数组不会发生变化。例如，把例4.1中的循环语句修改为：

```
public static void main(String[] args) {
    int num[] = {1,2,3,4,5};
    System.out.println("原数组为:" + Arrays.toString(num));
    for(int n : num){
```

```
            n++;
        }
        System.out.println("修改后的数组为:" + Arrays.toString(num));
    }
```

程序输出结果为:

```
原数组为:[1, 2, 3, 4, 5]
修改后的数组为: [1, 2, 3, 4, 5]
```

例 4.2 求矩阵中所有数字的和。

```
public static void main(String[] args) {
    int array[][] = {{2, 5}, {3, 7}, {9, 3}};
    int sum = 0;
    for(int x[] : array){                        //外循环的循环变量是一维数组
        for (int num : x)                        //内循环的循环变量是整数
            sum += num;
    }
    System.out.println("所有元素的和为:" + sum);
}
```

### 4.6.2 替换数组元素

当数组创建完毕后，可以通过Arrays类的静态方法fill()方法设置数组中元素的值。该方法通过各种重载形式可完成对任意类型数组元素的替换。fill()方法有两种参数类型，下面以int类型数组为例，介绍fill()方法的用法。

（1）fill(int[] array, int value)：将指定值value赋值给数组中所有元素。例如：

```
int[] array = new int[8];
Arrays.fill(array, 5);                   //数组array中所有8个元素的值均设为5
```

（2）fill(int[] array, int startIndex, int endIndex, int value)：将指定值value赋值给指定范围中的每个元素，从索引startIndex（包括）到索引endIndex（不包括）。例如：

```
Arrays.fill(array, 2, 4, 5);             //数组array中第3、4个元素的值均设为5
```

其中，第二种方式需要注意，指定范围要在数组的定义范围之内，否则将发生越界异常，关于异常的内容将在第9章中详细介绍。

### 4.6.3 数组的排序

通过Arrays类的sort()方法可对任意类型数组进行升序排序。语法格式如下：

```
Arrays.sort(数组);
```

例 4.3 将数组排序，并输出结果。

```
public static void main(String[] args) {
    String cities[] = {"Shanghai","Beijing","Shenzhen","Hangzhou"};
    System.out.println("原数组为:" + Arrays.toString(cities));
```

```
    Arrays.sort(cities);                    //字符串数组按字符的ASCII码排序
    System.out.println("排序后的数组为:" + Arrays.toString(cities));
}
```

程序输出结果为:

```
原数组为:[Shanghai, Beijing, Shenzhen, Hangzhou]
排序后的数组为:[Beijing, Hangzhou, Shanghai, Shenzhen]
```

### 4.6.4 数组的复制

Arrarys类的copyOf()方法与copyOfRange()方法可实现对数组的复制。copyOf()方法是复制数组至指定长度；copyOfRange()方法则将指定数组的指定长度复制到一个新数组中。

（1）copyOf(int[] array, int newLength)：从array数组的起始位置开始复制，返回长度为newLength的新数组。如果newLength>array.length，则用默认值（见表4-1）填充。

例 4.4 复制数组，并输出结果。

```
public static void main(String[] args) {
    int original[] = {1,2,3,4,5};
    System.out.println("原数组为:" + Arrays.toString(original));
    int newArray[] = Arrays.copyOf(original, 8);
    System.out.println("复制后的数组为:" + Arrays.toString(newArray));
}
```

程序输出结果为:

```
原数组为:[1, 2, 3, 4, 5]
复制后的数组为: [1, 2, 3, 4, 5, 0, 0, 0]
```

（2）copyOfRange(int[] array, int startIndex, int endIndex)：从array数组指定的起止位置复制并返回新数组。从索引startIndex（包括）到索引endIndex（不包括），注意位置不能越界。

例 4.5 复制数组，并输出结果。

```
public static void main(String[] args) {
    int original[] = {1,2,3,4,5};
    System.out.println("原数组为:" + Arrays.toString(original));
    int newArray[] = Arrays.copyOfRange (original, 1, 3);
    System.out.println("复制后的数组为:" + Arrays.toString(newArray));
}
```

程序输出结果为:

```
原数组为:[1, 2, 3, 4, 5]
复制后的数组为:[2, 3]
```

## 4.7 数组的排序算法

排序算法就是如何使得记录按照要求排列的方法。排序算法在很多领域受到重视，尤其是在大量数据的处理方面。一个优秀的算法可以节省大量的资源。在各个领域中考虑到数据的各种限制和规范，要得到一个符合实际的优秀算法，需要经过大量的推理和分析。

数组的排序算法有很多，其中最基本、最常用的排序算法有冒泡排序和选择排序。

### 4.7.1 冒泡排序

冒泡排序（bubble sort）是最常用的数组排序算法之一，因为越大的元素会经由交换慢慢"浮"到数列的顶端（升序或降序排列），就如同水中的气泡最终会上浮到顶端一样，故名"冒泡排序"。

冒泡排序算法的原理如下：

（1）比较相邻的元素。如果第一个比第二个大，就交换它们两个。

（2）对每一对相邻元素做同样的工作，从开始第一对到结尾的最后一对。在这一点，最后的元素是最大的数。

（3）针对所有元素重复以上步骤，直到没有任何一对数字需要比较。

例 4.6 冒泡排序，演示每一次循环的排序结果。

```
public class 例4_6 {
    // 冒泡排序，比较相邻两个元素，较大的数往后冒泡
    public void sort(int[] array) {
        for (int i = 0; i < array.length - 1; i++) {
            for (int j = 0; j < array.length - 1 - i; j++) {
                if (array[j] > array[j + 1]) {    // 如果前面的数更大，则交换
                    int temp = array[j];
                    array[j] = array[j + 1];
                    array[j + 1] = temp;
                }
            }
            System.out.println("第"+(i+1)+"次排序后，数组为：" + Arrays.
toString(array));
        }
    }

    public static void main(String[] args) {
        int[] array = { 52, 7, 4, 20, 3, 11 };    // 初始化数组
        System.out.println("原数组为：" + Arrays.toString(array));
        例4_6 sorter = new 例4_6();
        sorter.sort(array);                        // 调用排序方法将数组排序
    }
}
```

程序输出结果为：

```
原数组为：[52, 7, 4, 20, 3, 11]
第1次排序后，数组为：[7, 4, 20, 3, 11, 52]
第2次排序后，数组为：[4, 7, 3, 11, 20, 52]
```

```
第 3 次排序后，数组为: [4, 3, 7, 11, 20, 52]
第 4 次排序后，数组为: [3, 4, 7, 11, 20, 52]
第 5 次排序后，数组为: [3, 4, 7, 11, 20, 52]
```

### 4.7.2　选择排序

选择排序（selection sort）是一种简单直观的排序算法。初始状态为：无序区为全部元素R[0,length-1]，有序区为空。其工作原理是：

（1）在无序区中找到最小（大）元素，存放到有序区的起始位置R[0]。

（2）从无序区剩余元素中R[1,length-1]继续寻找最小（大）元素，然后放到有序区的末尾。

（3）重复第（2）步，直到所有元素均排序完毕。

例 4.7　选择排序，演示每一次循环的排序结果。

```
public class 例4_7 {
    // 选择排序，将无序区的最小值放到有序区
    public void sort(int[] array) {
        int index;
        for (int i = 0; i < array.length - 1; i++) {
            index = i;                              // 准备交换最小值的位置
            for (int j = i + 1; j < array.length; j++) {
                if (array[j] < array[index]) {
                    index = j;
                }
            }
            if(index != i){              // 将无序区的最小值和 index 位置上的数交换
                int temp = array[i];
                array[i] = array[index];
                array[index] = temp;
            }
            System.out.println("第" + (i+1) + "次排序后，数组为: " + Arrays.
toString(array));
        }
    }

    public static void main(String[] args) {
        int[] array = { 52, 7, 4, 20, 3, 11 };      // 初始化数组
        System.out.println("原数组为: " + Arrays.toString(array));
        例4_7 sorter = new 例4_7();
        sorter.sort(array);                          // 调用排序方法将数组排序
    }
}
```

程序输出结果为：

```
原数组为: [52, 7, 4, 20, 3, 11]
第 1 次排序后，数组为: [3, 7, 4, 20, 52, 11]
```

```
第 2 次排序后，数组为：[3, 4, 7, 20, 52, 11]
第 3 次排序后，数组为：[3, 4, 7, 20, 52, 11]
第 4 次排序后，数组为：[3, 4, 7, 11, 52, 20]
第 5 次排序后，数组为：[3, 4, 7, 11, 20, 52]
```

对于初学者来说，冒泡排序与选择排序容易混淆，它们之间的区别有以下几点：

（1）冒泡排序是比较相邻位置的两个数，而选择排序是按顺序比较，找最大值或者最小值。

（2）冒泡排序每一轮比较后，位置不对都需要换位置，选择排序每一轮比较都只需要换一次位置。

（3）冒泡排序是通过数去找位置，选择排序是给定位置去找数。

冒泡排序的优点是算法比较简单，空间复杂度较低，稳定性高，缺点是时间复杂度太高，效率比较低；选择排序的优点是每一轮比较最多只需要换一次位置，所以效率比冒泡排序高，缺点是空间复杂度较高，而且不稳定。

## 4.8 综合实践

**题目描述**

输入一个合法的日期，计算这一天是这一年的第几天。输入格式为“YYYY MM DD”。

**输入样例1**

2020 3 1

**输出样例1**

61

**输入样例2**

2023 3 1

**输出样例2**

60

## 习　题

**一、选择题**

1. 执行int[] x = new int[25];语句后，以下说明正确的是（　　）。

   A. x[24]为0　　B. x[24]未定义　　C. x[25]为0　　D. x[0]为空

2. 设有数组的定义int[] a = new int[3]，则下面对数组元素的引用错误的是（　　）。

   A. a[0];　　B. a[a.length-1];

   C. a[3];　　D. int i = 1; i = a[i];

3. 设有语句int a[]={2,4,3,6,6,10};，则表达式a[3]-a[1]的值为（　　）。

   A. 1　　B. 2　　C. 3　　D. 4

4. 下面关于字符串数组的定义正确的是（　　）。

A. String[] temp = new String{"a" "b" "c"};

B. String[] temp = {"a" "b" "c"}

C. String temp = {"a", "b", "c"}

D. String[] temp = {"a", "b", "c"};

5. 下面可以实现访问数组arr的第1个元素的是（　　）。

A. arr[0]　　B. arr(0)　　C. arr[1]　　D. arr(1)

## 二、编程题

1. 从键盘上输入10个整数，并将其放入一个一维数组中，然后将其前5个元素与后5个元素对换，即第1个元素与第10个元素互换，第2个元素与第9个元素互换，……，第5个元素与第6个元素互换。分别输出数组原来各元素的值和对换后各元素的值。

2. 初始化一个整型数组，将最大元素与第一个元素交换，最小元素与最后一个元素交换，再将数组输出。

3. 初始化一个整型数组，从控制台输入一个数$n$，则数组往前挪动$n$个位置。每一次挪动，最后一个数挪到第一个。例如，int num[] = {1,2,3,4,5};当输入$n$=1时，数组变为{5,1,2,3,4}。

4. 初始化一个double类型数组，长度为8；从控制台读入一个数，如果这个数在数组内，则输出它的索引位置；否则输出“数组中不存在这个数”。

5. 输入阿拉伯数字，逐个输出它的大写数字。提示：构造一个保存0～9大写数字的数组。例如：

```
输入：12345
输出：壹贰叁肆伍
```

6. 将数组中的“0”移动到数组的末尾。例如：

```
原数组：int[] arr = { 0, 13, 45, 5, 0, 0, 16, 6, 0, 25, 4, 17, 6, 7, 0, 15};
移动后数组为：{ 13, 45, 5, 16, 6, 25, 4, 17, 6, 7, 15, 0, 0, 0, 0, 0};
```

7. 输入一个整数$n$，$n \leqslant 10$；定义$n \times n$的二维数组，通过循环将其赋值，然后遍历该二维数组并输出。例如，输入4，输出如下：

```
4
1    2    3    4
5    6    7    8
9    10   11   12
13   14   15   16
```

8. 修改第7题的代码，使输出如下：

```
4
1    2    3    4
8    7    6    5
9    10   11   12
16   15   14   13
```

9. 已知一个$n \times m$的矩阵，输出它的其中一半，即输出第1行$m$个元素，第2行中的前$m-1$个元素，……，第$n$行中的第1个元素。

# 第5章 字 符 串

学习目标

◎ 掌握String和Stringbuilder的基本用法；

◎ 熟练掌握字符串的常用方法，利用常用方法对字符串进行各种转换操作；

◎ 理解正则表达式的含义，能简单使用正则表达式进行字符串匹配；

◎ 能熟练使用format()方法创建格式化的字符串。

素质目标

◎ 合法合规使用数据，树立信息安全意识，培养良好的职业道德。

## 5.1 案例5-1：统计数字出现的次数

### 1. 案例说明

编写一个Java应用程序，统计输入的字符串中共有多少个数字。程序输出结果为：

```
您输入的字符串为: sdg234fds3d5
其中，数字一共有 5 个
```

### 2. 实现步骤

（1）在chap05包中创建Example5_1类，在main()方法中输入对应代码。

```
package chap05;
import javax.swing.JOptionPane;
public class Example5_1 {
    public static void main(String[] args) {
        String str = JOptionPane.showInputDialog("请输入要统计的字符串: ");
        char array[] = str.toCharArray();           //将字符串转换成字符数组
        int count = 0;                              //count 用于统计数字个数
        for(int i = 0; i < array.length; i++)
            if(array[i] >= '0' && array[i] <= '9')//判断数组元素是否为数字
                count++;
        System.out.println("您输入的字符串为: " + str);
        System.out.println("其中，数字一共有 " + count + "个");
    }
}
```

（2）运行程序，并输入测试字符串。

3．知识点分析

本案例使用String类的toCharArray()方法将字符串转换为字符数组，然后使用for循环遍历数组中的每一个元素，并判断该元素是否为数字。

# 5.2　字符串的创建与操作

字符串即String类，是Java中一个比较特殊的类，它不是Java的基本数据类型，但可以像基本数据类型一样进行声明与初始化等操作。它是程序经常处理的对象，所以学好String类的用法很重要。

## 5.2.1　字符串的创建

前面章节中介绍了基本数据类型char，它只能表示单个字符，字符常量使用单引号。字符串是字符组成的序列，是一种特殊的对象型数据。创建字符串既可以采用普通变量的声明方式，也可以采用对象变量的声明方式。字符串常量使用双引号。

字符串的创建有以下几种方式：

（1）类似基本数据类型的形式，语法格式为：

```
String 字符串名 = "字符串内容";
```

例如：

```
String str = "hello";
```

（2）通过构造方法创建对象的形式，语法格式为：

```
String 字符串名 = new String("字符串内容");          //通过字符串常量创建对象
String 字符串名 = new String(char[] arr);            //通过字符数组创建对象
String 字符串名 = new String(char[] arr, int start, int length); //通过截取部分字符数组创建对象
```

例如：

```
String str1 = new String("hello");
char[] array = {'h', 'e', 'l', 'l', 'o'};
String str2 = new String(array);
String str3 = new String(array,2,2);                //str3为"ll"
```

## 5.2.2　字符串操作

String类中包含了很多方法，通过这些方法可以对已经创建的字符串进行相应的操作。

1．连接字符串

当连接多个字符串时，在每两个连接的字符串之间用连接运算符“+”相连，连接之后生成一个新的字符串。例如：

```
String s1 = "Hello";
String s2 = new String("World");
```

```
String  s = s1 + " " + s2;              //s为"Hello World"
```

利用连接运算符，可以将一行很长的字符串分成两行书写，还可以将基本数据类型转换成字符串，需要注意运算的结合性。例如：

```
int i = 2;
String s = i + "";                      //连接空字符串，s为"2"
String s1 = i + 1 + "";                 //s1为"3"
String s2 = "" + i + 1;                 //s2为"21"
String s3 = "" + (i + 1);               //s3为"3"
```

### 2. 字符串长度

对一个字符串进行操作，首先需要知道其长度，使用String类的length()方法可以获取声明的字符串对象的长度。这里要注意字符串的长度和数组的长度的区别。语法格式为：

```
int 字符串.length();
```

例如：

```
String s = "Hello World";
int len = s.length();                   //len的值为11，空格也算
```

### 3. 字符串查找

String类中提供了indexOf()和lastIndexOf()两种方法来获取指定字符或字符串的索引位置。区别在于：前者返回的是搜索的字符或字符串首次出现的位置索引，后者返回的是它们最后出现的位置索引。若所查找的字符或字符串不存在，则返回值为-1。语法格式为：

```
int 字符串.indexOf(要查找的字符或字符串);
int 字符串.lastIndexOf(要查找的字符或字符串);
```

例如：

```
String s = "hello world";
int i = s.indexOf("l");           //参数为字符串，第一次出现“l”的索引，i的值为2
int j = s.lastIndexOf("l");       //最后一次出现“l”的索引是9
int k = s.lastIndexOf("");        //参数为空，k的值为11，相当于length()方法
int m = s.indexOf('4');           //参数为字符，m的值为-1
```

案例5-1中的if语句可以改成：

```
if("0123456789".indexOf(array[i]) >= 0)     //判断数组元素是否为数字
    count++;
```

### 4. 获取指定索引位置上的字符

String类中提供charAt()方法返回指定索引处的字符，参数为要查找的索引位置，使用这个方法要注意数组越界的情况。而且利用这种方法可以访问字符串上每个位置的字符，但是不能改变它们的值。语法格式为：

```
char 字符串.charAt(int index);              //返回值为字符类型
```

例如：

```
String s = "hello world";
char c = s.charAt(1);                       // c的值为'e'
```

例 5.1　用charAt()方法实现案例5-1。

```
public static void main(String[] args) {
    String str = JOptionPane.showInputDialog("请输入要统计的字符串: ");
    int count = 0;                                    //count 用于统计数字个数
    for(int i = 0; i < str.length(); i++)
        if(str.charAt(i) >= '0' && str.charAt(i) <= '9') //判断数组元素是否为
数字
            count++;
    System.out.println("您输入的字符串为: " + str+"\n其中,数字一共有"+count+"个");
}
```

### 5. 判断字符串中是否包含子字符串

String类的contains()方法可以判断字符串中是否包含子字符串。如果有则返回true，如果没有则返回false。语法格式为：

```
boolean 字符串 .contains(要查找的子串);
```

例如：

```
String str = "Hello World !";
System.out.println(str.contains("S"));              // false
System.out.println(str.contains("world"));          // false
System.out.println(str.contains("World"));          // true
```

### 6. 字母大小写转换

String类的toLowerCase()方法可以将字符串中的大写字母改为小写字母；toUpperCase()方法可以将字符串中的小写字母改为大写字母；字符串中非字母的字符不受影响。语法格式为：

```
String 字符串 .toLowerCase();                        //返回字母全部为小写的字符串
String 字符串 .toUpperCase();                        //返回字母全部为大写的字符串
```

例如：

```
String s = "Hello World123";
String s1 = s.toLowerCase();                         //s1 为 "hello world123"
String s2 = s.toUpperCase ();                        //s2 为 "HELLO WORLD123"
```

### 7. 字符串头尾去空格

String类的trim()方法可以得到去除头尾空格的字符串。语法格式为：

```
String 字符串 .trim();                               //返回头尾去除空格的字符串
```

例如：

```
String s = "  abc  efg   ";
String s1 = s.trim();          //s1 为 "abc  efg", 不会删除字符串中间的空格
```

### 8. 字符串转换成数组

String类的toCharArray()方法将字符串转换为字符数组。语法格式为：

```
char[] 字符串 .toCharArray();                        //返回对应的字符数组
```

例如：

```
String s = "Hello World";
char[] arr =s.toCharArray();          //得到字符数组['H', 'e', 'l', 'l', 'o',
' ', 'W', 'o', 'r', 'l', 'd']
```

### 9. 判断字符串的开头和结尾

String类的startsWith()方法与endsWith()方法分别用于判断字符串是否以指定的内容开始或结束，其返回值都是boolean类型。语法格式为：

```
boolean 字符串.startsWith(指定内容);
boolean 字符串.endsWith(指定内容);
```

例如：

```
String s = "Hello World";
boolean b1 = s.startsWith("He")        //true
boolean b2 = s.endtsWith("id")         //false
```

### 10. 判断字符串是否相等

判断字符串是否相等，并返回boolean类型的结果是一个比较重要的知识点。对字符串对象的内容进行比较不能简单地使用比较运算符"=="，而是要用String类的equals()方法，语法格式如下：

```
boolean 字符串1.equals(字符串2);          //判断两个字符串的内容是否相等
```

例 5.2　判断字符串是否相等。

```
public static void main(String[] args) {
    String s1 = "abc";
    String s2 = new String("abc");
    System.out.println("s1==s2 的结果为: " + (s1==s2));
    System.out.println("s1.equals(s2) 的结果为: " + s1.equals(s2));
}
```

程序输出结果为：

```
s1==s2 的结果为: false
s1.equals(s2) 的结果为: true
```

Java中，运算符"=="用来判断两个字符串的内存地址是否相等；equals()方法用来判断两个字符串的内容是否相等。在例5.2中，s2是利用字符串常量"abc"重新生成的变量，显然s1和s2的内存地址是不一样的，所以"s1==s2"返回值为false；而两者的内容是相同的，因此"s1.equals(s2)"返回值为true。如图5-1所示，系统分配s1和s2的地址是不同的。

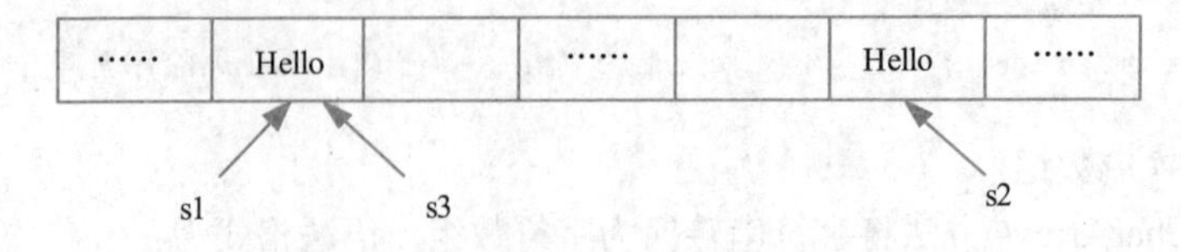


图 5-1　内存地址示意图

不过，有些初学者有可能发现以下这种情况：

```
String s1 = "Hello";
String s3 = "Hello";
System.out.println("s1==s3 的结果为: " + (s1==s3));
```

程序输出结果为：

```
s1==s3 的结果为: true
```

为什么会有这样的结果呢？这和内存中的常量池有关。当运行到s1创建对象时，如果常量池中没有"Hello"对象，那么系统就会在常量池中创建一个"Hello"对象；当第二次创建s3时就可以直接引用常量池中的"Hello"对象，因此两次创建的对象其实是同一个对象，它们的地址值相等，就好比同一个人有两个不同的名字一样，其实他们指的是同一个人，如图5-1所示。

常量池为了避免频繁地创建与销毁对象影响系统性能，实现了对象的共享。常量池中所有相同的字符串常量被合并，只占用一个空间，同时也节省了运行时间。Java中除了浮点数之外的其他六种基本数据类型也都使用了常量池，这里不再展开介绍。

由于equals()方法对字符串进行比较时是区分大小写的，String类提供了equalsIgnoreCase()方法在忽略大小写的情况下比较两个字符串是否相等，使用方法和equals()方法类似，语法格式为：

```
"Hello".equalsIgnoreCase("HELLO");            //返回 true
```

### 11. 字符串比较大小

String类的compareTo()方法按字典顺序比较两个字符串，该比较基于字符串中各个字符的Unicode值，按字典顺序将此String对象表示的字符序列与参数字符串所表示的字符序列进行比较。语法格式如下：

```
字符串 1.compareTo （字符串 2);                //判断两个字符串大小
```

如果按字典顺序此String对象位于参数字符串之前，则比较结果为一个负整数；如果按字典顺序此String对象位于参数字符串之后，则比较结果为一个正整数；如果这两个字符串相等，则结果为0。

**例 5.3** 字符串比较大小。

```
public static void main(String[] args) {
    String str1 = new String("ee");
    String str2 = new String("EE");           //用于比较的三个字符串
    String str3 = new String("gg");
    System.out.println(str1 + " compareTo " + str2 + ":  "
          + str1.compareTo(str2));            //将 str1 与 str2 比较的结果输出
    System.out.println(str1 + " compareTo " + str3 + ":  "
          + str1.compareTo(str3));            //将 str1 与 str3 比较的结果输出
    System.out.println(str1 + " compareTo " + str1 + ":  "
          + str1.compareTo(str1));            //将 str1 与自己比较的结果输出
}
```

程序输出结果为：

```
ee compareTo EE:  32
```

```
ee compareTo gg:  -2
ee compareTo ee:   0
```

### 12. 获取子字符串

String类的substring()方法利用字符串的下标对字符串进行截取。语法格式为：

```
字符串 .substring (int startIndex, int endIndex);
```

与数组的数值类似，字符串的截取从索引startIndex（包括）到索引endIndex（不包括），注意位置不能越界。如果不指明截止处索引位置，则字符串的截取从startIndex开始直到最后。例如：

```
String s1 = "Hello World";
String s2 = s1.substring(3);                //s2 为 "lo World"
String s3 = s1.substring(3, 5);             //s3 为 "lo"
```

### 13. 字符串替换

字符串替换是新字符串替换原字符串中指定位置的字符串，生成一个新的字符串，通过String类的replaceFirst()、replace()与replaceAll()等方法可以实现。语法格式如下：

```
字符串 .replaceXXX(oldAgu, newAgu);
```

这三个方法的参数可以是字符，也可以是字符串。其中，oldAgu是要被替换的字符或字符串，newAgu是用于替换原来字符或字符串的新内容。

这三个方法的区别是：replaceFirst()方法只替换掉第一次出现的要被替换的字符串；replace()方法是将原字符串中所有要被替换的字符串全部替换；replaceAll()方法的功能和replace()方法一样，但是它的参数可以用正则表达式表示。

例 5.4 字符串替换。

```
public static void main(String[] args) {
    String s1 = "bad bad study 123";
    String s2 = s1.replaceFirst("bad", "good");
    String s3 = s1.replace("bad", "good");
    String s4 = s1.replaceAll("\\d", "A"); // 正则表达式 "\\d" 表示任意数字
    String s5 = s1.replace("d", "");         // 将字符串中的 "d" 全部删除
    System.out.println("replaceFirst 的替换结果 \t" + s2);
    System.out.println("replace 的替换结果 \t\t" + s3);
    System.out.println("replaceAll 的替换结果 \t" + s4);
    System.out.println(" 删除全部 d 的结果 \t\t" + s5);
}
```

程序输出结果为：

```
replaceFirst 的替换结果   good bad study 123
replace 的替换结果        good good study 123
replaceAll 的替换结果     bad bad study AAA
删除全部 d 的结果         ba ba stuy 123
```

在例5.4中，利用替换方法还可以实现在字符串中删除子串的功能。

### 14. 字符串分割

String类的split()方法根据指定的分隔符对字符串进行分割，并将分割后的结果存放在字符串数组中。语法格式为：

```
字符串 .split(String sign, int parts);
```

其中，sign表示对字符串进行分割的分隔符，也可以用正则表达式表示；parts表示字符串将被分割成几部分，当它省略时表示无限制。

例 5.5　将字符串"aaEaa.bbEbb.cdEcc.ddEdd"按不同的方式进行分割。程序运行结果如图5-2所示。

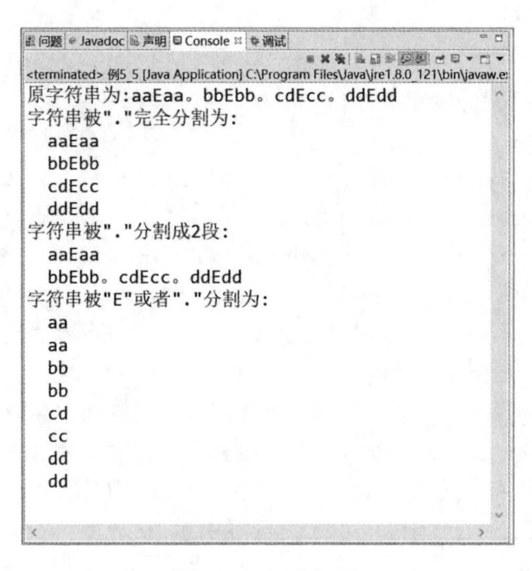


图 5-2　运行结果

```
public static void main(String[] args) {
        String str = "aaEaa.bbEbb.cdEcc.ddEdd";
        System.out.println(" 原字符串为 :" + str);
        String[] strArr1 = str.split("\\.");      // 按 "." 分割生成的字符串数组
        System.out.println(" 字符串被 \".\" 完全分割为 :");
        for(String s : strArr1)
            System.out.println("  " + s);
        String[] strArr2 = str.split("\\.",2);    // 分割成两部分
        System.out.println(" 字符串被 \".\" 分割成 2 段 :");
        for(String s : strArr2)
            System.out.println("  " + s);
        String[] strArr3 = str.split("E|\\.");    // 两种分隔符，用符号 "|" 隔开
        System.out.println(" 字符串被 \"E\" 或者 \".\" 分割为 :");
        for(String s : strArr3)
            System.out.println("  " + s);
    }
```

例5.5中，分隔符“.”必须使用转义符“\\.”，而普通字符“E”则不用。字符串“E|\\.”中的“|”表示“或者”，也就是分隔符是“E”或“.”。

## 5.3 字符串生成器 StringBuilder

字符串对象被创建之后，它的长度是固定的。通过连接符“+”可以附加新的内容，但是连接操作会产生一个新的String实例，即需要开辟新的空间。如果频繁地对字符串的长度进行修改，将极大地增加系统开销。从JDK1.5开始，Java新增了可变的字符序列StringBuilder类，极大地提高了频繁增减字符串的效率。

例 5.6 验证String和StringBuilder的两种操作效率。

```
public static void main(String[] args){
    String str = "";
    long startTime = System.currentTimeMillis();  //记录对 String 操作的起始时间
    for(int i = 0; i < 100000; i++)
        str = str + "a";                          //利用循环频繁地增加字符串的长度
    long endTime = System.currentTimeMillis();    //记录对 String 操作的截止时间
    long time = endTime - startTime;              //计算对 String 操作的时间
    System.out.println("Sting 消耗时间: " + time);
    StringBuilder builder = new StringBuilder();  //创建 StringBuilder 对象
    startTime = System.currentTimeMillis();//记录对 SringBuilder 操作的起始时间
    for(int i = 0; i < 100000; i++)
        builder.append("a");                      //利用循环频繁地增加字符串的长度
    endTime = System.currentTimeMillis();         //记录对 SringBuilder 操作的截止时间
    time = endTime - startTime;                   //计算对 StringBuilder 操作的时间
    System.out.println("StringBuilder 消耗时间: " + time);
}
```

程序输出结果为：

```
Sting 消耗时间: 5288
StringBuilder 消耗时间: 10
```

这里的时间单位为毫秒，每次运行的结果会略有差别，从这个例子中可以发现，两种操作执行的时间差距很大。如果在程序中频繁地修改字符串长度，应使用StringBuilder类。

StringBuilder类的常用构造方法包括以下三种形式：

（1）StringBuilder()：初始容量可以容纳16个字符，当该对象的实体存放的字符长度大于16时，实体容量就自动增加。

（2）StringBuilder (int size)：可以指定分配大小为size，当该对象的实体存放的字符序列长度大于size个字符时，实体的容量就自动增加。

（3）StringBuilder (String s)：可以指定给对象的实体的初始容量为参数字符串s的长度再加16个字符。

StringBuilder类中还有很多常用的方法，比如添加、插入和删除等。

### 1. append()方法

append()方法将数据内容追加到字符串生成器中。通过该方法的多个重载形式，可以实现接收任何类型的数据，如int、double、boolean、char、String或另一个字符串生成器。语法格式如下：

```
builder.append(content);                    // builder为StringBuilder对象
```

### 2. toString()方法

toString()方法返回字符串生成器的字符串表示，即将字符串生成器转换为字符串，转换后字符串生成器的值不变。语法格式如下：

```
builder.toString();                         // builder为StringBuilder对象
```

如果想把一个String对象转换成StringBuilder对象，可以利用其构造方法或append()方法。例如：

```
String str = "hello";
StringBuilder bd1 = new StringBuilder(str);
StringBuilder bd2 = new StringBuilder();
bd2.append(str);
str = bd1.toString();
```

### 3. insert()方法

insert()方法向字符串生成器中的指定位置插入数据内容。通过该方法的多个重载形式，可以实现向字符串生成器中插入int、double、boolean、char、String或另一个字符串生成器。语法格式如下：

```
builder.insert(int index, content);         // builder为StringBuilder对象
```

例如：

```
StringBuilder bd =  new StringBuilder("hello");
bd.insert(2,"AB");
System.out.println(bd.toString());          //输出结果为"heABllo"
```

### 4. delete()方法

delete()方法移除字符串生成器中的子字符串，该子字符串从指定的start处开始，到end-1处结束。若start==end，字符串生成器的值不变；若end>builder.length()，则从start开始到最后全部删除。语法格式如下：

```
builder.delete(int start, int end);         // builder为StringBuilder对象
```

例如：

```
StringBuilder bd = new StringBuilder("hello");
bd.delete(2,4);
System.out.println(bd.toString());          //输出结果为"heo"
```

### 5. reverse()方法

reverse()方法可以将字符串生成器中的字符串反转，也经常被用来反转String类型的字符串。例如：

```
StringBuilder bd = new StringBuilder("hello");
bd.reverse();
```

```
System.out.println(bd.toString());            //输出结果为" olleh"
```

另外，Java中还提供了StringBuffer类，它和StringBuilder类的方法和功能基本一致。不过，StringBuffer类是线程安全的，一般在多线程中使用；而StringBuilder是线程不安全的，一般用于单线程，由于它不需要额外的开销，所以速度往往比StringBuffer类更快。

## 5.4 正则表达式

正则表达式是一种可以用于模式匹配和替换的规范，一个正则表达式是由普通字符（如字母或数字）以及特殊字符（元字符）组成的文字模式，可以用来搜索、编辑或处理文本。正则表达式并不仅限于Java语言，但是在不同的语言中有细微的差别。

正则表达式作为一个模板，将某个字符模式与所搜索的字符串进行匹配。例如，Hello正则表达式匹配"Hello"字符串；\\d正则表达式匹配任意数字，\d就是元字符。正则表达式中元字符及其意义见表5-1。

表 5-1 正则表达式中的元字符

<table>
<tr><th>元 字 符</th><th>正则表达式</th><th>意 义</th></tr>
<tr><td>.</td><td>.</td><td>匹配除换行符以外的任意一个字符</td></tr>
<tr><td>\d</td><td>\\d</td><td>匹配任意一个数字</td></tr>
<tr><td>\D</td><td>\\D</td><td>匹配任意一个非数字</td></tr>
<tr><td>\w</td><td>\\w</td><td>匹配可用作标识符的字符，但不包括“$”</td></tr>
<tr><td>\W</td><td>\\W</td><td>匹配不可用作标识符的字符</td></tr>
<tr><td>\s</td><td>\\s</td><td>匹配任意的空白符，如'\t'、'\n'</td></tr>
<tr><td>\S</td><td>\\S</td><td>匹配非空白符</td></tr>
<tr><td>\p{Lower}</td><td>\\p{Lower}</td><td>小写字母字符，即 [a-z]</td></tr>
<tr><td>\p{Upper}</td><td>\\p{Upper}</td><td>大写字母字符，即 [A-Z]</td></tr>
<tr><td>\p{ASCII}</td><td>\\p{ASCII}</td><td>所有 ASCII 码，即 [\x00-\x7F]</td></tr>
<tr><td>\p{Alpha}</td><td>\\p{Alpha}</td><td>字母字符，即 [\p{Lower}\p{Upper}]</td></tr>
<tr><td>\p{Digit}</td><td>\\p{Digit}</td><td>十进制数字，即 [0-9]</td></tr>
<tr><td>\p{Alnum}</td><td>\\p{Alnum}</td><td>字母数字字符，即 [\p{Alpha}\p{Digit}]</td></tr>
<tr><td>\p{Punct}</td><td>\\p{Punct}</td><td>标点符号，即 !"#$%&'()*+,-./:;<=>?@[\]^_{|} ~</td></tr>
<tr><td>\p{Graph}</td><td>\\p{Graph}</td><td>可见字符，即 [\p{Alnum}\p{Punct}]</td></tr>
<tr><td>\p{Print}</td><td>\\p{Print}</td><td>可打印字符，即 [\p{Graph}\x20]</td></tr>
<tr><td>\p{Blank}</td><td>\\p{Blank}</td><td>空格或制表符，即 [ \t]</td></tr>
<tr><td>\p{Cntrl}</td><td>\\p{Cntrl}</td><td>控制字符，即 [\x00-\x1F\x7F]</td></tr>
<tr><td>\p{XDigit}</td><td>\\p{XDigit}</td><td>十六进制数字，即 [0-9a-fA-F]</td></tr>
<tr><td>\p{Space}</td><td>\\p{Space}</td><td>空白字符，即 [ \t\n\x0B\f\r]</td></tr>
</table>

在正则表达式中“.”代表任意一个字符，因此想使用普通意义的点字符必须使用转义符，即普通意义的点字符的正则表达式用“\\.”表示。

在正则表达式中可以用方括号括起若干字符来表示一个元字符。例如：

```
[12ab]4:            //可以匹配"14"、"24"、"a4"或"b4"
[^123]:             //表示除了123之外的任何字符
[a-z]:              //表示任意一个小写字母
```

```
[a-ex-z]:                    //表示a～e，或x～z中的任何一个字母
[a-e[x-z]]:                  //表示a～e，或x～z中的任何一个字母（并运算）
[a-e&&[defg]]:               //表示字母d或e（交运算）
(ab | cd) :                  //表示ab或者cd
```

定位符能将正则表达式固定到行首、行尾、一个单词内、一个单词的开头或结尾，见表5-2。

表5-2 定位符

| 限定修饰符 | 意 义 | 示 例 |
|---|---|---|
| ^ | 匹配字符串的开始 | ^he 匹配 he 开头的字符串，如 hell、hello 等 |
| $ | 匹配字符串的结束 | ar$ 匹配 ar 结尾的字符串，如 car、star 等 |
| \b | 匹配单词开头或结束的位置 | \bpro 匹配 pro 开头的单词；ed\b 匹配 ed 结尾的单词 |

在正则表达式中允许使用限定修饰符来限定元字符出现的次数，见表5-3。

表5-3 限定修饰符

| 限定修饰符 | 意 义 | 示 例 |
|---|---|---|
| ? | 重复0次或1次 | A? |
| * | 重复0次或多次 | A* |
| + | 重复1次或多次 | A+ |
| {n} | 正好重复 *n* 次 | A{3} |
| {n,} | 至少重复 *n* 次 | A{3,} |
| {n,m} | 重复 *n* 到 *n* 次 | A{3,5} |

正则表达式对于初学者来说是比较难的知识点，本书只介绍了非常基础的内容。接下来看一些例子，体会它的用法。

（1）判断由a开头，数字结尾，且只有三个字符组成的字符串。

```
String regex = "^a.[0-9]";                        //数字也可以用"\\d"表示
String str1 = "ab3",str2 = "abc4",str3 = "abc";
System.out.println(str1.matches(regex));          // true
System.out.println(str2.matches(regex));          // false
System.out.println(str3.matches(regex));          // false
```

（2）判断由字母开头，后面至少还有3个及以上的数字组成的字符串。

```
String regex = "^[A-Za-z]\\d{3,}";          //字母也可以用"\\p{Alpha}"表示
String str1 = "a12345",str2 = "12345",str3 = "a123c";
System.out.println(str1.matches(regex));    // true
System.out.println(str2.matches(regex));    // false
System.out.println(str3.matches(regex));    // false
```

（3）判断至少包含一个数字的字符串。

```
String regex = ".*\\d.*";
```

（4）判断0～25数字的字符串。

```
String regex = "([1]?\\d|2[0-5])";          //包含1的中括号也可以省略
```

例 5.7 实现用正则表达式判断指定变量是否为合法的固定电话格式，假设各地的电话号码为8位任意数字。

```
public static void main(String[] args) {
    String regex = "^0(10|2\\d|[3-9]\\d{2})-[0-9]{8}$";
     String num1 = "010-88889999",num2 = "022-1234567",num3 = "0571-
11112222";
    if (num1.matches(regex))  //判断字符串变量是否与正则表达式匹配
        System.out.println(num1 + "是一个合法的固定电话格式");
    else System.out.println(num1 + "是一个不合法的固定电话格式");
    if (num2.matches(regex))
        System.out.println(num2 + "是一个合法的固定电话格式");
    else System.out.println(num2 + "是一个不合法的固定电话格式");
    if (num3.matches(regex))
        System.out.println(num3 + "是一个合法的固定电话格式");
    else System.out.println(num3 + "是一个不合法的固定电话格式");
}
```

程序输出结果为：

```
010-88889999是一个合法的固定电话格式
022-1234567是一个不合法的固定电话格式
0571-11112222是一个合法的固定电话格式
```

# 5.5 格式化字符串

String类的format()方法用于创建格式化的字符串，该方法有点类似C语言的sprintf()方法。语法格式如下：

```
format(String format, Object... args)
```

其中，format是指定的格式字符串，返回一个格式化字符串，格式化后的新字符串使用本地默认的语言环境。

## 5.5.1 日期字符串格式化

在应用程序设计中，经常需要显示时间和日期。如果想输出满意的日期和时间格式，一般需要编写大量代码经过各种算法才能实现。format()方法通过给定的特殊转换符作为参数来实现对日期和时间的格式化。例如：

```
Date date = new Date();
System.out.println(String.format("%tc",date));
```

方法String.format("%tc",date)的返回值是一个被格式化的字符串，%tc是转换符，date是被格式化的对象。常用的日期格式化转换符见表5-4。

表 5-4　常用的日期格式化转换符

| 转换符 | 说明 | 示例 |
| --- | --- | --- |
| %tc | 包括全部日期和时间信息 | 星期三 一月 06 13:23:36 CST 2021 |
| %tF | “XXXX-XX-XX”格式 | 2021-01-06 |
| %tD | “XX /XX/XX”格式 | 01/06/21 |
| %tA | 指定语言环境的星期几全称 | 星期三，若系统是英文环境则为 Wednesday |
| %tY | 4 位年份 | 2021 |
| %ty | 2 位年份 | 21 |
| %tm | 2 位月份 | 01 |
| %td | 2 位日 | 06 |

## 5.5.2　时间字符串格式化

使用format()方法对时间进行格式化时，会用到时间格式化转换符，时间格式化转换符要比日期转换符更多、更精确，它可以将时间格式化为时、分、秒、毫秒。常用的时间格式化转换符见表5-5。

表 5-5　常用的时间格式化转换符

| 转换符 | 说明 | 示例 |
| --- | --- | --- |
| %tr | “时 : 分 : 秒 XX”格式 (12 小时制 ) | 01:23:36 下午 |
| %tT | “时 : 分 : 秒”格式 (24 小时制 ) | 13:23:36 |
| %tR | “时 : 分”格式 (24 小时制 ) | 13:23 |
| %tH | 2 位数字 24 小时制的小时（不足 2 位前面补 0） | 13 |
| %tI | 2 位数字 12 小时制的小时（不足 2 位前面补 0） | 01 |
| %tM | 2 位数字的分钟（不足 2 位前面补 0） | 23 |
| %tS | 2 位数字的秒（不足 2 位前面补 0） | 36 |
| %tL | 3 位数字的毫秒（不足 3 位前面补 0） | 933 |
| %tk | 2 位数字 24 小时制的小时（前面不补 0） | 13 |
| %tl | 2 位数字 12 小时制的小时（前面不补 0） | 1 |
| %tp | 小写字母的上午或下午标记 | 下午（中文）、PM（英文） |

## 5.5.3　SimpleDateFormat

SimpleDateFormat是一个格式化Date以及解析日期字符串的工具，能够按照指定的格式对Date进行格式化，从而得到格式化Date之后的字符串。例如：

```
Date now = new Date();          //获取当前系统时间
SimpleDateFormat df1 = new SimpleDateFormat("今天是今年的第D天,第w个星期");
SimpleDateFormat df2 = new SimpleDateFormat("yyyy年MM月dd日 HH时mm分ss秒");
SimpleDateFormat df3 = new SimpleDateFormat("yy年MM月dd日");
String str1 = df1.format(now);
System.out.println(str1);
System.out.println(df2.format(now));
System.out.println(df3.format(now));
```

输出：

```
今天是今年的第61天,第10个星期
2021年03月02日 12时17分03秒
21年03月02日
```

### 5.5.4 常规类型格式化

在程序设计过程中，经常需要对常规类型的数据进行格式化，如格式化为整数、科学计数表示等。在Java中可以使用常规类型的格式化转换符来实现，这些格式化转换符和C语言printf()函数中的格式控制符类似。Java常规类型的格式化转换符见表5-6。

表 5-6 常规类型转换符

| 转 换 符 | 说 明 | 示 例 |
|---|---|---|
| %s | 字符串类型 | "helloworld" |
| %c | 字符类型 | 'm' |
| %b | 布尔类型 | true |
| %f | 浮点类型 | 99.99 |
| %d | 整数类型（十进制） | 99 |
| %x | 整数类型（十六进制） | FF |
| %o | 整数类型（八进制） | 77 |
| %e | 指数类型 | 9.38e+5 |
| %% | 百分比类型 | % |

例 5.8 实现不同数据类型到字符串的转换。

```
public static void main(String[] args) {
    String strInt = String.format("%d",11/3);              // 将结果以整数显示
    String strDouble = String.format("%.2f",11.0/3); // 小数点后保留 2 位
    String strBoolean = String.format("%b",3>5);           // 将结果以布尔形式显示
    String strHex = String.format("%x",200);               // 将结果以十进制格式显示
    System.out.println("9 整除以 2: " + strInt);
    System.out.println("9 除以 2: " + strDouble);
    System.out.println("3>5 正确吗: " + strBoolean);
    System.out.println("200 的十六进制数是: " + strHex);
}
```

程序输出结果为：

```
9 整除以 2: 3
9 除以 2: 3.67
3>5 正确吗: false
200 的十六进制数是: c8
```

## 5.6 综 合 实 践

**题目描述**

编写程序，实现字符串解压功能。假设每个字母后面跟着一个数字，每个数字均小于100。

**输入样例1**

```
a4e2f1g3
```

**输出样例1**

```
aaaaeefggg
```

**输入样例2**

```
h10g1
```

**输出样例2**

```
hhhhhhhhhhg
```

# 习　　题

## 一、选择题

1. 下面代码创建了（　　）个对象。

```
char c = '1';
String s = "Example";
StringBuilder builder = new StringBulider();
boolean b = true;
```

A. 1　　B. 2　　C. 3　　D. 4

2. 下列程序段运行后的结果是（　　）。

```
String s = new String("abcdefg");
for(int i = 0; i < s.length(); i += 2)
    System.out.print(s.charAt(i));
```

A. aceg　　B. ACEG　　C. abcdefg　　D. abcd

3. 给出如下声明：String s = "Example"; 下列代码合法的是（　　）。

A. int i = s.Length();　　B. s[3] = 'X';

C. int i = s.length;　　D. s = s+1;

4. 下列返回true的表达式为（　　）。

```
String s = new String("hello");
String t = new String("hello");
char[] c = {'h', 'e', 'l', 'l', 'o'};
```

A. s.equals(t);　　B. t.equals(c);　　C. s == t;　　D. t == c;

5. 下列可以正确实现String初始化的是（　　）。

A. String str = "abc";　　B. String str = 'abc';

C. String str = abc;　　D. String str = 0;

6. 下列字符串常量中错误的是（　　）。

A. " abc"　　B. " 12’12"　　C. " 12\" 12"　　D. """

7. 下列方法中用于实现获取字符在某个字符串中第一次出现的索引的是（　　）。

A. char charAt(int index)　　B. int indexOf(int ch)

C. int lastIndexOf(int ch)　　　　D. boolean startsWith(String suffix)

8. 假如indexOf()方法未能找到所指定的子字符串，那么其返回值为（　　）。

A. false　　　　B. 0

C. -1　　　　D. 以上答案都不对

9. String s = "abcdedcba"; 则s.subString(3,4)返回的字符串是（　　）。

A. "cd"　　B. "de"　　C. "c"　　D. "d"

10. 已知String对象s="abcdefg"，则s.subString(2, 5)的返回值为（　　）。

A. "bcde"　　B. "cde"　　C. "cdef"　　D. "def"

11. 下面程序段运行后的输出结果是（　　）。

```
String str = "abccdefcdh";
String[] arr = str.split("c");
System.out.println(arr.length);
```

A. 2　　B. 3　　C. 4　　D. 5

12. 下面表达式的值为true的是（　　）。

```
String str1 = "java";
String str2 = "java";
String str3 = new String("java");
```

A. str1 == str2;　　B. str2 == str3;　　C. str1 == str3;　　D. 以上都不对

13. 正则表达式"[abc]\\d{2,}"在匹配下列字符串时，结果为true的是（　　）。

A. a2　　B. bc34　　C. c123　　D. cdd

14. 正则表达式"[a-z]{2,3}\\d?"在匹配下列字符串时，结果为true的是（　　）。

A. abcd　　B. 23b　　C. ab　　D. cd23

15. 正则表达式"\\d+\\.?\\d*"在匹配下列字符串时，结果为false的是（　　）。

A. 12.5　　B. 1.25　　C. .25　　D. 1

## 二、编程题

1. 输入一个字符串，将其中的大写字母换成小写字母，小写字母换成大写字母，其他字符不变。

2. 输入一个字符串，逆序输出其内容。

3. 输入一个字符串，按照下述规律译成密码后输出。

规律是：A→C, B→D, …, X→Z, Y→A, Z→B，小写规律与大写一致。

4. 输入一串密码，校验其合法性。密码要求：8～20位，小写字母、大写字母或数字中至少包含两种。

5. 根据控制台输入的特定日期格式（XX月XX日XXXX年）拆分日期。例如：

输入：08月08日2023年，输出：2023年08月08日。

6. 以下是一段歌词，统计出“朋友”这个词在这段歌词中出现的次数。提示：可以使用indexOf()与subSring()方法，或split()方法。

“这些年，一个人，风也过，雨也走，有过泪，有过错，还记得坚持什么，真爱过，才会懂，会寂寞，会回首，终有梦，终有你，在心中。朋友一生一起走，那些日子不再有，一句话，一辈子，一生情，一杯酒。朋友不曾孤单过，一声朋友你会懂，还有伤，还有痛，还要走，还有我。”

7. 输入一句英文，统计这个句子中一共有多少个单词。假设句子中只含有字母。

8. 输入一句全部是小写字母的英文句子，将每个单词的第一个字母改成大写并输出。

9. 输入一个整数（最大为1 000），判断其是否能被3整除。提示：以字符串的方式输入。

10. 编写程序，过滤敏感词语，敏感词语存储在字符串数组中，每个被过滤的汉字用一个“*”替代。例如，在网络程序中，如聊天室、聊天软件等，经常需要对一些用户所提交的聊天内容中的敏感性词语进行过滤。

11. 输入一个字符串，先将其中的大写字母全部输出，再将其中的小写字母全部输出，最后输出其他字符。

12. 利用StringBuilder类的append()方法将字符串"ABCDE"转换成"A、B、C、D、E"。

13. 输入一个字符串，判断它是否头尾对称。提示：利用StringBuilder类的reverse()方法。

14. 编写程序，输入一句英文，将其中各个单词的字母顺序翻转。例如：

输入：Welcome To Java

输出：emocleW oT avaJ

15. 编写程序，在main()方法中使用正则表达式，根据本专业学生的学号组成规则判断输入的字符串是否为本专业学生的学号。

16. 编写程序，在main()方法中使用正则表达式判断输入的字符串是否为邮件地址。

17. 编写程序，在main()方法中使用正则表达式判断输入的字符串是否为IP地址，IP地址每个部分的数字必须为0～255。

18. 输出当前的日期，要求格式为：XXXX年XX月XX日。

19. 在控制台输入圆的半径，输出其面积，小数点后面保留2位小数。

# 第6章 面向对象基础

**学习目标**

◎熟练掌握类和对象的概念、特征、属性与方法；

◎熟练掌握类和对象的创建，定义和使用类的成员方法与构造方法，掌握方法的重载；

◎掌握this和static关键字的应用；

◎理解类的封装含义，掌握Java类包的创建与导入。

**素质目标**

◎通过对面向对象思想的理解，培养抽象思维和逻辑分析能力；

◎通过对Java语言封装性的理解，培养信息安全意识。

## 6.1 面向对象程序设计

Java语言采用面向对象程序设计（objected oriented programming，OOP）的方法。OOP是目前软件开发的主流方法，在解决问题的过程中，需要采用面向对象的分析方法和设计方法。面向对象就是指以特征（属性）和行为（方法）的观点分析现实世界中事物的方式，类的描述是使用OOP解决问题的基础。所有面向对象的编程设计语言都有三大基本特征：封装性、继承性和多态性。

面向对象技术是一种将数据抽象和信息隐藏的技术，它使软件的开发更加简单化，符合人们的思维习惯，同时降低软件的复杂度，提高软件的生产效率，因此得到了广泛应用。

## 6.2 案例 6-1：动物类

### 1. 案例说明

动物的信息包括名字、年龄、颜色、体重等，动物具有叫、吃、睡觉等行为。用Java语言对动物进行类描述。程序运行结果如图6-1所示。

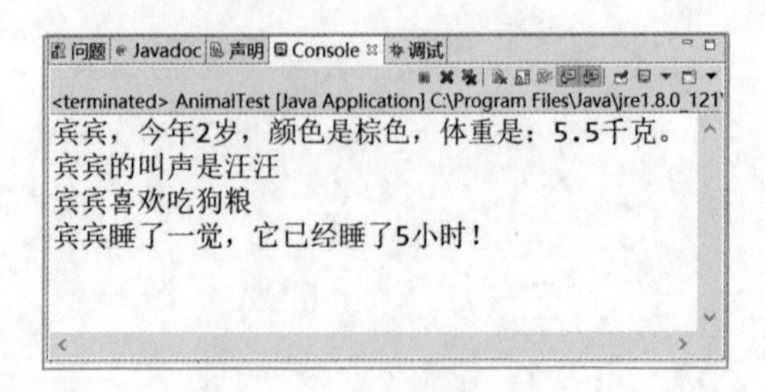


图6-1 程序运行结果

### 2. 实现步骤

（1）打开Eclipse，在chap06包中创建Animal类，在该类中输入属性描述和方法的定义，代码如下：

```
package chap06;

public class Animal {
    public String name;                          //定义动物的名字
    public int age;                              //定义动物的年龄
    public String color;                         //定义动物的颜色
    public double weight;                        //定义动物的体重

    //定义show()方法，输出动物的信息
    public void show() {
        System.out.println(name + "，今年" + age + "岁，颜色是" + color + "，
体重是：" + weight + "千克。");
    }

    //定义"叫"的方法，输出动物的叫声，传递String类型的参数sound
    public void speak(String sound) {
        System.out.println(name + "的叫声是" + sound);
    }

    //定义"吃"的方法，传递String类型的参数food
    public void eat(String food) {
        System.out.println(name + "喜欢吃" + food);
    }

    //定义"睡觉"的方法，传递int类型的参数time
    public void sleep(int time) {
        System.out.println(name + "睡了一觉，它已经睡了" + time + "小时！");
    }
}
```

（2）在chap06包中新建一个测试类AnimalTest，对Animal类进行测试。在main()方法中创建Animal类的对象，使用其属性和方法，代码如下：

```
package chap06;
public class AnimalTest {
    public static void main(String[] args) {
        Animal animal = new Animal();         //创建类的对象
        animal.name = "宾宾";
        animal.age = 2;
        animal.color = "棕色";
        animal.weight = 5.5;
        animal.show();
```

```
        animal.speak("汪汪");
        animal.eat("狗粮");
        animal.sleep(5);
    }
}
```

3. 知识点分析

本案例演示了类的定义以及对象的创建和使用，首先定义了一个Animal类，成员变量包括名字（name）、年龄（age）、颜色（color）、体重（weight），成员方法包括输出动物信息show()、叫speak(String sound)、吃eat(String food)、睡觉sleep(int time)。然后在测试类AnimalTest中创建Animal类的一个实例对象，并使用其属性和方法。

## 6.3 类与对象

在Java语言程序设计中，类与对象是两个经常被提到的词，实质上可以将类看作对象的载体，它定义了对象所具有的功能。学习Java语言必须掌握类与对象，这样可以从更深层次理解Java面向对象语言的开发理念，从而更好更快地掌握Java编程思想与编程方式。

1. 对象

在Java语言中，除了8个基本数据类型之外，一切都是对象，对象就是面向对象程序设计的核心。对象是指现实世界中的对象在计算机中的抽象表示，可以是有生命或无生命的个体，例如一个人、一只鸟、一台计算机、一辆汽车，也可以是天气的变化这样的抽象概念。

案例6-1中，动物“宾宾”就是一个对象，名字=“宾宾”，年龄=2，颜色=“棕色”，体重=5.5，具有叫、吃、睡觉等行为。

2. 类

Java语言程序的组成单位是类，不管多复杂的Java应用程序，都是由多个类组成的。类就是“分类”的意思，在Java语言中，具有共同特征和行为的对象的抽象就是类。同时，类也是一种引用数据类型，包含用于描述特征的成员变量，和用于描述行为的成员方法。类将现实世界中的概念模拟到计算机程序中，具有封装性、继承性和多态性。

案例6-1中，动物“宾宾”是一个对象，从对象的共同特征抽象成动物，此时，动物就是一个类，其结构如图6-2所示。类的具体化就是对象，即对象是类的实例化。

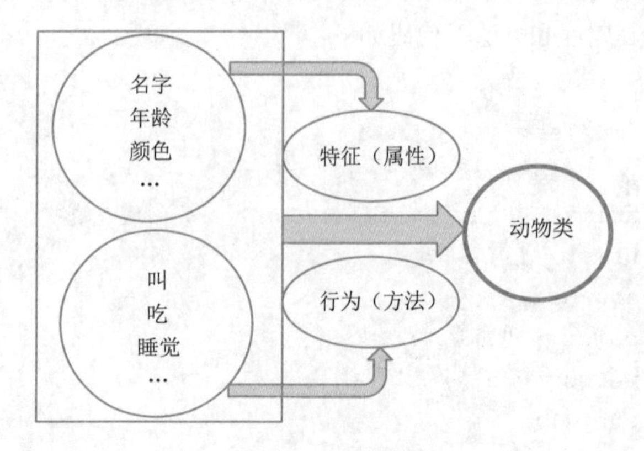


图6-2 类的结构

### 3. 类和对象的关系

类是世间事物的抽象称呼，对象则是这个事物相对应的实体。类是创建对象的模板，而对象是客观存在的实体，对象的实质就是内存中的一块存储区域。通俗地理解，类是一种类型，如动物类、学生类，而对象是一个能够看得见、摸得着的具体实体，又称实例，如动物“宾宾”、学生“张三”。换而言之，可以将类看作数据类型，将对象看作该数据类型中的变量。

## 6.3.1　类的定义

类是一个独立的单位，内部包括成员变量和成员方法，成员变量用于描述对象的特征，成员方法用于描述对象的行为。从编程的角度看，类是一种复合数据类型，它封装了一组变量和方法。

在使用类之前必须先对其进行声明，然后才可以创建该类的对象。类定义的语法格式如下：

```
修饰符 class 类名 {
    //定义成员变量
    修饰符 数据类型 变量名 [= 初始值];
    ...

    //定义成员方法
    修饰符 返回值类型 方法名(形参列表) {
        //由零条或多条可执行性语句组成的方法体
    }
    ...
}
```

### 1. 创建类

（1）关键字：声明类使用class关键字，在class关键字后给出类的名称，在类中可以定义成员变量和成员方法。

（2）类名：对于Java的语法格式，类名只要是一个合法的标识符即可，但是对于程序的可读性，类名必须由一个或多个有意义的单词组成。一般情况下，类名以大写字母开头，当类名由多个单词组成时，要求每个单词首字母都要大写，且单词与单词之间不使用任何分隔符。

（3）修饰符：修饰符说明了类的访问权限，可以省略，也可以是public、final、abstract等。

### 2. 成员变量

成员变量用于描述对象的静态特征，又称类的属性，用一组数据描述。

（1）修饰符：修饰符说明了成员变量的访问权限，可以省略，也可以是public、private、protected、static、final等。

（2）数据类型：成员变量的数据类型可以是基本数据类型，也可以是自定义的复合数据类型，如类、接口或数组。

（3）成员变量名：对于Java的语法格式，成员变量名只要是一个合法的标识符即可，但是对于程序的可读性，成员变量名必须由一个或多个有意义的单词组成。一般情况下，成员变量名以小写字母开头，当由多个单词组成时，从第二个单词起的每个单词首字母大写，且单词与单词之间不使用任何分隔符。

（4）初始值：可选项，可以在定义成员变量时指定一个可选的初始值。

### 3. 成员方法

成员方法用于描述对象的动态行为，用一组代码描述。

（1）修饰符：修饰符说明了成员方法的访问权限，可以省略，也可以是public、private、protected、static、final、abstract等。

（2）返回值类型：成员方法的返回值是指从方法体内向方法体外返回的数据内容。返回值类型可以是基本数据类型，也可以是自定义的复合数据类型（类、接口或数组）。如果方法没有返回值，也必须在返回类型处使用void声明。一旦方法声明为某种返回值类型，方法体中必须使用return关键字返回和声明类型一致的数据。

（3）方法名：成员方法名与成员变量名的命名规则基本相同。

（4）形参列表：成员方法的形式参数是指从方法体外向方法体内传入的数据内容。形参列表包含了方法被调用时传递给方法的参数说明，由零组到多组“参数类型 形参名”组成，多组参数之间以英文逗号“,”为分隔符。对于方法定义中的每一个参数，调用方法时必须有一个实际参数与之对应，而且该参数的类型必须与对应形式参数类型一致。

（5）方法体：方法体是指在{}中编写的语句块，通常用于描述该方法的功能。方法通常用于实现语句块的打包，从而提高代码的复用性和可维护性。

例如，Animal类的定义格式如下：

```
public class Animal {
    //定义成员变量
    public String name;                                //定义动物的名字
    public int age;                                    //定义动物的年龄
    …

    //定义成员方法
    public void show() {
        …                                              //方法体
    }

    public void eat(String food) {
        …                                              //方法体
    }
    …
}
```

上述程序定义了一个Animal类表示动物，在该类中定义了两个成员变量，即name和age，分别表示动物的名字和年龄。类中还定义了show()方法和eat()方法。编译该程序可以得到一个Animal.class类文件。

## 6.3.2 对象的创建和使用

类实际上定义了一种新的数据类型，定义之后即可根据这种新的数据类型生成该种类型的对象。在Java语言中，当一个类的定义存在后，可以使用new关键字创建该类的对象，语法格式如下：

```
类名 对象名 = new 类名(参数);
```

例如：

```
Animal animal = new Animal();          //创建一个 Animal 类的对象
```

当使用new关键字创建一个对象后，会在内存空间的堆区拥有一片区域，用于存放该对象自己独有的成员变量，这个过程称为类的实例化或创建对象。对象名用来记录某个该类类型对象的地址信息，从而可以方便地访问该对象自己独有的成员变量信息。

创建对象之后即可使用该对象，使用“.”操作符访问对象的变量或调用对象的方法，语法格式如下：

```
对象名.成员变量名;
对象名.成员方法名(实际参数);
```

例如：

```
animal.name = "宾宾";  //给成员变量赋值
animal.eat("狗粮");    //调用方法，实参列表的个数、类型、顺序等必须和形参列表保持一致
```

例 6.1　设计一个表示二维平面上点的类Point，包含表示坐标位置的成员变量x和y，以及输出横纵坐标的方法、实现横坐标加参数指定数值的方法。要求：在测试类的main()方法中创建对象并输出默认初始值，调用横坐标加数值的方法更改横坐标，再次输出更改之后的结果。

代码如下：

```
public class Point {
    public float x;                          //用于描述横坐标的成员变量
    public float y;                          //用于描述纵坐标的成员变量

    //自定义方法输出横纵坐标的数值
    public void show() {
        System.out.println("(" + x + "," + y + ")");
    }

    //自定义方法实现横坐标加参数指定的数值
    public void right(float ix) {
        x = x + ix;
    }
}

//测试类代码
public class PointTest {
    public static void main(String[] args) {
        Point p = new Point();               //声明引用指向创建的对象
        p.show();                            //调用方法，输出对象中的默认数值
        p.right(10);                         //调用方法，将对象p的横坐标加10
        p.show();
    }
}
```

程序输出结果为：

```
(0.0, 0.0)
(10.0, 0.0)
```

### 6.3.3 再识变量

第2章介绍了有关变量的类型、声明、命名规则和赋值等基本概念。下面进一步认识变量。

#### 1. 变量的作用域

在前面章节的学习过程中，也许有读者会碰到这样的错误：

```
for (int i = 1; i < 10; i++)
    ;
System.out.println(i);
```

程序好像并没有什么错误，循环语句空循环了9次，变量i的值为“10”，再将其在控制台中输出，但是编译时却发生错误。可见在循环语句中声明的变量i，在循环语句外部是无效的，这个错误是变量i的作用域引起的。

由一对大括号“{}”包括起来的一组语句称为语句块，例如，一个循环体内部的语句可以看作一个语句块。每个语句块内都可以声明变量，这些变量称为语句块的局部变量。局部变量的作用域是指声明该变量的语句块内部，也只有在这个语句块内部，该局部变量才是有效的。因此，下面的语句也是错误的，如果删除两个大括号，则语句正确。

```
{
    int i = 1;
}
int y = i;                //错误，变量 i 未定义
```

#### 2. 成员变量与局部变量

在Java语言中，根据定义变量位置的不同，可以将变量分为两大类，即成员变量与局部变量，两者在使用时存在较大差异。

1）局部变量

（1）声明在方法体内部的变量。

（2）局部变量的生命周期为方法体内。

（3）局部变量在使用前必须进行初始化，系统默认不会对局部变量进行初始化数据操作，如果局部变量在使用前没有进行初始化则会在编译时报错。

（4）局部变量的作用域内，不能定义与其重名的变量。

2）成员变量

（1）声明在方法体外但在类体中的变量。

（2）成员变量的生命周期为类体内。

（3）成员变量可以不显式初始化，系统会根据其数据类型进行默认赋值，但是建议在声明时都进行初始化操作。

（4）成员变量的作用域内，可以定义与其重名的局部变量。

对象创建后，其成员变量可以按照默认的方式初始化，默认初始值规则见表6-1。

表 6-1　成员变量的默认初始值

| 成员变量的类型 | 默认初始值 |
| --- | --- |
| 数值类型（byte、short、int、long、float、double） | 0 |
| boolean 类型 | false |
| char 类型 | \u0000 |
| 引用类型 | null |

引用类型变量用于存放对象的地址，可以给引用类型赋值为null，表示未指向任何对象。当某个引用类型变量为null时，无法对对象实施访问（因为它没有指向任何对象）。此时，如果通过对象名访问成员变量或调用方法，会产生NullPointerException（空指针）异常。例如：

```
Point p = null;
p.show();           //会产生 NullPointerException 异常
```

### 3. 值类型变量与引用类型变量

在Java中，变量的类型又可分为值类型变量和引用类型变量。

#### 1）值类型变量

值类型变量直接用来存放值，也就是第2章中介绍过的基本类型变量。值类型变量具有以下几个特征：

（1）对一个值类型变量的操作不会影响其他变量。

（2）可以直接访问值类型变量，而无须实例化。

（3）对值类型变量进行赋值时，是对变量的值进行赋值，而不是变量的内存地址。

（4）值类型变量的值不能为空（null），必须有一个确定的值。

例如：

```
int i = 1, y;
y = i;                              //将 i 中存放的值“1”赋值给 y
i = 2;
```

程序运行完毕后，i的值为2，y的值为1。

#### 2）引用类型变量

引用类型变量中存放的是对象的内存地址，对象的值存储在这个地址指示的内存中。引用类型变量具有以下几个特征：

（1）当多个引用类型变量同时引用同一对象时，对其中一个变量的操作会影响到另外几个变量。

（2）使用new运算符创建引用类型变量。

（3）对引用类型变量进行直接赋值时，是对变量的内存地址进行赋值。

例如：

```
Animal a1 = new Animal();
a1.age = 10;
Animal a2 = a1;                     //将 a1 的内存地址赋给 a2
a2.age = 100;
System.out.println(a1.age);         //输出结果为 100
```

程序执行完毕后，a1和a2的age属性值都为100。由于a1和a2都是引用类型变量，因此语句"a2 = a1;"使得它们存放的内存地址相同，所以当该内存地址中保存的age属性值发生改变时，两个引用类型变量的age属性值也发生变化。

对上面的语句作如下修改：

```
Animal a1 = new Animal();
a1.age = 10;
Animal a2 = new Animal();
a2.age = a1.age;
a2.age = 100;
System.out.println(a1.age);                    //输出结果为 10
```

实例化变量a2之后，系统会给它分配一个新的内存地址。由于a1和a2两个变量指向的内存地址不同，所以当a2.age的值发生改变时，a1.age的值并不会随之改变。

## 6.4 类的方法

### 6.4.1 成员方法

类的成员方法可以传递对象之间的消息，操作成员变量中存储的数据。语法格式如下：

```
修饰符 返回类型 方法名(形参列表) {
        // 方法体
}
```

在案例6-1中，Animal类中定义了show()、speak()、eat()和sleep()四个成员方法。第3章中例3.1实现了求三个数的最大值。下面定义一个max()方法实现这个例题。

例 6.2 用成员方法max()实现求三个数的最大值。

```
public double max(double a, double b, double c) { //创建max()方法
    double ans = a;                            //假设a为最大值
    if(ans < b)                                //如果b比ans大，则将ans换成b
        ans = b;
    ans = ans > c ? ans : c;                   //如果c比ans大，则将ans换成c
    return ans;                                //返回ans中存储的值
}

public static void main(String[] args) {
    例6_2 obj = new 例6_2();                   //创建对象
    double m = obj.max(3.5, 6.7, 4.6);         //调用max()方法
    System.out.println("最大值为: " + m);
}
```

例 6.3 用成员方法简化例5.7。

```
//定义方法judge()判断参数num是否符合规则
```

```
public void judge(String num) {
    String regex = "^0(10|2\\d|[3-9]\\d{2})-[0-9]{8}$";
    if (num.matches(regex))          // 判断字符串变量是否与正则表达式匹配
        System.out.println(num + "是一个合法的固定电话格式");
    else System.out.println(num + "不是一个合法的固定电话格式");
}

public static void main(String[] args) {
    例6_3 obj = new 例6_3();          // 创建对象
    obj.judge("010-88889999");        // 调用方法
    obj.judge("022-1234567");
    obj.judge("0571-11112222");
}
```

方法的参数有两种形式：值类型参数与引用类型参数。相应的，方法的参数传递机制也有两种：值类型参数传递与引用类型参数传递。

（1）值类型参数传递：在调用该方法时，只是将值参数的值传递到方法中，在方法中如果对参数进行修改，将不会影响到实际参数。

（2）引用类型参数传递：在调用该方法时，将实际参数的地址传递到方法中，那么在方法中对参数进行的修改，将会影响到实际参数。

例6.4 对比值类型参数传递与引用参数传递的输出结果。

```
//形参为值类型参数的方法
public static void method1(int i) {
    i = 100;
    System.out.println("method1方法调用中i的值为：" + i);
}

//形参为引用类型参数的方法
public static void method2(Animal animal) {
    animal.age = 100;
    System.out.println("method2方法调用中animal.age的值为：" + animal.age);
}

public static void main(String[] args) {
    int i = 10;
    System.out.println("method1方法调用前i的值为：" + i);
    method1(i);
    System.out.println("method1方法调用后i的值为：" + i);
    Animal animal=new Animal();
    animal.age = 10;
    System.out.println("method2方法调用前animal.age的值为：" + animal.age);
    method2(animal);
    System.out.println("method2方法调用后animal.age的值为：" + animal.age);
}
```

程序输出结果为：

```
method1 方法调用前 i 的值为: 10
method1 方法调用中 i 的值为: 100
method1 方法调用后 i 的值为: 10
method2 方法调用前 animal.age 的值为: 10
method2 方法调用中 animal.age 的值为: 100
method2 方法调用后 animal.age 的值为: 100
```

### 6.4.2 构造方法

构造方法又称构造器，是类中一种特殊的方法，主要用于在创建对象时初始化对象。在Java语言中，构造方法是一个类创建对象的根本途径，每个类都必须至少有一个构造方法。定义构造方法的语法格式与定义成员方法的语法格式相似，语法格式如下：

```
修饰符 构造方法名(形参列表) {
    //由零条或多条可执行语句组成的构造方法体
}
```

其中：

（1）修饰符：修饰符说明了构造方法的访问权限，可以省略，也可以是public、private、protected其中之一。

（2）构造方法名：构造方法名必须与类名相同。

（3）形参列表：与成员方法形参列表的格式相同。

这里需要特别注意：Java的语法规则规定了构造方法不能定义返回值类型，也不需要使用void声明，否则会编译出错。

任何一个编译后的类都必须含有构造方法。当使用new关键字创建对象时，系统会自动调用构造方法进行成员变量的初始化工作。构造方法只能通过new对象的方式调用，不能使用“.”的方式手动调用。如果一个类中没有自定义任何形式的构造方法，则编译器会自动添加一个无参的空构造方法，该构造方法称为默认的构造方法，如案例6-1中的Animal类中没有定义构造方法，系统将为它提供一个默认的构造方法，系统提供的构造方法是没有参数的，形式如Animal() {}。如果类中定义了带参数的构造方法，则编译器不再提供默认的无参构造方法。

例 6.5 无参构造方法。

```
public class Animal {
    public String name;                    //定义动物的名字
    public int age;                        //定义动物的年龄
    public String color;                   //定义动物的颜色
    public double weight;                  //定义动物的体重

    //无参构造方法
    public Animal() {}                     //可省略，由系统自动提供
}
```

在TestAnimal测试类中创建Animal类的对象时，代码如下：

```
Animal animal = new Animal();
```

例 6.6　带参构造方法。

```
public class Animal {
    public String name;                //定义动物的名字
    public int age;                    //定义动物的年龄
    public String color;               //定义动物的颜色
    public double weight;              //定义动物的体重

    //带参构造方法
    public Animal (String name, int age, String color, double weight) {
        this.name = name;
        this.age = age;
        this.color = color;
        this.weight = weight;
    }
}
```

在TestAnimal测试类中创建Animal类的对象时，代码如下：

```
Animal animal = new Animal("宾宾", 2, "棕色", 5.5);
Animal animal = new Animal();          //错误，系统不提供默认的无参构造方法
```

创建Animal对象时，显式地为name和age变量赋初值。当私有属性很多时，带参构造方法的参数也较多，省略多行赋值语句，灵活性更大。

例 6.7　在例6.1的基础上，为Point类添加两个构造方法：Point()方法表示默认创建圆点对象；Point(float x, float y)方法表示根据参数创建点对象。要求：在测试类的main()方法中分别使用两种不同的方式创建两个对象，并输出各自的属性。

代码如下：

```
public class Point {
    public float x;                    //用于描述横坐标的成员变量
    public float y;                    //用于描述纵坐标的成员变量

    Point() { }                        //自定义无参的构造方法

    Point(float x, float y) {          //自定义有参的构造方法
        this.x = x;
        this.y = y;
    }

    public void show() {               //自定义方法输出横纵坐标的数值
        System.out.println("(" + x + "," + y + ")");
    }
```

```
    public void right(float ix) {       //自定义方法实现横坐标加参数指定的数值
        x = x + ix;
    }
}

//测试类代码
public class PointTest {
    public static void main(String[] args) {
        Point p1 = new Point();         //声明引用指向创建的对象
        p1.show();
        Point p2= new Point(10, 10);
        p2.show();
    }
}
```

程序输出结果为：

```
(0.0, 0.0)
(10.0, 10.0)
```

### 6.4.3 方法的重载

#### 1. 普通方法的重载

在一个类中，有名称相同，但参数列表不同的多个方法，这样的方法之间构成重载关系。在调用时，由编译器根据实参的个数和类型选择具体调用的方法。

例如，java.io.PrintStream类中的println()方法，能够输出多种类型数据，有多种实现方式：

```
System.out.println(int i);
System.out.println(double d);
System.out.println(String str);
…
```

这些同名的println()方法之间的关系就是方法重载。编译器在编译时会根据其参数的不同，绑定到不同的方法。例如，println(123)调用的方法是println(int i)；而println(123.45)调用的方法是println(double d)。在用户看来只有一个println()方法，但它可以处理不同的数据。这样的设计方式称为重载设计，即设计多个同名但不同参数的方法。

目前重载的主要形式体现在：参数个数不同、参数类型不同、不同类型参数的顺序不同。是否重载与形参变量名和返回值类型无关，但返回值类型应相同，否则在调用重载后的方法时会引起不必要的混乱。判断多个方法之间是否存在重载关系的核心是，这些重载的方法在调用阶段能否区分开。方法的重载有如下两点要求：

（1）重载的方法名必须相同。

（2）重载的方法的形参个数、类型或顺序必须有所不同。

例 6.8 方法的重载。

```
public class Overload {
```

```
    public void action(int x) {
        System.out.println("定义一个int类型的参数");
    }

    //重载：参数个数不同
    public void action(int x, int y) {
        System.out.println("定义两个int类型的参数");
    }

    //重载：参数个数相同，参数类型不同
    public void action(String x, int y) {
        System.out.println("定义int类型和String类型的参数");
    }

    //重载：参数个数相同，参数类型和顺序不同
    public void action(int x, String y) {
        System.out.println("定义String类型和int类型的参数");
    }
}
```

对于例6.2的max()方法来说，还可以有以下几种重载：

```
public int max(int a, int b, int c) {        //求三个整数的最大值
    int max=a;
    if(max<b)    max=b;
    if(max<c)    max=c;
    return max;
}

public int max(int a, int b) {               //求两个整数的最大值
    return a > b ? a : b;
}
```

掌握重载的使用对用户来说非常重要，即只需要记住一个方法名就可以调用不同的版本，使用更加方便。因此，当需要不同变量的多种方法时，如果这些方法具有相同的任务，就可以采用重载的方式。当多个方法实现的任务不同时，则不宜采用重载方式。

**例 6.9**　在例6.7的基础上，为Point类添加两个重载的方法up()：up()表示纵坐标加1；up(float dy)表示纵坐标加dy，并在测试类中分别调用两个重载的方法。

代码如下：

```
public class Point {
    public float x;                          //用于描述横坐标的成员变量
    public float y;                          //用于描述纵坐标的成员变量

    Point() { }                              //自定义无参的构造方法

    Point(float x, float y) {                //自定义有参的构造方法
        this.x = x;
```

```
        this.y = y;
    }

    //自定义方法输出横纵坐标的数值
    public void show() {
        System.out.println("(" + x + "," + y + ")");
    }

    //自定义方法实现横坐标加参数指定的数值
    public void right(float ix) {
        x = x + ix;
    }

    //自定义无参的up()方法实现纵坐标加1
    void up() {
        y = y + 1;
    }

    //自定义有参的up()方法实现纵坐标加参数指定的数值
    void up(float dy) {
        y = y + dy;
    }
}

//测试类代码
public class PointTest {
    public static void main(String[] args) {
        Point p1 = new Point(10, 20);                    //声明引用指向创建的对象
        p1.show();
        p1.up();                                         //调用重载的方法
        p1.show();
        p1.up(9);                                        //调用重载的方法
        p1.show();
    }
}
```

程序输出结果为：

```
(10.0, 20.0)
(10.0, 21.0)
(10.0, 30.0)
```

### 2. 构造方法的重载

除了成员方法的重载外，构造方法也能够重载。为了使用方便，对一个类定义多个构造方法，这些构造方法都有相同的名称（类名），但方法的参数不同，称为构造方法的重载。当使用new运算符创建对象时，Java编译器会根据不同的参数调用适当的构造方法。

例 6.10　构造方法的重载。

```
public class Student {
    private String name ;
    private int age;

    public Student() {
        System.out.println("这是无参的构造方法");
    }

    public Student(String name) {
        this.name = name;
    }

    public Student(int age) {
        this.age = age;
    }

    public Student(String name, int age) {
        this.age = age;
        this.name = name;
    }

    public void show() {
        System.out.println("name: " + name + "----age: " + age);
    }

    public static void main(String[] args) {
        Student s0 = new Student();
        Student s1 = new Student("张三");
        s1.show();
        Student s2 = new Student(30);
        s2.show();
        Student s3 = new Student("张三",30);
        s3.show();
    }
}
```

程序输出结果为：

```
这是无参的构造方法
name: 张三----age: 0
name: null----age: 30
name: 张三----age: 30
```

# 6.5 this关键字

当创建一个对象后，JVM就会为这个对象分配一个指向自身的指针，这个指针称为this。所以，this关键字总是指向调用该方法的对象，只和特定的对象关联，而不和类关联，同一个类的不同对象有不同的this。Java语言中，this关键字只能用于方法体内，分为以下两种情况：

（1）在构造方法中，this指向当前正在构造的对象。

（2）在成员方法中，this指向当前正在调用的对象。当使用不同的对象调用同一个方法时，在方法内部this代表当前正在调用的对象，因为调用对象的不同导致this的不同，那么访问成员变量时带来的结果也不同。在方法体中使用成员变量时，默认加上“this.”的方式访问，“this.”相当于汉语“我的”。

this主要有以下两个应用场景：

（1）当形参变量名和成员变量名同名时，在方法体中形参变量名会屏蔽成员变量名，若希望使用成员变量名，则需要在变量名的前面加上“this.”，表示明确要求使用成员变量。如例6.10中的this.name=name。

（2）在构造方法的第一行使用“this(实参);”的方式调用本类中的其他构造方法。如例6.10中的构造方法也可以写为：

```
public Student(String name, int age) {
    this(age);
    this(name);
}
```

例 6.11 自定义汽车类Car，包含表示汽车品牌、颜色、轮胎数量的成员变量，以及输出所有属性的方法，提供一个无参的构造方法和一个全属性做参数的构造方法。编写测试类TestCar，要求在main()方法中使用两种不同的方式构造两个对象，分别输出各自的属性。

代码如下：

```
public class Car {
    public String brand;                //用于描述品牌的成员变量
    public String color;                //用于描述颜色的成员变量
    public int wheel;                   //用于描述轮胎数量的成员变量

    //自定义方法输出所有成员变量的数值
    public void show() {
        System.out.println("品牌: " + brand + ",颜色: " + color + ",轮胎数量:
" + wheel);
    }

    //自定义无参的构造方法
    public Car() {}

    //自定义有参的构造方法
    public Car(String brand, String color, int wheel) {
```

```
        this.brand = brand;
        this.color = color;
        this.wheel = wheel;
    }
}

//测试类代码
public class TestCar {
    public static void main(String[] args) {
        Car c1 = new Car();
        c1.show();
        Car c2 = new Car("BMW-x7", "黑色", 8);
        c2.show();
    }
}
```

程序输出结果为：

```
品牌：null，颜色：null，轮胎数量：0
品牌：BMW-x7，颜色：黑色，轮胎数量：8
```

## 6.6　案例 6-2：动物类的封装

### 1. 案例说明

使用封装技术对动物类进行升级，要求保护动物的信息，不能通过类的属性名称给属性赋值。动物的信息包括名字、年龄、颜色、体重等，动物具有叫、吃、睡觉等行为。用Java语言对动物类进行描述。程序运行结果如图6-3所示。

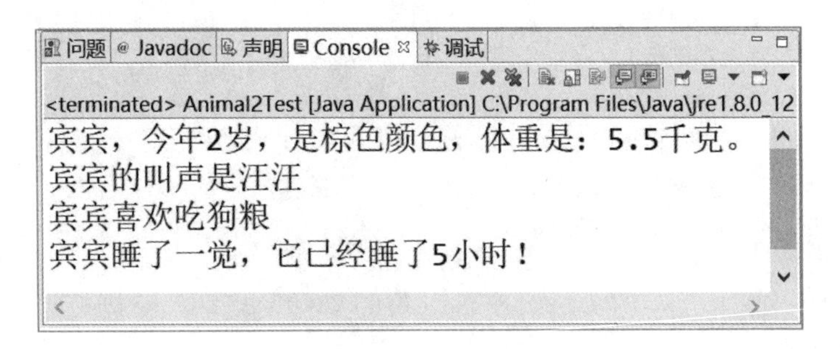


图 6-3　程序运行结果

### 2. 实现步骤

（1）修改动物类Animal，将属性私有化，再提供公有的方法访问私有属性，代码如下：

```
package chap06;
public class Animal {
    private String name;                    //定义动物的名字
    private int age;                        //定义动物的年龄
    private String color;                   //定义动物的颜色
```

```
    private double weight;                  //定义动物的体重

    //为私有属性定义公有的getter()方法和setter()方法
    public String getName() {
        return name;
    }

    public void setName(String name) {
        this.name = name;                   // this表示当前类的对象
    }

    public int getAge() {
        return age;
    }

    public void setAge(int age) {
        this.age = age;
    }

    public String getColor() {
        return color;
    }

    public void setColor(String color) {
        this.color = color;
    }

    public double getWeight() {
        return weight;
    }

    public void setWeight(double weight) {
        this.weight = weight;
    }

    //定义其他功能方法
    //定义show()方法，输出动物信息
    public void show() {
        System.out.println(name + "，今年" + age + "岁，是" + color + "颜色，
体重是: " + weight + "千克。");
    }

    //定义“叫”的方法，输出动物的叫声，传String类型的参数sound
    public void speak(String sound) {
```

```
        System.out.println(name + "的叫声是" + sound);
    }

    //定义“吃”的方法，传String类型的参数food
    public void eat(String food) {
        System.out.println(name + "喜欢吃" + food);
    }

    //定义“睡觉”的方法，传int类型的参数time
    public void sleep(int time) {
        System.out.println(name + "睡了一觉，它已经睡了" + time + "小时！");
    }
}
```

（2）修改测试类AnimalTest，对Animal类中的私有属性只能通过相应的getter()方法和setter()方法进行访问，代码如下：

```
package chap06;
public class AnimalTest {
    public static void main(String[] args) {
        Animal animal = new Animal();      //创建类的对象
        animal.setName("宾宾"); //只能用赋值方法在外部访问Animal类的私有属性
        animal.setAge(2);       //只能用赋值方法在外部访问Animal类的私有属性
        animal.setColor("棕色");//只能用赋值方法在外部访问Animal类的私有属性
        animal.setWeight(5.5);  //只能用赋值方法在外部访问Animal类的私有属性
        animal.show();
        animal.speak("汪汪");
        animal.eat("狗粮");
        animal.sleep(5);
    }
}
```

3. 知识点分析

本案例对案例6-1的Animal类进行封装，防止本类的代码和数据被外部程序直接访问。首先，使用private关键字将属性声明为私有变量；然后对外界提供公有的访问方法，其中，getXXX()方法用于获取属性的值，setXXX()方法用于设置属性的值。

## 6.7 类的封装

封装是面向对象的基础，也是面向对象的三大特征之一，是把对象的属性和操作封装为一个独立的整体，尽可能隐藏对象内部的实现细节。通过封装，将属性私有化，再提供公有方法访问私有属性。

### 6.7.1 封装的概念

对象的成员变量是构成这个对象的核心，一般不允许对外公布，而是将对成员变量进行操作的方法对外公开，这样成员变量就被隐藏起来了。这种将对象的成员变量置于其成员方法保护之下的方式称为封装。

当自定义类中不做任何处理时，在测试类中可以给成员变量赋值一些合法但不合理的数值，此时会造成与现实生活不符，为了避免不合理的成员变量值，需要采用封装技术处理。换句话说，封装就是一种保证成员变量值合理的技术。

封装的目的是限制对类的成员的访问，隐藏类的实现细节。类的设计者和使用者考虑的角度不同。设计者考虑如何定义类的属性和方法，如何设置其访问权限等；类的使用者只需要知道类有哪些功能，可以访问哪些属性和方法。只要使用者使用的界面不变，即使类的内部实现细节发生变化，使用者的代码也不需要改变，因此增强了程序的可维护性。

### 6.7.2 访问控制符

Java语言提供了四个访问控制级别，分别为public、protected、private、default（默认）。四个访问控制级别由大到小的顺序为：public（公共访问权限）→protected（子类访问权限）→default（包访问权限）→private（当前类访问权限），具体访问控制范围见表6-2。

表 6-2 修饰符的访问权限范围

| 访问修饰符 | 访 问 权 限 | 本 类 | 本类所在包 | 其他包中的本类的子类 | 其他包中的非子类 |
|---|---|---|---|---|---|
| public | 公有的 | √ | √ | √ | √ |
| protected | 保护的 | √ | √ | √ | × |
| default | 默认的 | √ | √ | × | × |
| private | 私有的 | √ | × | × | × |

注：√表示具有的权限；×表示不具有的权限。

### 6.7.3 封装的实现

要限制外部类对类成员的访问，可以使用访问修饰符private修饰属性，让其他类只能通过公共方法访问私有属性。封装的实现步骤如下：

（1）使用访问修饰符private修饰属性。

在案例6-2中，Animal类的属性name、age等都使用private修饰，使得这四个成员变量只有在Animal类内才可以访问。

```
private String name;                    //封装动物的名字
private int age;                        //封装动物的年龄
private String color;                   //封装动物的颜色
private double weight;                  //封装动物的体重
```

（2）为每个私有属性定义一对赋值方法setter()和取值方法getter()，用于对属性的访问。

案例6-2中，Animal类为属性name、age等定义了公有的setter()方法和getter()方法，此时在Animal类外可以通过成员变量各自的setter()方法和getter()方法访问它们。

```
public String getName() {
    return name;
```

```
    }

    public void setName(String name) {
        this.name = name;
    }

    public int getAge() {
        return age;
    }

    public void setAge(int age) {
        this.age = age;
    }
    ...
```

（3）在setter()方法和getter()方法中加入对属性的存取限制。

在案例6-2中，对age属性不存在存取限制时的setter()方法如下：

```
public void setAge(int age) {
    this.age = age;
}
```

如果要求加入对动物年龄age的限制，比如年龄小于0或大于20时在控制台显示出错信息，在学习异常处理之后，可以在此处抛出一个自定义异常，这部分内容将在第9章中详细介绍。此时的setter()方法如下：

```
public void setAge(int age) {
    if(age<0 || age>20) {
        System.out.println("动物年龄输入有误！");
    }else {
        this.age = age;
    }
}
```

（4）封装之后的使用。

外部类要对Animal类中的私有属性赋值，需要先创建Animal类的对象，然后使用setter()方法赋值。

```
animal.setName("宾宾");
animal.setAge(2);
animal.setColor("棕色");
animal.setWeight(5.5);
```

外部类获取Animal类中私有属性的值，必须使用getter()方法。

```
public String name = animal.getName();
public int age = animal.getAge();
public String color = animal.getColor();
public double weight = animal.getWeight();
```

# 6.8 static 修饰符

Java语言不仅提供了访问修饰符，还提供了许多非访问修饰符，如static、final、abstract等。

static修饰符可以用来修饰类的成员变量和成员方法，还可以形成静态初始化块，被static修饰的成员变量和成员方法独立于该类的任何对象。static修饰的成员变量与成员方法称为静态变量与静态方法，可以直接通过类名进行访问。访问的语法格式如下：

```
类名.静态变量名;
类名.静态方法名(参数列表);
```

## 6.8.1 静态常量

通常情况下，成员变量都隶属于对象层级，即每个对象都拥有自己独立的内存空间存放自己独有的成员变量值，当所有对象的某个成员变量值完全一样时，会导致内存空间的浪费，为了使该成员变量在内存空间中只有一份，并且被所有对象共享，可以使用static关键字进行修饰，表示静态的含义。

当使用static修饰成员变量之后，该成员变量由隶属于对象层级提升到类层级，可以使用“类名.”的方式进行访问，因此静态变量又称类变量。类变量虽然与该类的对象是否创建无关，但是也可以通过“对象.”的方式进行访问。

例 6.12 static修饰符修饰变量。

```
public class Dog {
    public final int MAX = 100;                              //静态常量
    private int age;
    private static int numOfDogs;                            //静态变量

    public int getAge() {
        return age;
    }

    public void setAge(int age) {
    this.age = age;
    }

    public Dog(int age) {
        setAge(age);
        numOfDogs++;
    }

    public static void main(String[] args) {
        Dog d1 = new Dog(2);
        Dog d2 = new Dog(3);
        System.out.println(numOfDogs);
    }
}
```

程序输出结果为：

```
2
```

### 6.8.2　静态方法

使用static修饰的成员方法称为静态方法，静态方法独立于任何对象，因此static方法不能是抽象的方法。相比于修饰成员属性，修饰成员方法对数据的存储没有多大影响，因为方法是存放在类的定义当中的。

static修饰成员方法最大的作用是可以使用“类名.方法名”方式操作方法，避免先使用new定义对象的烦琐和资源消耗。调用时直接用“类名.引用”，因此静态方法又称类方法。例如，为了方便方法的调用，Java API中的Math类中所有的方法都是静态的，而一般类内部的static方法也方便其他类对该方法的调用。例如：

```
double num = Math.sqrt(3.0 * 3.0 + 4.0 * 4.0);
```

由于static在调用时没有具体的对象，因此在static方法中不能对非static成员进行访问。static方法的作用是提供一些“工具方法”和“工厂方法”等。

静态方法直接通过类名调用，因此静态方法中不能用this和super关键字，不能直接访问所属类的成员变量和成员方法，只能访问所属类的静态成员变量和成员方法。

### 6.8.3　静态初始化块

在类体中使用{}括起来的语句块称为初始化块，其作用与构造方法类似，可以对Java对象进行初始化操作。初始化块独立于类成员，不在任何方法体中，位置可以随意放置，每创建一个对象，初始化块都会被执行一次。初始化块的语法格式如下：

```
static {
        //可执行性代码
}
```

使用static修饰的初始化块称为静态初始化块。JVM加载类时会执行这些静态初始化块。如果有多个静态代码块，JVM将按照它们在类中出现的先后顺序依次执行，每个静态代码块只会被执行一次。静态代码块主要用于编写创建对象之前的准备工作代码，例如连接数据库、打开文件等。

例 6.13　static修饰符修饰初始化块。

```
public class StaticTest {
    public static float price = 5.2f;                  //定义静态变量

    public static void test() {                        //定义静态方法
        System.out.println("价格是: " + price);
    }

    static {                                           //静态代码块
        System.out.println("静态初始化块");
    }
```

```
    public static void main(String[] args) {
        StaticTest.test();
    }
}
```

程序输出结果为：

```
静态初始化块
价格是：5.2
```

static修饰和非static修饰的区别：

（1）static修饰的成员变量或方法在类加载时就已经做好准备，因此使用“类名.”即可调用，与对象是否存在无关。

（2）非static修饰的成员变量或方法隶属于对象，必须先创建对象才能使用。

（3）static修饰的成员方法中，不能访问非static修饰的成员变量或方法，必须先创建对象，然后用“对象.”调用。

（4）非static修饰的成员方法中，既可以使用非static修饰的成员变量或方法，也可以使用static修饰的成员变量或方法。

## 6.9 包与类的导入

随着程序的规模越来越大，定义的类越来越多，类名称冲突的问题变得不可避免。Java提供了一种管理类文件的机制，也就是包（package）。Java类库中的类都是通过包来管理的，用户也可以通过包管理自己编写的类。包主要有以下几个作用：

（1）可以将功能相关的类和接口放在一个包中。

（2）实现命名管理机制，不同包中可以有同名的类。

（3）实现对类的访问控制。

### 6.9.1 包

在定义一个类时，除了定义类的名称，一般还要指定一个包名，即将一个类放在指定的包结构下，包的名称一般用小写字母表示。语法格式如下：

```
package 包名 ;
```

package语句必须写在Java源文件的最开始，在类定义之前。在test包下定义一个类，代码如下：

```
package test;
class Point {… …}
```

上述语句将为Point类指定包，名称为“test”。一旦使用的package指定了包名，类的全称应该是“包名.类名”。例如，上述的Point类的全称是test.Point。不同的包中可以定义相同的类名，例如，test1.Point和test2.Point是两个不同的类，却具有相同的类名称。这一点类似于Windows文件管理中目录的概念，在不同的文件夹中可以存放名称相同的文件。

包名也可以有层次结构，在一个包中可以包含另外一个包，类似于在一个目录下面，还可以有子目录。所以，还可以按照如下方式编写package语句：

```
package 包名1.包名2…包名n;
```

如果各个公司或开发组织的开发人员都任意的命名包名，仍然不能从根本上解决命名冲突的问题。因此，在指定包名时应该按照一定的规范，例如：

```
org.apache.commons.lang.StringUtil;
```

StringUtils是类名，org.apache.commons.lang是多层包名，其含义如下：org.apache表示公司或组织的信息（是该公司（或组织）域名的反写）；commons表示项目的名称信息；lang表示模块的名称信息。

### 6.9.2　类的导入

在编程过程中，如果需要使用其他包中的类，则需要使用关键字import导入指定包层次下的某个类或全部类。import语句应该出现在package（如果有的话）之后、类定义之前。一个Java源文件只能包含一个package语句，但可以包含多个import语句。

使用import语句导入单个类的语法格式如下：

```
import package.subpackage.ClassName;
```

例如：

```
import test.Point;
```

为了简化编程，可以使用import语句导入指定包下的全部类，语法格式如下：

```
import package.subpackage.*;
```

### 6.9.3　Java的常用包

Java的核心类都放在java包及其子包下，Java的扩展类都放在javax包及其子包下。这些类就是前面介绍的API（应用程序接口）。Java常用的包如下：

（1）java.lang包，是Java最核心的包，该包中所有类都由Java虚拟机自动加载，即Java默认为所有源文件导入java.lang包下的所有类，无须使用import语句导入。如System、String、Object类等。

（2）java.util包，是Java中的工具包，提供大量的工具类/接口以及集合类/接口等，如Scanner、Random、Arrays类等。

（3）java.io包，是Java中的输入/输出包，包含大量的输入/输出类/接口，实现文件读写（包括读写各种设备），如FileInputStream类等。

（4）java.net包，是Java中的网络包，提供大量与网络编程相关的类/接口，实现网络通信，如Socket、ServerSocket类等。

（5）java.sql包，是Java进行JDBC数据库编程的所有类/接口，如Connection、Statement类等。

## 6.10 综合实践

**题目描述**

设计一个表示二维平面上的圆的类Circle，该类拥有：

（1）一个成员变量

```
radius                              //私有，浮点数，用于存放圆的半径
```

（2）两个构造方法

```
Circle()                            //创建Circle对象时将半径设为0
Circle(double radius)               //创建Circle对象时将半径初始化为radius
```

（3）三个成员方法

```
double getPerimeter()               //获取圆的周长
double getArea()                    //获取圆的面积
void show()                         //将圆的半径、周长、面积输出到屏幕
```

要求：编写测试类TestCircle，使用两种不同的构造方法创建类的对象，并分别计算和显示圆半径、圆面积、圆周长。

## 习　题

**一、选择题**

1. 类与对象的关系是（　　）。
   A. 类是对象的抽象　　B. 对象是类的抽象
   C. 对象是类的子类　　D. 类是对象的具体实例
2. 设对象x具有属性a，则访问该属性的方法为（　　）。
   A. a.x　　B. a.x()　　C. x.a　　D. x.a()
3. 用来限制类的成员“只能在当前类中访问”的修饰符为（　　）。
   A. public　　B. private　　C. protected　　D. 省略
4. 下列有关new关键字的描述错误的是（　　）。
   A. new会调用类的构造方法来创建对象
   B. new创建的对象不占用内存空间
   C. 创建对象时可以不使用new关键字
   D. new创建的对象一定存在引用变量
5. 下列关于void的含义正确的是（　　）。
   A. 方法没有返回值　　B. 方法体为空
   C. 没有意义　　D. 定义方法时必须使用
6. 下列关于return语句的说法正确的是（　　）。
   A. 只能让方法返回数值　　B. 每个方法都必须含有
   C. 方法中可以有多个return语句　　D. 不能用来返回对象

7. 下列关于变量及其范围的描述错误的是（　　）。

A. 实例变量是类的成员变量

B. 静态变量用关键字static声明

C. 在方法中定义的局部变量在该方法被执行时创建

D. 局部变量在使用前必须被初始化

8. 在Java语言中，String类成员变量的默认初始值是（　　）。

A. false　　B. 无初始值　　C. 0　　D. null

9. float类成员变量的默认初始值是（　　）。

A. 0　　B. false　　C. null　　D. 0.0F

10. 在类的定义中构造方法的作用是（　　）。

A. 保护成员变量　　B. 读取类的成员变量

C. 描述类的特征　　D. 初始化成员变量

11. 下面程序段运行后，运行结果是（　　）。

```
class Demo {
    private int x;
    public static void main(String[] args) {
        System.out.println(x++);
    }
}
```

A. 0　　B. 1　　C. 无结果　　D. 编译失败

12. 下列关于构造方法的描述中正确的是（　　）。

A. 一个类的构造方法可以有多个

B. 构造方法在类定义时被调用

C. 当定义了有参构造方法，系统默认的无参构造方法依然存在

D. 构造方法可以和类名相同，也可以和类名不同

13. 当一个类中成员变量和局部变量重名时，可以使用（　　）关键字进行区分。

A. super　　B. this　　C. public　　D. static

14. 下列关于this的说法中错误的是（　　）。

A. 只能在构造方法中使用this调用其他构造方法，在成员方法中不能这样调用

B. 在构造方法中，使用this调用构造方法的语句必须位于第一行，且只能出现一次

C. this可以解决成员变量与局部变量的重名问题

D. this可以出现在任何方法中

15. Student类代码如下：

```
class Student {
    String name
    int age;
    Student(String nm) {
        name = nm;
    }
}
```

执行Student stu = new Student();语句后，字段age的值是（　　）。

A. 0　　B. null　　C. false　　D. 编译错误

16. 已知show()方法为：public int show(int x, int y) { }，下面为show()方法的重载方法的是（　　）。

A. public int Show(double x, double y){ }

B. public int show(int a, int b){ }

C. public int show(int x, int y, int z){ }

D. public double show(int x, int y){ }

17. 下列关于构造方法重载的说法中错误的是（　　）。

A. 不同构造方法中调用本类其他构造方法时，需要使用this([参数1,参数2…])的形式

B. 不同构造方法中调用本类其他构造方法时，必须放在第一行

C. 构造方法的重载和普通方法一样，方法名前面需要声明返回值类型

D. 重载构造方法时，可以返回类型不同，参数个数和类型相同

18. 下列关于this关键字的说法中错误的是（　　）。

A. this可以解决成员变量与局部变量的重名问题

B. this出现在成员方法中，代表的是调用这个类的对象

C. this可以出现在任何方法中

D. this相当于一个引用，可以通过它调用成员方法与属性

19. “隐藏对象的属性和实现细节，仅对外提供公有的方法”描述面向对象的特征是（　　）。

A. 封装　　B. 继承　　C. 多态　　D. 以上都不是

20. 为了使包ch4在当前程序中可见，可以使用的语句是（　　）。

A. import ch4.*;　　B. package ch4.*;　　C. ch4 import;　　D. ch4 package;

21. 下列关于静态方法的描述中错误的是（　　）。

A. 静态方法属于类的共享成员

B. 静态方法可以通过“类名.方法名”的方式来调用

C. 静态方法只能被类调用，不能被对象调用

D. 静态方法中可以访问静态变量

22. 为AB类的一个无形式参数无返回值的方法method书写方法头，使得使用类名AB作为前缀就可以调用它，该方法头的形式为（　　）。

A. static void method( )　　B. public void method( )

C. final void method( )　　D. abstract void method( )

23. 下列关于对象成员占用内存的说法正确的是（　　）。

A. 同一个类的对象共用同一段内存

B. 同一个类的对象使用不同的内存段，但静态成员共享相同的内存空间

C. 对象的方法不占用内存

D. 以上都不对

24. 下列程序段的运行结果是（　　）。

```
public class MyClass{
```

```
    static int i;
    public static void main(String[] argv){
        System.out.println(i);
    }
}
```

A. 有错误，变量i没有初始化　　B. null

C. 1　　D. 0

25. 对于以下程序的说明正确的是（　　）。

```
class StaticStuff{                                  //1
    static int x = 10;                              //2
    static{                                         //3
        x += 5;                                     //4
    }                                               //5
    public static void main(String[] args){         //6
        System.out.println("x="+x);                 //7
    }                                               //8
    static{                                         //9
        x /= 3;                                     //10
    }                                               //11
}                                                   //12
```

A. 第4行与第10行不能通过编译，因为缺少方法名和返回类型

B. 第10行不能通过编译，因为只能有一个静态初始化器

C. 编译通过，运行结果为x = 5

D. 编译通过，运行结果为x = 3

## 二、简答题

1. 简述类和对象的关系。
2. 简述构造函数的作用和特点。
3. 简述访问修饰符public、private、protected，以及不写（默认）时的区别。
4. 若多个方法是重载关系，列出它们的相同点和三个不同之处。
5. 类变量与实例变量有哪些区别？
6. 是否可以从一个static方法内部发起对非static方法的调用？

## 三、编程题

1. 自定义Person类，成员变量包括姓名和年龄；成员方法print：输出对象的姓名和年龄。在测试类的main()方法中创建对象p，调用成员方法print；修改属性值为zhangfei和30，再调用成员方法print。

2. 编写程序：设计一个表示二维平面上的矩形的类Rectangle，添加width和length两个成员变量，在Rectangle中添加两个方法分别计算矩形的周长和面积，利用Rectangle输出一个矩形的周长和面积。

3. 自定义一个描述学生的类Student，包含表示学号和姓名的成员变量、输出学号和姓名的方法，以及一个无参的构造方法和一个全属性为参数的构造方法。要求：编写测试类

TestStudent，在main()方法中分别使用两种不同的方式构造两个对象，并输出各自的属性。

4. 将编程题第2题的属性封装，给出对应的取值和赋值方法。要求：

（1）若将边长赋值为非正数，则将其初始化为1.0。

（2）添加无参构造方法，且满足条件（1）。

（3）添加只含一个参数的构造方法，表示正方形，且满足条件（1）。

（4）添加包含两个参数的构造方法，且满足条件（1）。

5. 设计一个描述人类的类Person，该类拥有：

（1）三个成员变量，即

```
name：私有，字符串          //存放姓名信息
age：私有，整数             //存放年龄信息
country：私有，字符串       //存放国际信息
```

（2）为每个属性提供相应的get和set方法，用于设置和获取成员变量的值。

（3）两个构造方法，即

```
Person()                                          //无参的构造方法
Person (String name, int age, String country)     //全属性作参数的构造方法
```

（4）一个成员方法，即

```
void show()                 //输出所有属性的方法
```

（5）一个静态方法，即

```
void sayHello()             //输出 "Hello"
```

要求：编写测试类TestPerson，使用两种不同的构造方法创建类的对象，并分别输出各自的属性。

6. 设计一个乘法类Multiplication，在其中定义三个重载的mult方法：第一个方法计算两个整数的积；第二个方法计算两个浮点数的积；第三个方法计算三个浮点数的积。编写测试类TestMultiplication，要求在main()方法中创建对象并分别调用三个方法。

7. 将第3章习题编程题第5题改成用成员方法的形式实现，返回值为布尔类型。

8. 将第3章习题编程题第8题改成用成员方法的形式实现。

9. 将第4章习题编程题第5题改成用成员方法的形式实现，形式参数为：数组与要查找的数，返回值为布尔类型。

10. 将第5章习题编程题第3题改成用成员方法的形式实现，返回值为布尔类型。

11. 将第5章习题编程题第6题改成用成员方法的形式实现，返回值为单词个数。

12. 将第5章习题其他编程题改成用成员方法的形式实现。

# 第7章 面向对象进阶

**学习目标**

◎理解继承的概念，掌握父类与子类之间的关系；
◎掌握this与super关键字的使用；
◎理解多态的概念，了解多态的实现方法；
◎掌握面向对象编程的思想，掌握接口的概念与使用方法。

**素质目标**

◎通过对Java语言继承性的理解，培养创新能力和解决问题的能力；
◎通过对Java语言多态性的理解，培养多样性和包容性思维。

## 7.1 案例 7-1：动物的继承关系

### 1. 案例说明

Animal类是一般的动物类，具有名字、年龄、颜色、体重等特征，叫、吃、睡觉等行为。动物又可分为狗、猫、鸟等。猫具有名字、年龄、颜色、体重、品种等特征，叫、吃、睡觉、抓老鼠等行为，请用Java代码编写Cat类。程序的运行结果如图7-1所示。

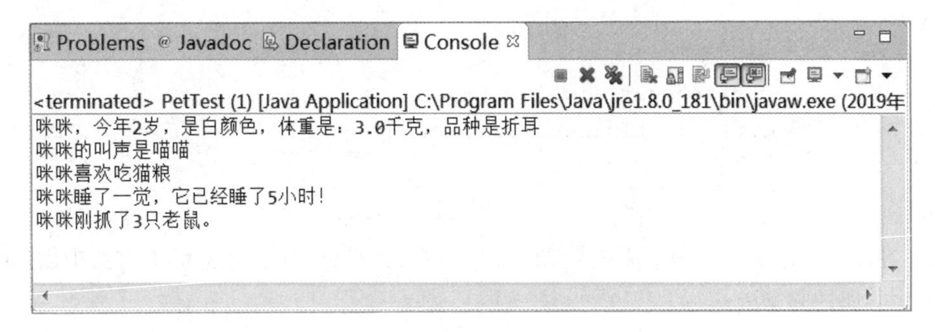


图 7-1 程序运行结果

### 2. 实现步骤

（1）打开Eclipse，在chap07包中创建Cat类，利用关键字extends继承Animal类，代码如下：

```
package chap07;
import chap06.Animal;
public class Cat extends Animal {
```

```
    private String species;

    public void setSpecies(String species) {
        this.species = species;
    }

    public String getSpecies() {
        return species;
    }

    public Cat() {}

     public Cat(String name, int age, String color, double weight, String
species) {
        super(name, age, color, weight);
        this.species = species;
    }

    @Override
    public void show() {
         System.out.println(super.getName() + ", 今年" + super.getAge() + "
岁, 是" + super.getColor() + "颜色, 体重是: " + super.getWeight() + "千克, 品种是"
+ species);
    }

    @Override
    public void speak(String sound) {
        System.out.println(super.getName() + "的叫声是" + sound);
    }

    public void catchMouse(int n) {
        System.out.println(super.getName() + "刚抓了" + n + "只老鼠。");
    }
}
```

（2）在chap07包中新建一个测试类CatTest，对Cat类进行测试。在main()方法中创建Cat类的对象，使用其属性和方法：

```
package chap07;
public class CatTest {
    public static void main(String[] args) {
        Cat cat = new Cat("咪咪", 2, "白", 3.0, "折耳");
        cat.show();
        cat.speak("喵喵");
        cat.eat("猫粮");
```

```
        cat.sleep(5);
        cat.catchMouse(3);
    }
}
```

3．知识点分析

本案例定义了案例6-2中Animal类的一个子类Cat类，extends关键字表示类之间的继承关系。子类Cat继承了父类Animal非私有的属性和方法，还增加了私有属性species，以及成员方法setSpecies()、getSpecies()和catchMouse(int n)，重写了父类中的show()方法和speak(String sound)方法。从运行结果可看出，子类可以调用父类的方法，但是，如果子类重写了父类的方法，那么父类的方法会被隐藏。

## 7.2　类的继承

继承性是面向对象的三大特征之一，可以简化类的定义，扩展类的功能，是软件复用的一种重要手段。

当多个类中拥有相同的成员变量和成员方法时，若每个类中都独立编写一次会造成代码的冗余，此时可以将这几个类中相同的内容提取出来组成一个新类，让这几个类继承新类即可，从而实现了代码的复用，提高代码的可维护性。

继承就是指子类继承父类的属性和行为，即吸收现有类中已有的成员变量和成员方法，在新编写的类中只需要写上独有的成员变量和成员方法。

### 7.2.1　继承的实现

继承的实现分为以下两个步骤：

（1）定义父类。父类可以是系统类，也可以是自定义类，如果是系统类，该步骤可以省略。在父类中定义一些通用的属性和方法，例如，案例6-1中，Animal类中定义了名字、年龄、颜色、体重属性，以及叫、吃、睡觉行为。

（2）定义子类。在Java语言中，使用extends关键字表示类之间的继承关系。子类继承父类的语法格式如下：

```
修饰符 class 子类名 extends 父类名 {
        // 类体定义
}
```

例如，Cat类继承Animal类。

```
public class Cat extends Animal {……}
```

其中，Animal类称为父类/基类，Cat类称为子类/派生类。

子类除了继承父类非私有的属性和方法，还可以定义子类特有的成员变量和成员方法。例如，Cat类作为Animal类的子类，新增了自己的特性。

```
public class Cat extends Animal {
    private String species;                    //子类特有的属性
```

```
        public void catchMouse(int n) { //子类特有的方法
            System.out.println(super.getName() + "刚抓了" + n + "只老鼠。");
        }
    }
```

其中，Cat类继承了Animal类，称为Animal类的子类；Animal类称为Cat类的父类。

子类和父类的关系如下：

（1）子类继承父类的属性和方法，但子类不可以继承父类的私有成员。

（2）子类中可以定义特定的属性和方法。例如，在子类Cat类中，增加品种species属性和抓老鼠catchMouse()方法。

（3）Java语言中只支持单继承，不支持多继承，也就是一个子类只能有一个父类，但一个父类可以有多个子类。在Java语言中可以通过接口实现其他语言中的多重继承。

### 7.2.2 方法的重写

当从父类中继承下来的方法不足以满足子类的需求时，需要在子类中重新写一个和父类中功能相同的方法，该方法与父类中的方法具有相同的名称、参数列表和返回值类型，该方法称为对父类中方法的重写。例如，父类Animal中有如下方法：

```
    public void show() {
        System.out.println(name + "，今年" + age + "岁，是" + color + "颜色，体重
是：" + weight + "千克。");
    }
```

在子类Cat中，重新定义了show()方法：

```
    @Override
    public void show() {
         System.out.println(super.getName() + "，今年" + super.getAge() + "岁，
是" + super.getColor() + "颜色，体重是：" + super.getWeight() + "千克，品种是" +
species);
    }
```

此时，在子类Cat中调用show()方法时，调用的是子类中重写的show()方法，父类中的show()方法会被隐藏。同样的，如果子类的属性和父类的属性同名，也会出现父类的属性被隐藏的现象。

注意：静态的方法重写以后还是静态的。

### 7.2.3 super关键字

当想要使用被隐藏的父类属性或方法时可以通过使用super关键字实现。

例如，在子类Cat中，调用父类的show()方法：

```
    super.show();
```

如果用this关键字，则表示调用当前对象的show()方法：

```
    this.show();
```

this关键字用于代表本类的一个对象，super关键字用于代表父类的一个对象。通过使用this和

super关键字可以显式地区分调用的是当前对象的成员还是父类对象的成员。

### 7.2.4　调用父类的构造方法

子类不能继承父类的构造方法，因为父类的构造方法只能用来创建父类对象，子类需要定义自己的构造方法，创建子类对象。子类的构造方法中可以通过super关键字调用父类的构造方法。例如，子类Cat的构造方法中使用下列语句实现对父类构造方法的调用：

```
super();
super(name, age, color, weight);
```

当使用super(实参)的方式调用父类的构造方法时，必须将该语句放在子类构造方法的第一行。如果该条语句省略，则会自动调用父类的无参构造方法进行父类中成员变量的初始化工作，相当于增加代码："super();"。也就是说，无论子类的构造方法是否带有参数，子类实例化时，都将调用父类的无参数构造方法，如果父类的无参数构造方法未被定义，会发生编译错误。

如果需要调用当前类中的构造方法，那么可以使用this关键字。例如，在子类Cat的无参数构造方法中，可以使用下列语句调用当前类带参数的构造方法：

```
public Cat() {
    this("咪咪", 2, "白", 3.0, "折耳");          //调用当前类的带参构造方法
}
```

### 7.2.5　根类Object

在Java中，java.lang.Object类是类层次结构中的顶层超类，也就是所有类的根类。

如果定义一个Java类时没有使用extends关键字声明其父类，则其父类为Object类，即所有类都是通过直接或间接地继承Object类得到的。Object类中的方法（如equals()、toString()、getClass()等）子类都可以通过继承进行调用。

例如：

```
public class Foo {
    …
}
```

等价于：

```
public class Foo extends Object {
    …
}
```

**例 7.1**　继承的练习。

#### 1. 自定义矩形类

成员变量主要有：（左上角的）横坐标、纵坐标、长度、宽度。

成员方法有：一个无参的构造方法和一个全属性作参数的构造方法，输出所有成员变量的方法，实现矩形类的封装。

#### 2. 自定义圆形类

成员变量主要有：（圆心的）横坐标、纵坐标、半径。

成员方法有：一个无参的构造方法和一个全属性作参数的构造方法，输出所有成员变量的方法，实现圆形类的封装。

### 3. 自定义测试类

在main()方法中分别创建矩形和圆形的对象，然后调用各自的方法。

要求：将矩形类和圆形类的共性提取出来，编写一个父类。

代码如下：

```
//父类：形状类
public class Shape {
    private int x;                                    //用于描述横坐标的成员变量
    private int y;                                    //用于描述纵坐标的成员变量

    public Shape() { }                                //无参构造方法不能省略

    public Shape(int x, int y) {
        setX(x);
        setY(y);
    }

    public int getX() {
        return x;
    }

    public void setX(int x) {
        this.x = x;
    }

    public int getY() {
        return y;
    }

    public void setY(int y) {
        this.y = y;
    }

    public void show() {
        System.out.println("(" + getX() + "," + getY() + ")");
    }
}
--------------------------------------------------------------------------------
//子类：矩形类
public class Rect extends Shape {
    private int len;                              //用于描述长度的成员变量
    private int wid;                              //用于描述宽度的成员变量
```

```
    public Rect() {
        super();
    }

    public Rect(int x, int y, int len, int wid) {
        super(x, y);
        setLen(len);
        setWid(wid);
    }

    public int getLen() {
        return len;
    }

    public void setLen(int len) {
        this.len = len;
    }

    public int getWid() {
        return wid;
    }

    public void setWid(int wid) {
        this.wid = wid;
    }

    @Override
    public void show() {
        super.show();
        System.out.println("长度是: " + getLen() + ", 宽度是: " + getWid());
    }
}
------------------------------------------------------------------------------
//子类: 圆形类
public class Circle extends Shape {
    private int ir;                                    //用于描述半径的成员变量

    public Circle() {
        super();
    }

    public Circle(int x, int y, int ir) {
        super(x, y);
```

```
        setIr(ir);
    }

    public int getIr() {
        return ir;
    }

    public void setIr(int ir) {
        this.ir = ir;
    }

    @Override
    public void show() {
        super.show();
        System.out.println("半径是: " + getIr());
    }
}
----------------------------------------------------------------------------
//测试类
public class TestShape {
    public static void main(String[] args) {
        // 1.创建矩形的对象并输出
        Rect r1 = new Rect(1, 2, 3, 4);
        r1.show();                  //调用Rect类型重写后的show()方法

        System.out.println("-----------------------------");
        // 2.创建圆形的对象并输出
        Circle c1 = new Circle(5, 6, 7);
        c1.show();                  //调用Circle类型重写后的show()方法
    }
}
```

程序运行结果如图7-2所示。

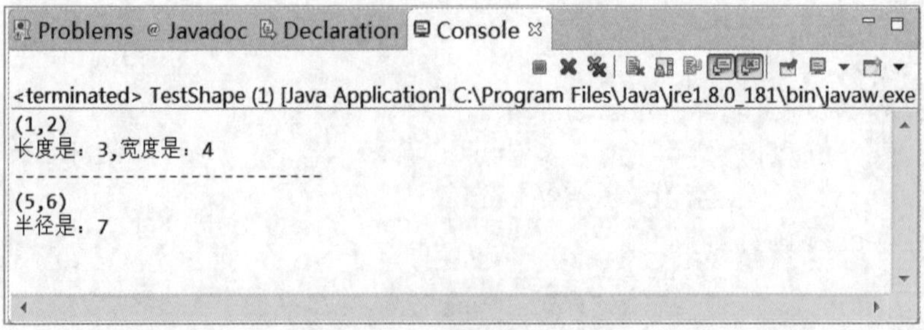

```
Problems  Javadoc  Declaration  Console
<terminated> TestShape (1) [Java Application] C:\Program Files\Java\jre1.8.0_181\bin\javaw.exe
(1,2)
长度是：3,宽度是：4
----------------------------
(5,6)
半径是：7
```

图7-2 程序运行结果

# 7.3　final 修饰符

final修饰符本意为“最终的，不可更改的”，可以用来修饰类、变量和方法，都表示不可改变。

## 7.3.1　final修饰类

使用final修饰的类不能被继承，即最终类。一般将用于完成某种功能的类，如System、String、Double等系统类，或定义已经非常完美，不需要生成子类的类，定义为最终类。最终类可以防止滥用继承。最终类声明的语法格式如下：

```
final class 类名 {
    类体；
}
```

final修饰的类不可以有子类，如例7.2的类定义会出现编译错误。

例 7.2　final修饰类。

```
// 使用 final 关键字修饰 FinalClass 类
public final class FinalClass {
    …
}

// SubClass 类继承 FinalClass 类
class SubClass extends FinalClass {          // 编译错误
    …
}
```

## 7.3.2　final修饰方法

使用final修饰成员方法体现在该方法不能被重写。使用final方法的原因有两个：一是把方法锁定，防止任何继承类修改或实现；二是高效，编译器在遇到final方法调用时，会转入内嵌机制，大大提高执行效率。

final声明方法的语法格式如下：

```
修饰符 final 返回值类型 方法名(参数列表) {
        // 方法体；
}
```

final修饰的方法不可以被重写，如例7.3的代码会出现编译错误。

例 7.3　final修饰方法。

```
// 定义 FinalMethod 类
public class FinalMethod {
    // 使用 final 关键字修饰 show() 方法
    public final void show() {
        …
```

```
    }
}

// SubClass 类继承 FinalMethod 类
class SubClass extends FinalMethod {
    //重写 FinalMethod 类的 show() 方法
    public void show() {                    // 编译错误
        …
    }
}
```

### 7.3.3 final修饰变量

使用final修饰的变量表示该变量一旦赋初值就不可被改变，即不能被重复赋值。final修饰的变量有三种，分别是静态变量、成员变量和局部变量。静态变量必须在声明时或在静态初始化块中指定初始值；其余两种非静态变量必须在声明时或在构造方法中指定初始值。使用final修饰变量可以防止成员变量的数值被修改，如Thread类中的MAX_PRIORITY。

例 7.4 final修饰变量。

```
public class FinalVar {
    private final int cnt = 0;

    public static void main(String[] args) {
        FinalVar tf = new FinalVar();
        System.out.println("tf.cnt = " + tf.cnt);          // 输出 0

        tf.cnt = 6;                                          // 编译错误
    }
}
```

在Java语言中，单独使用static和final关键字的场合比较少，通常情况下使用public static final共同修饰成员变量表示常量的概念，即该常量的数值必须有而且不能更改，并且隶属于类层级对外公开。例如：

```
public static final double PI = 3.14;
```

常量的命名规范为：每个字母都要大写，不同单词之间使用下画线连接。

## 7.4 多　态

### 7.4.1 多态的概念

多态是指同一种事物表现出来的多种形态。例如，动物具有多种形态：猫、狗、鸟等。在Java语言中，多态体现在两个方面：方法重载实现的静态多态（又称编译时多态）和方法重写实现的动态多态（又称运行时多态）。

### 1. 静态多态

静态多态是通过方法重载实现的，在编译阶段，具体调用哪个被重载的方法，编译器会根据参数的不同来确定。

### 2. 动态多态

动态多态是通过父类与子类之间的重写实现的。在父类中定义的方法可以有方法体，也可以没有（称为抽象方法）。在子类中对父类中的方法体进行重写的过程就是动态多态的实现。多态可以屏蔽不同子类之间的差异，实现通用的编程，带来不同的结果。

例 7.5 动态多态。

```
class Student extends Person { … }

Person p1 = new Person ();          //定义父类的对象变量，指向父类的对象
Person p2 = new Student();          //定义父类的对象变量，指向子类的对象
p2.show();
```

在编译阶段p是Person类型的，只能调用Person类中的show()方法；在运行阶段p指向的是Student类型的对象，因此最终调用Student类自己的show()方法。

### 3. 引用类型之间的类型转换

（1）子类类型向父类类型转换只需要自动类型转换即可。

（2）父类类型向子类类型转换则需要强制类型转换，语法格式如下：

```
子类类型 引用名 = (子类类型)父类引用名
```

（3）引用类型之间的转换必须发生在父子类之间，否则编译错误。

（4）若拥有父子类关系则编译阶段转换不会报错，但父类引用转换的类型若不是该引用真正指向的类型，则在运行阶段产生类型转换异常。

（5）为了避免上述错误的发生，应在每次类型转换之前先进行条件判断，判断方式如下：

```
if(引用变量名 instanceof 子类类型){
        …
}
```

上述代码用于判断引用指向的对象是否为指定的子类类型，若是返回true，否则返回false。

## 7.4.2 instanceof运算符

instanceof是Java提供的一个二元运算符，前一个操作数通常是一个引用类型变量，后一个操作数通常是一个类或接口，用于判断前面的对象是否为后面的类，或者其子类、实现类的对象。若是返回true，否则返回false。语法格式如下：

```
对象 instanceof 类型
```

例如：

```
p instanceof Person
```

严格来说，对象进行强制类型转换之前，都应该先用instanceof运算符进行判断。instanceof判断支持本类和父类类型。但是，在使用instanceof运算符时需要注意，前面的操作数编译时类型需

要与后面的类型相同，或与后面的类具有父子继承关系，否则会引起编译错误。

## 7.5 抽 象 类

定义类时通常包含描述行为的成员方法，这些方法都有具体的方法体。但是在某些情况下，某个父类只知道其子类应该包含哪些方法，无法准确知道如何实现，此时可以使用抽象方法，即只给出方法的声明，没有具体的方法实现。

### 1. 抽象方法

抽象方法就是指无法具体实现的方法，使用abstract关键字修饰，该方法没有方法体。定义抽象方法的语法格式如下：

```
访问控制符 abstract 返回值类型 方法名(形参列表);
```

例如：

```
public abstract void cry();   //描述动物叫声的方法
```

### 2. 抽象类

抽象类指使用abstract关键字修饰的类，是供子类继承而不能创建对象的类。抽象类中可以声明抽象方法，由子类实现。抽象类提供了方法声明和方法实现分离的机制，其意义不在于实例化对象，而在于被继承，可以实现对子类的强制性和规范性，使各子类表现出共同的行为模式。抽象类的语法格式如下：

```
修饰符 abstract class 类名 {
        ...
}
```

例 7.6 抽象类的定义。

```
public abstract class Shape {
    private int x;
    private int y;

    public abstract boolean contains(int x, int y);
}
```

注意：

（1）抽象类可以有成员变量、成员方法以及构造方法。

（2）抽象类中可以有抽象方法，也可以没有抽象方法。

（3）拥有抽象方法的类必须是抽象类。

一个类继承抽象类必须实现其抽象方法（除非该类也声明为抽象类），不同的子类可能有不同的实现。

例 7.7 抽象类的继承。

```
public abstract class Shape {…}
```

```
class Circle extends Shape {
    int r;
    public boolean contains (int x, int y) {
        …
    }
}

class Rect extends Shape {
    int width;
    int height;
    public boolean contains (int x, int y) {
        …
    }
}
```

# 7.6 接　口

接口是对抽象类的进一步抽象，是由常量和抽象方法组成的特殊类，主要体现在所有的方法都是抽象方法，没有构造方法。

Java中只支持单继承，无法实现多继承，借助接口可以达到这一目的。

## 7.6.1 接口的定义

接口的声明格式如下：

```
修饰符 interface 接口名 extends 父接口1, 父接口2 {
    常量声明;
    抽象方法声明;
}
```

其中：

（1）关键字：定义接口使用interface关键字，在interface关键字后给出接口的名称。接口中所有成员变量必须由public static final共同修饰，即常量。接口中的所有成员方法必须由public abstract共同修饰，即抽象方法。

（2）修饰符：修饰符可以省略，也可以是public。

（3）接口名：接口名与类名采用相同的命名规范。

（4）接口的继承：接口的继承使用extends关键字。与类的继承不同，接口支持多继承，即一个接口可以有多个直接父接口，多个父接口之间使用英文逗号分隔。

例 7.8　接口的定义。

```
interface Runner {
    public static final int DEF_SPEED = 100;

    public abstract void run();
```

```
}
```

### 7.6.2 接口的实现

实现接口即定义接口的实现类，使用implements关键字，实现接口中的所有抽象方法。实现接口与继承父类相似，可以获得所有实现接口中的常量和方法。类实现接口的语法格式如下：

```
修饰符 class 类名 implements 接口1, 接口2 {
        //类体部分
}
```

一个类实现一个接口，必须实现这个接口中的所有抽象方法，即重写这些抽象方法。

例 7.9 接口的实现。

```
class AmericanCurl implements Runner {
    public void run() {                                   //实现接口中的方法
        System.out.println("run...");
    }
}
```

接口不能用于创建实例，需要通过接口的实现类来使用接口。例如：

```
Runner runner = new AmericanCurl();
runner.run();
```

### 7.6.3 接口的继承

接口间可以存在继承关系，一个接口可以通过extends关键字继承另一个接口。子接口继承某个父接口，将会继承父接口中定义的所有常量和抽象方法。

例 7.10 接口的继承。

```
interface Runner {
    public void run();
}

interface Hunter extends Runner {
    public void hunt();
}

// AmericanCurl类必须实现Hunter接口中的hunt()方法及其父接口Runner中的run()方法
class AmericanCurl implements Hunter {
    public void run() {…}
    public void hunt() {…}
}
```

### 7.6.4 接口和抽象类

接口和抽象类相似，都不能被实例化，都可以包含抽象方法，它们的区别如下：

（1）定义抽象类使用class关键字，定义接口使用interface关键字。

（2）继承抽象类使用extends关键字，实现接口使用implements关键字。

（3）继承抽象类只支持单继承，实现接口可以多实现。

（4）抽象类中可以有构造方法，而接口中没有。

（5）接口中所有成员变量都是常量，必须由public static final共同修饰。

（6）接口中所有成员方法都是抽象方法，必须由public abstract共同修饰。

（7）接口中增加方法一定会影响到实现类，而抽象类不影响。

## 7.7　内　部　类

类是Java应用程序的组成单元，通常被定义为一个独立的程序单元。但Java语言也允许在一个类的内部定义一个类，这种类称为内部类，包含内部类的类称为外部类。内部类的语法格式如下：

```
修饰符 class 外部类名 {
        修饰符 class 内部类名 {
            内部类的类体;
        }
}
```

与一般类相同，内部类也包含成员变量和成员方法。使用内部类的原因有以下三个：

（1）内部类方法可以访问该类定义所在作用域中的数据，包括私有数据。

（2）内部类可以对同一个包中的其他类隐藏起来。

（3）当想要定义一个回调函数且不想编写大量代码时，使用匿名内部类比较便捷。

内部类的优点是：高内聚、低耦合。即内部类相当于外部类的密友，外部类与其他类相当于普通朋友，密友知道外部类的所有内容，普通朋友只能知道外部类公布的内容。例如，当一个类专门为某个类提供服务时，可以将该类写在某个类的内部作为内部类实现，这样带来的好处是可以直接访问外部类的任意成员变量而不受修饰符的限制。

按类定义的特性可以将内部类分为：成员内部类、静态内部类、局部内部类和匿名内部类。下面分别讨论这几种内部类的定义和使用。

### 7.7.1　成员内部类

成员内部类是最普通的内部类，它是外部类的一个成员，可以无限制地访问外部类的所有成员变量和成员方法，即使是private修饰的成员也可以访问，但是，外部类要访问内部类的成员则需要通过内部类对象。

例 7.11　创建成员内部类。

```
public class TestInner {
    private int cnt = 10;

    //定义成员内部类
    class Inner {
        public void show() {
```

```
            System.out.println("cnt = " + cnt);
        }
    }

    public static void main(String[] args) {
        //创建外部类的对象
        TestInner ti = new TestInner();
        //创建内部类的对象，并调用 show() 方法
        Inner in = ti.new Inner();
        in.show();
    }
}
```

程序中Inner是TestInner的成员内部类。内部类是一个独立的类，编译后将单独生成一个类文件，命名格式为“外部类类名$内部类类名.class”。上述代码编译后将生成两个类文件：TestInner.class和TestInner$Inner.class。

程序的运行结果为：

```
cnt = 10
```

### 7.7.2 静态内部类

static关键字除了可以修饰成员变量、成员方法、代码块外，还可以修饰内部类。使用static修饰的内部类称为静态内部类，此时这个内部类属于外部类本身，而不属于外部类的某个对象。

例 7.12 创建静态内部类。

```
public class TestStaticInner {
    private int cnt = 10;
    private static int snt = 20;

    //定义一个静态内部类，使用 static 修饰隶属于类层级，使用“类名 .”的格式去访问
    static class Inner {
        public void show() {
             // System.out.println("cnt = " + cnt); error 隶属于对象层级，可能
没有对象
            System.out.println("snt = " + snt); //可以访问外层类的静态成员 snt
        }
    }

    public static void main(String[] args) {
        //不需要外部类的实例就可以直接创建一个静态内部类实例
        TestStaticInner.Inner in = new TestStaticInner.Inner();
        in.show();
    }
}
```

程序的运行结果为：

```
snt = 20
```

静态内部类与成员内部类的行为完全不同，两者之间的不同之处如下：

（1）静态内部类中可以定义静态成员，而成员内部类不能。

（2）静态内部类只能访问外层类的静态成员，成员内部类可以访问外层类的实例成员和静态成员。

（3）创建静态内部类的实例不需要先创建一个外层类的实例；相反，创建成员内部类实例，必须先创建一个外层类的实例。

### 7.7.3 局部内部类

在方法体或语句块（包括方法、构造方法、局部块、初始化块或静态初始化块）内部定义的内部类称为局部内部类。局部内部类没有访问修饰符，它的作用域被限定在声明这个局部内部类的块中，即对这个块之外的任何内容都不可见。局部内部类只能访问该方法中使用final修饰的局部变量。

例 7.13 创建局部内部类。

```
public class TestAreaInner {
    private int cnt = 10;

    public void show() {
        //定义局部内部类
        class Inner {
            void test() {
                System.out.println("cnt = " + cnt);
            }
        }
        Inner in = new Inner();
        in.test();
    }

    public static void main(String[] args) {
        TestAreaInner tai = new TestAreaInner();
        tai.show();
    }
}
```

在TestAreaInner类的show()方法中定义了一个局部内部类Inner，该类只在show()方法中有效，就像方法中定义的变量一样。在方法体的外部能创建Inner类的对象，在局部内部类中可以访问外层类的实例变量（cnt）。在main()方法中创建了一个TestAreaInner类的实例并调用了其show()方法，该方法创建一个Inner类的对象并调用其test()方法。

程序的运行结果为：

```
cnt = 10
```

### 7.7.4 匿名内部类

顾名思义，匿名内部类即没有名字的内部类，适用于只需要使用一次的类。匿名类用于继承一个父类或实现一个接口，最常用的创建匿名内部类的方式是创建某个接口类型的对象。

定义匿名内部类的语法格式如下：

```
new 父类构造方法（实参列表） | 实现接口 () {
        进行方法的重写；
}
```

例 7.14 使用匿名内部类创建接口类型的对象。

```
public interface Person {
    public String getName();
}

public class TestAnonymous {
    public void test(Person p) {
        System.out.println("姓名是" + p.getName());
    }

    public static void main(String[] args) {
        TestAnonymous ta = new TestAnonymous();
        //调用 test() 方法，需要传入一个 Product 参数，此处传入其匿名实现类的对象
        ta.test(new Person() {
            @Override
            public String getName() {
                return "张三";
            }
        });
    }
}
```

从上面的代码中可以看到，test()方法需要一个Person对象作为参数，但是作为一个接口，Person无法直接创建对象，需要先创建Person接口的实现类，然后将实现类的对象传入test()方法。如果Person接口的实现类需要多次使用，则应将该实现类定义为一个独立的类；如果Person接口的实现类只需要使用一次，则可采用上述例子中匿名内部类的方式。使用匿名内部类的方式无须使用class关键字定义一个新的类，而是在定义匿名内部类时直接生成该匿名内部类的对象。

因此，在实际开发中，当发现某个方法需要一个接口或抽象类的子类对象作为参数时，就可以传递一个匿名内部类简化传统的代码。在Swing编程中，经常使用这种方式进行事件处理。

## 7.8 综合实践

**题目描述**

编写一个表示圆柱体的类Cylinder，该类从第6章综合实践中的Circle类继承而来，另外还

拥有：

1. 一个成员变量

```
height                                    //私有，浮点型，表示圆柱体的高
```

2. 一个构造方法

```
Cylinder(double radius, double height)    //创建Cylinder对象时将圆柱体的底面
                                          //半径和高分别初始化为radius和height
```

3. 成员方法

```
double getVolume()                        //获取圆柱体的体积
void show()                               //将圆柱体的体积输出到屏幕
```

要求：编写测试类TestCylinder，创建类的对象，计算并显示圆柱体的体积。

# 习　　题

## 一、选择题

1. 下面选项中，不是面向对象特征的是（　　）。

A. 封装　　B. 继承　　C. 多态　　D. 重构

2. 符合类与子类关系的是（　　）。

A. 人和老虎　　B. 书和汽车　　C. 楼和土地　　D. 松树和植物

3. 表示一个类继承了另一个类的关键字是（　　）。

A. interface　　B. class　　C. extends　　D. abstract

4. 以下关于继承的描述正确的是（　　）。

A. 子类继承父类的所有属性和方法

B. 子类可以继承父类的私有属性和方法

C. 子类可以继承父类的公有属性和方法

D. 创建子类对象时，父类的所有构造方法都会被执行

5. 如果父类的方法是静态的，则子类的方法被（　　）修饰才能覆盖父类的静态方法。

A. protected　　B. static　　C. private　　D. final

6. 下面可以使用方法重写的是（　　）。

A. 父类方法中的形参不适用于子类使用时

B. 父类中的方法在子类中没有时

C. 父类的功能无法满足子类的需求时

D. 父类方法中的返回值类型不适合子类使用时

7. 已知程序段：

```
public class Parent {
   public void change(int x) {}
}
public class Child extends Parent {
    //重写父类change()方法
```

```
}
```

下列正确重写父类change()方法的声明是（　　）。

A．protected void change(int x){}

B．public void change(int x, int y){}

C．public void change(String s){}

D．public void change(int x){}

8．方法重写与方法重载的相同之处是（　　）。

A．权限修饰符　　B．方法名　　C．返回值类型　　D．形参列表

9．已知程序段：

```
public class Pet {
    private String name;
    public Pet() {
        System.out.print(1);
    }
    public Pet(String name) {
        System.out.print(2);
    }
}
public class Dog extends Pet {
    public Dog(String name) {
        System.out.print(3);
    }
}
```

执行new Dog("棕熊");语句后，程序输出是（　　）。

A．23　　B．13　　C．123　　D．321

10．下列关于protected的说法正确的是（　　）。

A．protected修饰的方法只能给子类使用

B．protected修饰的类中的所有方法只能给子类使用

C．如果一个类的成员被protected修饰，那么这个成员既能被同一包下的其他类访问，也能被不同包下该类的子类访问

D．以上都不对

11．关于super的说法正确的是（　　）。

A．是指当前对象的内存地址　　B．是指当前对象父类对象的内存地址

C．是指当前对象的父类　　D．可以用在main()方法中

12．已知类的继承关系如下：class Employee; class Manager extends Employeer; class Director extends Employee; 则以下语句能通过编译的是（　　）。

A．Employee e = new Manager();　　B．Director d = new Manager();

C．Director d = new Employee();　　D．Manager m = new Director();

13．Teacher类和Student类都是Person类的子类，下面的程序段最后一条语句的结果是（　　）。

```
Teacher t;
Student s;
//假设s和t为非空对象
if(t instanceof Person) {
    s = (Student)t;
}
```

A. 将构造一个Student对象　　B. 表达式是合法的
C. 表达式是错误的　　D. 编译时正确，但运行时错误

14. 下列关于对象类型转换的描述错误的是（　　）。
A. 对象的类型转换可通过自动转换或强制转换进行
B. 无继承关系的两个类的对象之间试图转换会出现编译错误
C. 由new语句创建的父类对象可以强制转换为子类的对象
D. 子类的对象转换为父类类型后，父类对象不能调用子类的特有方法

15. Java语言中所有的类都是通过直接或间接地继承（　　）类得到的。
A. java.lang.Object　　B. java.lang.Class
C. 任意类　　D. 以上都不对

16. 下列关于继承优点的叙述错误的是（　　）。
A. 可以创建更为特殊的类型　　B. 消除重复代码
C. 便于维护　　D. 执行效率高

17. 下列关于继承的描述中错误的是（　　）。
A. 在Java语言中，类只支持单继承，不允许多重继承，即一个类只能有一个直接父类
B. 多个类可以继承一个父类
C. 在Java语言中，多层继承是可以的，即一个类的父类可以再去继承另外的父类，例如，C类继承自B类，而B类又可以去继承A类，这时，C类也可称为A类的子类
D. Java语言是支持多继承的

18. final修饰符不可以修饰的内容是（　　）。
A. 类　　B. 接口　　C. 方法　　D. 变量

19. 用abstract定义的类（　　）。
A. 可以被实例化　　B. 不能派生子类　　C. 不能被继承　　D. 只能被继承

20. 定义一个由public修饰符修饰的int型成员变量MAX_LENGTH，并使该值保持为常数100，则定义这个变量的语句是（　　）。
A. public int MAX_LENGTH=100　　B. public const int MAX_LENGTH=100
C. final int MAX_LENGTH=100　　D. public final int MAX_LENGTH=100

21. 下列关于修饰符混用的说法错误的是（　　）。
A. abstract不能与final并列修饰同一个类　　B. abstract类中可以有private的成员
C. abstract方法必须在abstract类中　　D. static方法中能处理非static的属性

22. 下列关于抽象方法的说法正确的是（　　）。
A. 可以有方法体　　B. 可以出现在非抽象类中
C. 是没有方法体的方法　　D. 抽象类中的方法都是抽象方法

23. 接口是Java面向对象的实现机制之一，以下说法正确的是（　　）。

A. Java支持多重继承，一个类可以实现多个接口

B. Java只支持单重继承，一个类可以实现多个接口

C. Java只支持单重继承，一个类只可以实现一个接口

D. Java支持多重继承，一个类只可以实现一个接口

24. 下列关于接口的描述正确的是（　　）。

A. 实现一个接口必须实现接口的所有方法　　B. 一个类只能实现一个接口

C. 接口间不能有继承关系　　D. 以上都是

25. 在使用interface声明一个接口时，只可以使用（　　）修饰符修饰该接口。

A. private　　B. protected　　C. static　　D. public

26. Outer类中定义了一个成员内部类Inner，需要在main()方法中创建Inner类实例对象，以下方式正确的是（　　）。

A. Inner in = new Inner()

B. Inner in = new Outer.Inner();

C. Outer.Inner in = new Outer.Inner();

D. Outer.Inner in = new Outer().new Inner();

27. 下列关于匿名内部类的描述错误的是（　　）。

A. 匿名内部类是内部类的简化形式

B. 匿名内部类的前提是必须要继承父类或实现接口

C. 匿名内部类的格式是：new 父类(参数列表) 或 父接口(){}

D. 匿名内部类可以有构造方法

## 二、简答题

1. 构造器Constructor是否可以被override?
2. 说明Java中final关键字的使用方法。
3. 什么是抽象方法？什么是抽象类？各有什么特点？
4. 抽象类（abstract class）和接口（interface）有什么异同?
5. 面向对象的特征有哪些?
6. Java中实现多态的机制是什么?
7. 匿名内部类是否可以继承其他类？是否可以实现接口?

## 三、编程题

按以下要求编写程序：

（1）编写Animal接口，在接口中声明run()方法；

（2）定义Bird类和Fish类实现Animal接口；

（3）编写Bird类和Fish类的测试程序，并调用其中的run()方法。

# 第8章 常用类介绍

**学习目标**

◎掌握八种基本数据类型包装类对象的创建及各种方法的使用；

◎掌握数字处理类中常用类的使用方法；

◎了解List、Set和Map类对象的创建及其使用方法。

**素质目标**

◎通过对Java常用类的使用，培养编码过程中的效率意识。

## 8.1 案例 8-1：统计整数个数

### 1. 案例说明

使用Math相关的API，计算在-10.8～5.9之间，绝对值大于6或小于2.1的整数有多少个。程序运行结果如图8-1所示。

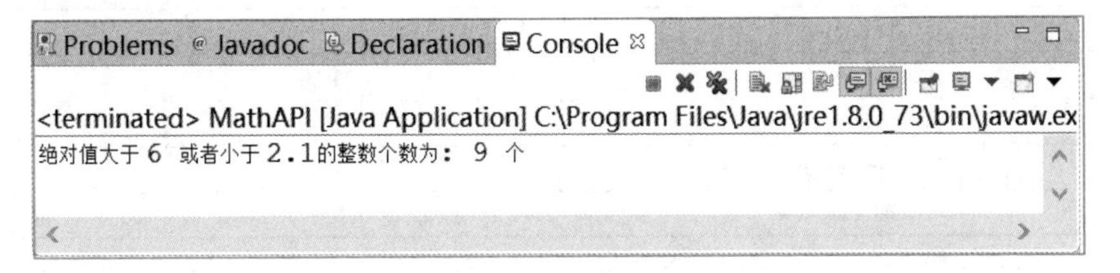


图 8-1 程序运行结果

### 2. 实现步骤

（1）打开Eclipse，在chap08包中创建MathAPI类。

（2）输入代码，运行程序。

```
package chap08;
public class MathAPI {
    public static void main(String[] args) {
        int count = 0;                                //定义变量计数
```

```
        //遍历 -10.8～5.9 之间的整数，进行统计
        for (int i = (int)Math.ceil(-10.8); i <= 5.9; i++) {
            //获取绝对值并判断
            if (Math.abs(i) > 6 || Math.abs(i) < 2.1) {
                count++;                              //计数
            }
        }
        System.out.println("绝对值大于 6 或小于 2.1的整数个数为: " + count + " 个");
    }
}
```

3. 知识点分析

本案例根据功能需要调用java.lang.Math类的Math.abs()方法取绝对值并返回；Math.ceil()方法向上取整并返回。

## 8.2 包 装 类

Java是一种面向对象语言，其中一切都被视为对象。但是在Java中又存在八种基本数据类型，这些基本数据类型不能定义对象。为了能将这些基本数据类型视为对象进行处理，并连接相关的方法，Java为每种基本数据类型提供了包装类。Java语言的八种基本类型分别对应了八种包装类，见表8-1。

表 8-1 基本数据类型和包装类

| 基本数据类型 | 包 装 类 | 占 用 空 间 |
|---|---|---|
| boolean | java.lang.Boolean | 1 位 |
| byte | java.lang.Byte | 1 字节 |
| char | java.lang.Character | 2 字节 |
| short | java.lang.Short | 2 字节 |
| int | java.lang.Integer | 4 字节 |
| long | java.lang.Long | 8 字节 |
| float | java.lang.Float | 4 字节 |
| double | java.lang.Double | 8 字节 |

每一种包装类都封装了一个对应的基本数据类型成员变量，同时针对该基本数据类型，Java还提供了一些实用方法。包装类中比较常用的有Integer、Double、Character和Boolean，下面进行详细介绍。

### 8.2.1 Integer类

java.lang包中的Byte类、Short类、Integer类和Long类，分别将基本数据类型byte、short、int和long封装成一个类。因为这些类都是Number类的子类，区别就是封装了不同数据类型的成员变量，包含的方法基本相同，所以这里以Integer类为例，介绍整数包装类。

Integer类在对象中封装了一个基本类型int的值。该类的对象包含一个int类型的字段。此外该类提供了多个方法，可以在int类型和String类型之间互相转换，同时还提供了其他处理int类型数

据时非常有用的常量和方法。

1．构造方法

Integer类有以下两种构造方法：

（1）Integer(int value)：以int类型参数生成Integer对象。

（2）Integer(String str)：以String类型参数生成Integer对象。

注意：参数str必须是整数形式，否则将抛出NumberFormatException异常。例如：

```
Integer n1 = new Integer(100);
Integer n2 = new Integer("200");
Integer n1 = new Integer("1.5");                              //抛出异常
```

2．常量及常用方法

（1）MAX_VALUE：表示int类型可取到的最大值，即$2^{31}-1$。

（2）MIN_VALUE：表示int类型可取到的最小值，即$-2^{31}$。

（3）boolean equals(Integer anotherInteger)：判断两个Integer对象的数值是否相等。与String类相似，“==”是用来判断两个对象的内存地址是否相同。

（4）int parseInt(String str)：将str中的数字从字符串转换成int类型。

（5）String toString()：返回一个表示该Integer值的String对象。

（6）String toString(int i)：返回整数i对应十进制数的String对象。

（7）String toBinaryString(int i)：返回整数i对应二进制数的String对象。

（8）String toOctalString(int i)：返回整数i对应八进制数的String对象。

（9）String toHexString(int i)：返回整数i对应十六进制数的String对象。

（10）int intValue()：以int类型返回该Integer对象的值。

（11）Integer valueOf(String str或者int i)：返回相对应的Integer对象。

例如：

```
Integer n1 = new Integer(100);
int i = n1.intValue();
Integer n2 = Integer.valueOf(i);
```

例 8.1　Integer类的常用方法实例。

```
public static void main(String[] args) {
    Integer num1 = new Integer(100);
    Integer num2 = new Integer("100");
    System.out.println(num1 == num2);          //返回 false，两者的内存地址不同
    System.out.println(num1.equals(num2)); //返回 true，两者的值相同
    //将对话框输入的整数形式字符串转换成 int 类型
    int i = Integer.parseInt(JOptionPane.showInputDialog("请输入整数"));
    String str = num1.toString(); //将 num1 的值转换成 String，而整型变量 i 不能这样做
    str = Integer.toString(200);               //返回对应的十进制字符串
    str = Integer.toBinaryString(200);         //返回对应的二进制字符串
    str = Integer.toOctalString(200);          //返回对应的八进制字符串
    str = Integer.toHexString(200);            //返回对应的十六进制字符串
```

```
    i = num2.intValue();                        //返回num2对象的数值
    num2 = Integer.valueOf(i);                  //返回Integer对象，其数值为i
    num2 = Integer.valueOf("100");              //返回Integer对象，其数值为100
}
```

### 3. 装箱与拆箱

在前面的方法中，利用intValue()方法、构造方法Integer(int value)或valueOf(int value)可以实现int类型和Integer类之间的转换，但是在实际使用过程中较为烦琐。例如：

```
Integer i = new Integer (100);                                  //手动装箱
Integer j = Integer.valueOf(200);                               //手动装箱
Integer k = Integer.valueOf(i.intValue() + j.intValue()); //先手动拆箱，再手动装箱
```

JDK1.5增加了自动装箱和拆箱的功能。由基本类型向对应的包装类转换称为装箱，如把int类型包装成Integer类的对象；包装类向对应的基本类型转换称为拆箱，如把Integer类的对象重新简化为int类型。上面的代码可以改写为如下形式：

```
Integer i = 100，j = 200;
Integer k = i + j;
```

事实上，JDK1.5的自动“拆箱”和“装箱”是通过JDK1.5的编译器在编译期间的“预处理”实现的。

### 4. 自动装箱池

在Integer类的内部提供了一个自动装箱池，系统已经将-128～127的整数装箱完毕。在程序执行过程中，如果需要使用该范围整数，就不需要构造对象，而是直接去池中获取，否则需要构造新的对象。

```
Integer i = 100, j = 100, k = 500, m = 500;
System.out.println(i == j);                     //均取自自动装箱池，所以输出true
System.out.println(k == m);                     //输出false
```

## 8.2.2 Double类与Float类

Double与Float包装类是对double与float基本类型的封装，都是Number类的子类，又都是对小数进行操作，所以常用方法基本相同，下面对Double类进行简单介绍。

Double类在对象中包装一个基本类型为double的值。每个Double类的对象都包含一个double类型的字段。此外，该类还提供多个方法，可以将double转换为String，也可以将String转换为double，以及其他处理double时有用的方法。这些方法和Integer包装类中的一些方法类似，这里不再赘述。

### 1. 构造方法

Double类有以下两种构造方法：

（1）Double(double value)：以double类型参数生成Double对象。

（2）Double(String str)：以String类型参数生成Double对象。

**注意：** 参数str必须是double类型，否则将抛出NumberFormatException异常。

2. 常用方法

（1）boolean equals(Double antherDouble)：判断两个Double对象的数值是否相等。

（2）double parseDouble (String str)：将str中的数字从字符串转换成double类型。

（3）String toString()：返回一个表示Double值的String对象。

（4）double doubleValue()：以double类型返回该Double对象的值。

（5）Double valueOf(String str或者double f)：返回相对应的Double对象。

（6）boolean isNaN()：如果对象的值是非数字值，则返回true，否则返回false。

### 8.2.3 Character类

Character类在对象中包装一个基本类型为char的值。一个Character类的对象包含类型为char的单个字段，该类提供了几种方法确定字符的类别，如大小写字母或数字等，还可以实现大小写字母的相互转换等。

1. 构造方法

Character类只有一种构造方法：

Character (char value)：以char类型参数生成Character对象。

该类的构造方法的参数必须是一个char类型的数据。例如：

```
Character s1 = new Character('a');
Character s1 = new Character("a");            //编译出错
```

2. 常用方法

（1）boolean equals(Character antherCharacter)：判断两个Character对象的值是否相等。

（2）String toString()：返回一个Character值的String对象。

（3）char charValue()：以char类型返回该Character对象的值。

（4）Character valueOf(String str)：返回相对应的Character对象。

（5）boolean isLetter (char ch)：判断给定的字符是否为字母。

（6）boolean isUpperCase(char ch)：判断给定的字符是否为大写字母。

（7）boolean isLowerCase(char ch)：判断给定的字符是否为小写字母。

（8）boolean isDigit(char ch)：判断给定的字符是否为数字字符。

（9）char toUpperCase(char ch)：把给定的字母转换为大写字母。

（10）char toLowerCase(char ch)：把给定的字母转换为小写字母。

在第5章中，判断一个字符是否为数字的代码也可以这样实现：

```
if ( Character.isDigit(ch)) ⇔ if ( ch >= '0' && ch <= '9' )
```

### 8.2.4 Boolean类

Boolean类将基本类型为boolean的值包装在一个对象中。一个Boolean类的对象只包含一个boolean类型的字段。同时此类还为boolean和String的相互转换提供了许多方法，并提供了处理boolean的其他方法。

1. 构造方法

Boolean类有以下两种构造方法：

（1）Boolean(boolean value)：以boolean类型参数生成Boolean对象。

（2）Boolean(String str)：以String类型参数生成Boolean对象。

当构造方法以String变量作为参数创建Boolean对象时，如果String参数不为null，且忽略大小写时等于true，则分配一个true值的Boolean对象，否则获得一个false值的Boolean对象。例如：

```
Boolean b = new Boolean(true);              //对象b的值为true
Boolean b1 = new Boolean("TrUe");           //对象b1的值为true，忽略大小写
Boolean b2 = new Boolean("OK");             //对象b2的值为false
```

2. 常用方法

（1）boolean equals(Boolean antherBoolean)：判断两个Boolean对象的值是否相等。

（2）boolean parseBoolean (String str)：将字符串str转换成Boolean值。

（3）String toString()：返回一个Boolean值的String对象。

（4）boolean booleanValue()：以boolean类型返回该Boolean对象的值。

（5）Boolean valueOf(String str或boolean b)：返回相对应的Boolean对象。

### 8.2.5 Number类

抽象类Number是上述8个包装类的父类，因此这些包装类的一些方法的用法是相似的：

（1）equals(Number anotherNumber)：判断两个Number对象是否相等。

（2）parseXxx(String str)：将字符串str转换成xxx类型值。

（3）toString()：以字符串形式返回值。

（4）xxxValue()：将 Number对象转换为xxx类型的值。

（5）valueOf(String str)：返回相应的Number对象。

（6）compareTo(Number anotherNumber)：比较两个Number对象值的大小。

## 8.3 数字处理类

在解决实际问题时，对数字的处理非常普遍，如数学问题、随机问题、商业货币问题和科学技术问题等。Java语言提供了处理上述问题的类，如Math类、Random类、DecimalFormat类、BingInteger类与BigDecimal类等。

### 8.3.1 Math类

在Math类中提供了一些常用数学常量，如PI、E等。另外，在Math类中还提供了众多数学函数方法，包括三角函数方法、指数函数方法、取整函数方法、取最大值、最小值以及平均值函数方法，这些方法都被定义为static形式，所以在程序中应用比较简便。Math类常用的静态方法见表8-2。

表 8-2 Math 类常用的静态方法

| 静态方法原型 | 方法的功能描述 | 用 法 示 例 |
|---|---|---|
| static double sin(double a) | 返回参数 *a* 的正弦值（*a* 值为弧度） | sin(Math.PI/6)=0.5 |
| static double cos(double a) | 返回参数 *a* 的余弦值（*a* 值为弧度） | cos(Math.PI/3)=0.5 |
| static double exp(double a) | 返回 e 的 *a* 次幂 | exp(3.0)=20.085537 |
| static double log(double a) | 返回参数 *a* 的自然对数 | log(Math.E)=1.0 |

续表

| 静态方法原型 | 方法的功能描述 | 用 法 示 例 |
| --- | --- | --- |
| static double sqrt(double a) | 返回参数 *a* 的平方根 | sqrt (2.0)= 1.414214 |
| static double pow(double a, double b) | 返回参数 *a* 的 *b* 次方 | pow (2.0,3.0)= 8.0 |
| static int round(float a) | 返回参数 *a* 四舍五入后的整数值 | round(1.5f)=2 |
| static long round(double a) | 返回参数 *a* 四舍五入后的长整数值 | round(−1.8)=−2 |
| static XX max(xx a, XX b) | 返回参数 *a* 和 *b* 中的较大值 | max(5,8)=8 |
| static XX min(xx a, XX b) | 返回参数 *a* 和 *b* 中的较小值 | max(5,8)=5 |
| static XX abs(xx a) | 返回参数 *a* 的绝对值 | abs(−5.2)=5.2 |
| static double random() | 返回 [0,1) 范围内的随机实数 | |

例 8.2 产生一个随机整数$i$，使$5 \leqslant i \leqslant 10$。

因为$i$为整数，所以$i$的取值范围为$5 \leqslant i<11$，所以$0 \leqslant i-5<6$。又因为0≤Math.random()<1，所以5 ≤$i$ = (int)(Math.random() * 6) + 5 ≤ 10

从这个例子可以得出随机数$i \in [m,n)$的公式为：

```
i=(int)(Math.random()*(n-m))+m
```

视 频

Random概述和基本使用

## 8.3.2 Random类

除了使用Math类中的random()方法获取随机数之外，还可以利用java.util.Random类实例化一个Ramdom对象生成各种随机数，而且Random类还提供了获取各种数据类型随机数的方法，常用方法有：

（1）int nextInt()：返回一个随机整数。

（2）int nextInt(int n)：返回一个[0,*n*)范围内的随机整数。

（3）boolean nextBoolean()：返回一个随机布尔值。

（4）double nextDouble()：返回一个双精度的随机值。

（5）float nextFloat()：返回一个单精度的随机值。

例如：

```
Random rd = new Random();            //生成一个 Random 类的对象 rd
int i = rd.nextInt();                //生成一个随机整数
int j = rd.nextInt(20);              //生成一个随机整数 j，且 0 ≤ j < 20
double f = rd.nextDouble()           //生成一个双精度的随机实数
```

利用这种方法生成实例化对象rd时，Java编译器以系统当前时间作为随机数生成器的种子，由于每时每刻的时间是不同的，所以产生的随机数也会不同。但是如果运行速度太快，也有可能产生两次运行结果相同的随机数。因此，我们可以在实例化Random对象时设置随机数生成器的种子。例如：

```
Random rd = new Random(22);          //以 22 为种子生成一个 Random 类的对象 rd
int k = rd.nextInt(100);
```

需要说明的是，在实例化一个Random对象时可以给定任意一个合法的种子，种子只是随机算法的起源数字，和生成的随机数区间没有任何关系。如上述例子中，实例化时的种子22虽然没有起直接作用，但是会影响随机数的产生。

### 8.3.3 BigInteger类

Integer类是int的包装类，int的最大值为$2^{31}-1$，如果要计算更大的数字，使用Integer类无法实现，所以Java语言中提供了BigInteger类处理更大的数字。BigInteger支持任意精度的整数，即在运算中BigInteger类型可以准确地表示任何大小的整数值而不会丢失任何信息。

BigInteger类有很多构造方法，最常用的还是以字符串为参数的，语法格式如下：

```
BigInteger(String val)
```

其中，val为十进制形式的字符串。例如：

```
BigInteger big = new BigInteger("55");
```

一旦创建了对象实例，就可以调用BigInteger类中的一些方法进行运算操作，包括基本的数学运算、位运算以及取相反数、取绝对值等操作。BigInteger类常用的运算方法如下：

（1）BigInteger add(BigInteger val)：加法。

（2）BigInteger subtract(BigInteger val)：减法。

（3）BigInteger multiply(BigInteger val)：乘法。

（4）BigInteger divide(BigInteger val)：除法。

（5）BigInteger remainder(BigInteger val)：取余。

（6）BigInteger[] divideAndRemainder(BigInteger val)：用数组返回商和余数，结果数组中的第一个值为商，第二个值为余数。

（7）BigInteger pow(int exponet)：取参数的 exponet 次方。

（8）BigInteger negate()：取相反数。

（9）int compareTo(BigInteger val)：进行数字比较。

（10）BigInteger max(BigInteger val)：返回较大的数值。

例 8.3 求100!。

```
public static void main(String[] args) {
    BigInteger answer = new BigInteger("1");
    for(long i = 2; i <= 100; i++){
        BigInteger bigI = new BigInteger(String.valueOf(i)); //将i转换成大数
        Answer = answer.multiply(bigI);                  //将bigI累乘到结果中
    }
    System.out.println(answer);                          //结果输出一个非常大的数字
}
```

### 8.3.4 BigDecimal类

BigDecimal和BingInteger类都能实现大数的运算，不同的是BigDecimal类引入了小数的概念。一般的float和double类型主要为了科学计算和工程计算，但是商业计算往往要求结果精确，这时需要使用java.math.BigDecimal类。BigDecimal类支持任何精度的定点数，可以精确计算货币值。

BigDecimal类常用的构造方法如下：

（1）BigDecimal(int val)：将int表示形式转换成BigDecimal。

（2）BigDecimal(String val)：将String表示形式转换成BigDecimal。

（3）BigDecimal(double val)：将double表示形式转换为BigDecimal。

这里需要特别说明的是第三种构造方法有一定的不可预知性，例如：

```
BigDecimal bd = new BigDecimal(0.3);
//但实际上等于 0.3000000000000000555111512312578270211815834045410 15625
```

第二种构造方法是完全可预知的，因此，通常建议优先使用以String类型为参数的构造方法。例如：

```
BigDecimal bd = new BigDecimal("0.3");      //bd的值正好等于预期的0.3
```

BigDecimal类型的数字可以用来做超大的浮点数运算，如加、减、乘和除等。但是在所有运算中除法的运算是最复杂的，因为在除不尽的情况下，末位小数点的处理是最需要注意的。BigDecimal常用的方法如下：

（1）BigDecimal add(BigDecimal value)：加法。

（2）BigDecimal subtract(BigDecimal value)：减法。

（3）BigDecimal multiply(BigDecimal value)：乘法。

（4）BigDecimal divide (BigDecimal divisor, int scale, int roundingMode)：除法。第一个参数表示除数，第二个参数表示小数点后的保留位数，第三个参数表示舍入模式。

在上述方法中，只有除法divide()方法有多种设置，用于商的末位小数点的不同处理，这些舍入模式及含义见表8-3。

表 8-3 BigDecimal 类中 divide() 方法的舍入模式

| 模　式 | 含　义 |
|---|---|
| ROUND_UP | 远离零的舍入模式，即无论商是正是负都进位，值远离零 |
| ROUND_DOWN | 接近零的舍入模式，即无论商是正是负都舍去，值接近零 |
| ROUND_CEILING | 若商为正，则舍入行为与 ROUND_UP 相同；否则舍入行为与 ROUND_DOWN 相同。这种模式的处理都会使近似值大于或等于实际值 |
| ROUND_FLOOR | 与 ROUND_CEILING 相反，这种模式的处理都会使近似值小于或等于实际值 |
| ROUND_HALF_UP | 向“最接近的”数字舍入，如果最后一位数值是 5，则向上舍入，如 7.5 ≈ 8 |
| ROUND_HALF_DOWN | 向“最接近的”数字舍入，如果最后一位数值是 5，则向下舍入，如 7.5 ≈ 7 |
| ROUND_HALF_EVEN | 若商的倒数第二位是奇数，则按 ROUND_HALF_UP 处理，如 7.55 保留一位小数，则值为 7.6；若商的倒数第二位是偶数，则按 ROUND_HALF_DOWN 处理，如 7.45 保留一位小数则值为 7.4 |

### 8.3.5 数字格式化

数字的格式化操作在解决实际问题时非常普遍，如表示某超市商品价格，需要保留两位有效数字。Java语言主要对浮点型数据进行数字格式化操作，其中浮点型数据包括double型和float型数据，在Java语言中使用java.text.DecimalFormat格式化数字，下面着重讲解DecimalFormat类。

DecimalFormat是NumberFormat的一个子类，用于格式化十进制数字，可以将一些数字格式化为整数、浮点数、科学计数法、百分数等。通过使用该类可以为要输出的数字添加单位或控制数字的精度。一般情况下可以在实例化DecimalFormat对象时传递数字格式，也可以通过DecimalFormat类中的applyPattern()方法实现数字格式化。

当格式化数字时，在DecimalFormat类中使用一些特殊字符构成一个格式化模板，使数字按照一定的特殊字符规则进行匹配。DecimaFormat类中特殊字符的含义见表8-4。

表 8-4 DecimalFormat 类中特殊字符的含义

| 符号 | 位置 | 含义 |
| --- | --- | --- |
| 0 | 数字 | 阿拉伯数字，如果不存在则显示 0 |
| # | 数字 | 阿拉伯数字，如果不存在则显示为空 |
| . | 数字 | 小数分隔符或货币小数分隔符 |
| - | 数字 | 负号 |
| , | 数字 | 分组分隔符 |
| E | 数字 | 分隔科学计数法中的尾数和指数；在前缀或后缀中无须加引号 |
| % | 前缀或后缀 | 乘以 100 并显示为百分数 |
| /u2030 | 前缀或后缀 | 乘以 1 000 并显示为千分数 |
| /u00A4 | 前缀或后缀 | 货币记号，由货币符号替换。如果两个同时出现，则用国际货币符号替换；如果出现在某个模式中，则使用货币小数分隔符，而不使用小数分隔符 |
| ' | 前缀或后缀 | 用于在前缀或后缀中为特殊字符加引号，如 "'#'#" 将 123 格式化为 "#123"；要创建单引号本身，须连续使用两个单引号，如 "# o''clock" |

下面通过一个例子来理解特殊字符的作用。

例 8.4 利用DecimalFormat类格式化浮点数“12345.12345”，可设置不同的格式化模板。

```
public static void main(String[] args) {
    double num = 12345.23456;                          // 测试数字
    String str;                                        //str 用来存储格式化字符串
    System.out.println(" 原数字为: \t" + num);
    DecimalFormat ft = new DecimalFormat("#.####kg");      // 实例化对象
    str = ft.format(num);
    System.out.println("#.####kg\t" + str);

    ft.applyPattern("0.0000km");                       // 修改对象的格式化模板
    str = ft.format(num);
    System.out.println("0.0000km\t" + str);

    ft.applyPattern("000000.000000");
    str = ft.format(num);
    System.out.println("000000.000000\t" + str);

    ft.applyPattern("######.######");
    str = ft.format(num);
    System.out.println("######.######\t" + str);
}
```

程序输出结果为：

```
原来的数字为:      12345.23456
#.####kg          12345.2346kg                 // 小数点后面保留 4 位，四舍五入
0.0000km          12345.2346km                 // 小数点后面保留 4 位，四舍五入
```

```
000000.000000    012345.234560              //补0
######.######    12345.23456                //不补0
```

# 8.4 集　合　类

Java语言的java.util包中提供了一些集合类，这些集合类又称容器。提到容器不难想到数组，集合类与数组的不同之处是，数组的长度是固定的，集合的长度是可变的；数组用来存放基本类型的数据，集合用来存放对象的引用。常用的集合有List集合、Set集合、Map集合，其中List与Set实现了Collection接口。各接口提供不同的实现类，常用集合类的继承关系如图8-2所示。

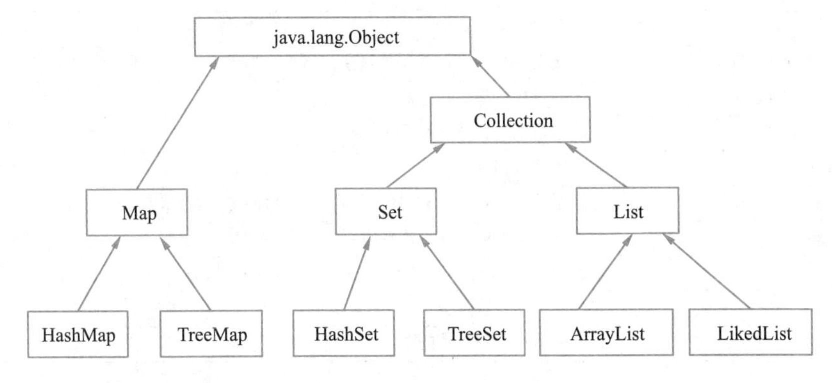


图 8-2　常用集合类的继承关系

## 8.4.1　Collection接口

在图8-2中，Collection接口是层次结构中的根接口，本身不能直接使用。但是该接口提供了添加元素、删除元素和管理数据等方法。由于List接口和Set接口继承了Collection接口，因此这些方法在List集合与Set集合中都是通用的。Collection接口的常用方法见表8-5。

表 8-5　Collection 接口的常用方法

| 方　法 | 功能描述 |
| --- | --- |
| add(E e) | 将指定的对象添加到该集合中 |
| remove(Object obj) | 将指定的对象从该集合中删除 |
| isEmpty() | 返回布尔值，判断当前集合是否为空 |
| iterator() | 返回在此 Collection 接口的元素上进行迭代的迭代器 |
| size() | 返回 int 类型的值，表示该集合中元素的个数 |

## 8.4.2　List集合

List集合包括List接口以及List接口的所有实现类。List集合中的元素允许重复，各元素的顺序即对象插入的顺序。类似Java的数组，用户可以通过索引访问集合中的元素。List集合中不能存放基本数据类型，只能存放引用类型数据，可以看作能够自动增长容量的数组。

List接口的常用实现类有ArrayList与LinkedList。

（1）ArrayList类：实现了可变的数组，允许所有元素，包括null，并可以根据索引位置对集合进行快速的随机访问。缺点是向指定的索引位置插入对象或删除对象的速度较慢。

（2）LinkedList类：能够采用链表结构保存对象。这种结构的优点是在向集合中插入和删除对象时效率更高；但随机访问集合中的对象时则效率较低。

通过ArrayList与LinkedList类实例化List集合的格式如下：

```
List<元素类型> list1 = new ArrayList<>();
List<元素类型> list2 = new LinkedList<>();
```

List接口继承了Collection接口，因此包含了Collection中的所有方法，同时List接口也提供了一些适合自身的常用方法，见表8-6。

表 8-6　List 接口的常用方法

| 方　法 | 功能描述 |
|---|---|
| void add(int idx, Object obj) | 向集合中的指定位置添加对象，该索引后面的对象位置向后移一位 |
| void addAll(int idx, Collection coll) | 向集合中的指定位置添加集合对象 |
| Object remove(int idx) | 将指定的对象从该集合中删除 |
| Object get(int idx) | 用于获取指定位置的对象 |
| Object set(int idx, Object obj) | 用指定元素替换该索引位置的元素，返回之前在该位置的元素 |
| int indexOf(Object obj) | 返回该对象第一次出现的索引，如果不存在，返回 -1 |
| Iterator iterator ( ) | 返回在该 List 接口中的元素上进行迭代的迭代器 |
| boolean isEmpty ( ) | 判断集合是否为空 |
| int size ( ) | 返回该集合中元素的个数 |

例 8.5　创建一个包含String元素的集合，并向集合中添加元素，使用set()方法修改某些元素，通过迭代器遍历修改前后的集合。

```
public static void main(String[] args) {
    List<String> lst = new LinkedList<String>();  //创建 List 集合
    lst.add("A");                                 //向集合中添加元素
    lst.add(0, "E");                              //在第一个位置添加 "E"
    lst.add("D");
    Iterator<String> it = lst.iterator();         //创建集合的迭代器
    System.out.println("修改前集合中的元素是: ");
    while (it.hasNext())                          //遍历集合中的元素
        System.out.print(it.next() + " ");
    lst.set(1, "B");                       //将索引位置为 1 的对象修改为对象 b
    lst.add(2, "C");                       //将对象 c 添加到索引为 2 的位置
    it = lst.iterator();                   //重新获取集合对象修改后的迭代器对象
    System.out.println();
    System.out.println("修改后集合中的元素是: ");
    while (it.hasNext())
        System.out.print(it.next() + " ");
}
```

程序输出结果为：

```
修改前集合中的元素是:
```

```
E A D
修改后集合中的元素是:
E B C D
```

### 8.4.3　Set集合

Set集合继承于Collection接口，是一个不允许出现重复元素，并且无序的集合，主要有HashSet和TreeSet两大实现类。

（1）HashSet类：实现Set接口，由Hash表支持。其中的元素无序（添加顺序和遍历顺序不一致），不允许出现重复因素，允许插入null值。

（2）TreeSet类：不仅实现Set接口，还实现java.util.SortedSet接口，因此，TreeSet实现的Set集合中的元素不仅不会重复，还会按照递增排序。

以String为例，通过HashSet与TreeSet类实例化Set集合的代码如下：

```
Set<String> set1 = new HashSet< >();
Set<String> set2 = new TreeSet< >();
```

Set接口继承了Collection接口，因此包含了Collection中的所有方法，同时Set接口也提供了一些适合自身的常用方法，见表8-7。

表 8-7　Set 接口的常用方法

| 方　法 | 功能描述 |
|---|---|
| boolean add(Object obj) | 向集合中添加对象，并去掉重复元素 |
| boolean addAll(Collection coll) | 将参数集合中所有元素添加到此 Set 集合的尾部，并去掉重复元素 |
| boolean remove(Object obj) | 将指定的对象从该集合中删除 |
| boolean removeAll(Collection coll) | 从该集合中删除包含在指定集合 coll 中的元素 |
| boolean retainAll(Collection coll) | 集合中只保留包含在指定集合 coll 中的元素，其余全部删除 |
| void clear( ) | 清空该集合中所有元素 |
| Iterator iterator ( ) | 返回在该 Set 中的元素上进行迭代的迭代器 |
| boolean isEmpty ( ) | 判断集合是否为空 |
| int size ( ) | 返回该集合中元素的个数 |

例 8.6　创建一个List集合对象，并向List集合中添加元素；再创建一个Set集合对象，观察List集合和Set集合中元素的不同。

```
public static void main(String[] args) {
    List<String> list = new ArrayList< >();
    list.add("apple");
    list.add("pear");
    list.add("banana");
    list.add("apple");
    Iterator<String> it = list.iterator();          //创建 List 集合迭代器
    System.out.println("List 集合中的元素是: ");
    while (it.hasNext())
        System.out.print(it.next() + "  ");
    Set<String> set = new HashSet< >();             //创建 Set 集合对象
```

```
        set.addAll(list);                           //将 List 集合添加到 Set 集合中
        it = set.iterator();                        //获取 Set 集合迭代器
        System.out.println("\nSet 集合中的元素是: ");
        while (it.hasNext())
            System.out.print(it.next() + "  ");
    }
```

程序输出结果为：

```
List 集合中的元素是:
apple  pear  banana  apple
Set 集合中的元素是:
banana  apple  pear
```

### 8.4.4 Map集合

Map集合没有继承Collection接口，它提供的是key到value的映射，其中key是主键，不能重复；value是值，可以重复。Map集合包括Map接口以及Map接口的所有实现类。

Map接口常用的实现类有HashMap和TreeMap两类。

（1）HashMap类：基于Hash表的Map接口实现，所以由HashMap类实现的Map集合添加和删除映射关系效率很高，但不保证映射的顺序。

（2）TreeMap类：不仅实现Map接口，还实现java.util.SortedMap接口，所以集合中的映射关系具有一定的顺序，且该顺序可以自定义。但是在添加、删除和定位映射关系时，它的效率较低。

以<String, Integer>为例，通过HashMap与TreeMap类实例化Map集合的代码如下：

```
Map<String, Integer > map1 = new HashMap< >();
Map <String, Integer > map2 = new TreeMap< >();
```

Map接口的常用方法见表8-8。

表 8-8　Map 接口的常用方法

| 方　法 | 功 能 描 述 |
|---|---|
| Object put(Object k, Object v) | 向集合中添加指定的 key 与 value 的映射关系 |
| boolean containKey(Object k) | 判断集合中是否包含指定 key 的映射关系 |
| boolean containValue(Object v) | 判断集合中是否包含指定 value 的映射关系 |
| Object get(Object k) | 若存在指定 key，返回对应的 value，否则返回 null |
| Set keySet( ) | 返回该集合中所有 key 对象组成的 Set 集合 |
| Collection values( ) | 返回该集合中所有 value 对象组成的 Connection 集合 |
| EntrySet entrySet( ) | 返回该集合中所有 key 与 value 组成的 EntrySet 集合 |

由于Map集合中的元素是通过<key,value>进行存储的，要遍历集合中所有的key值和value值，需要先通过相应的方法获取key集合与value集合，或获取由key与value组成的EntrySet集合，然后再对这些集合进行遍历。这里需要注意的是Map集合本身并没有迭代器。

例 8.7　某个班级进行投票，要求统计每个人获得的票数。先输入票数$n$，再输入$n$张选票，然后输出获得选票的人的票数。

```
public static void main(String[] args) {
```

```
    Scanner rd = new Scanner(System.in);
    int n = rd.nextInt();
    Map<String, Integer> mp = new HashMap<>();
    for(int i = 0; i < n; i++){
        String str = rd.next();                 //输入得票人的名字
        if(mp.containsKey(str))                  //在Map中查找是否已经有这个人
            mp.put(str, mp.get(str)+1);         //已有，得票+1
        else mp.put(str, 1);                    //没有，得票为1

    }
    //方法一:
    Iterator<String> it_key = mp.keySet().iterator();    //key集合的迭代器
    Iterator<Integer> it_value = mp.values().iterator(); //value集合的迭代器
    while(it_key.hasNext())
        System.out.println("Key:" + it_key.next() + "\tValue:" + it_value.next());
    //方法二:
    Iterator<Entry<String, Integer>> it = mp.entrySet().iterator();
                                                //EntrySet迭代器
    Entry<String, Integer> entry;
    while(it.hasNext()){
        String k = it.next().getKey();          //获取EntrySet中的key值
        Integer i = it.next().getValue();       //获取EntrySet中的value值
        System.out.println("Key:" + k + "\tValue:"+i);
    }
}
```

Map类似于一个功能更加强大的数组，数组的索引可以是某个对象，而不像传统数组仅局限于非负整数。与List和Set集合类似，Map中如果需要用到基本数据类型，则一定要用其对应的包装类，这是因为Map也只能存放引用类型数据。

### 8.4.5 迭代

Java语言中遍历集合的方式通常有三种，分别为For I循环遍历、Iterator迭代器遍历、For Each循环遍历。

For I循环遍历需要按照元素的位置读取元素，遍历者在集合外部维护一个计数器，然后依次读取每个位置的元素，读取到最后一个元素后停止。For I循环适用于循环遍历数组和可索引的集合（如List）。下面以List的循环遍历为例，其语法格式为：

```
for ( int i = 0; i < list.size(); i++) { list.get(i) }
```

Iterator循环遍历是面向对象的一种设计模式，主要目的是屏蔽不同数据集合的特点，进行统一遍历集合的接口。Java作为一个面向对象语言，也在Collection和Map中支持Iterator模式。Java语言中的Iterator功能比较简单，并且只能单向移动。常用方法如下：

（1）使用iterator()方法要求容器返回一个Iterator对象。

（2）使用next()方法获得序列中的下一个元素，第一次调用时返回序列的第一个元素。

（3）使用hasNext()方法检查序列中是否还有元素。

（4）使用remove()方法将迭代器新返回的元素删除。

下面以List的循环遍历为例，其语法格式为：

```
Iterator iterator = list.iterator();
while (iterator.hasNext()) {
    iterator.next();
    iterator.remove();
}
```

For Each循环遍历又称增强型For循环遍历。For Each循环避免了显式地声明Iterator和计数器，具有代码简洁、不易出错的优点，但是这种方法只能做简单的遍历，不能在遍历过程中进行删除、替换数据等操作。数组、Collection、Map都支持使用For Each方式循环遍历。下面以List的循环遍历为例，其语法格式为：

```
for ( ElementType e : list ) { … }
```

### 8.4.6 比较

Java语言的比较器有两类，分别是Comparable接口和Comparator接口。Comparable是在集合内部实现的排序，位于java.lang包中，而Comparator是在集合外部实现的排序，位于java.util包中。

Comparable接口强行对实现它的每个类的对象进行整体排序，此排序称为该类的自然排序，类的compareTo()方法称为其自然比较方法。实现此接口的对象集合可以通过Collections.sort()进行自动排序，而实现此接口的对象数组则可以通过Arrays.sort()进行自动排序。实现此接口的对象可以用作有序映射表中的键或有序集合中的元素，无须指定比较器。

在成绩排序中一般要求先按成绩（score）从高到低进行排序，如果成绩相同，则按年龄（age）从低到高进行排序，使用Comparable接口实现该功能的实例代码如下：

```
public class ComparableTest {
    public static void main(String[] args) {
        Student[] array = new Student[]{new Student("A", 100, 22), new Student ("B", 
80, 19), new Student("C", 80, 18)};
        Arrays.sort(array);
    }
}
class Student implements Comparable<Student> {
    String name;
    int score;
    int age;
    public Student(String name, int score, int age) {
        this.name = name;
        this.score = score;
        this.age = age;
    }
    public int compareTo(Student o) {
        if (score == o.score) {
```

```
            return age - o.age;                          // 年龄由低到高
        } else {
            return o.score - score;                      // 成绩由高到低
        }
    }
    public String toString() {
        return name;
    }
}
```

如果在设计类时没有考虑让类实现Comparable接口，那么就需要用到比较器接口Comparator。从Comparable接口的实例中可以发现，Comparable接口的compareTo(to)方法只有一个参数，而Comparator接口中的compar(to1,to2)方法则包含两个参数。Comparator接口位于java.util包中。使用Comparator接口实现上面类似功能的代码如下：

```
public class ComparatorTest {
    public static void main(String[] args) {
        Student[] array = new Student[]{new Student("A", 100, 22), new
Student("B", 80, 19), new Student("C", 80, 18)};
        Comparator<Student> comparator = (to1, to2) -> {
            if (to1.score == to2.score) {
                return to1.age - to2.age;          // 年龄由低到高
            } else {
                return to2.score - to1.score;      // 成绩由高到低
            }
        };
        Arrays.sort(array, comparator);
    }
}
```

# 8.5　综合实践

题目描述

随机产生一个1～100之间的整数，在输入框中输入猜测的数字，最多猜10次。如果所猜的数字比随机数大，则在对话框中提示“您输入的数太大了”；如果所猜的数字比随机数小，则在对话框中提示“您输入的数太小了”；如果所猜的数字正好是随机数，则在对话框中提示“恭喜您猜对了，随机数是*”，并显示随机数。

# 习　　题

1. 输入两个点的坐标，输出两点之间的距离。结果保留两位小数。
2. 输入整数$a$和$b$，输出$a+b$的值。

3. 求序列 $s = 1! + 2! + \cdots + 100!$的和。

4. 将1～10之间的所有整数放入List中，并将索引位置是5的对象从集合中移除，最后将集合中的所有元素输出。

5. 输入一个整数$n$，在下一行输入$n$个任意整数。输出在这$n$个整数中，一共有几个数字与其他数字重复。

6. 某商店有很多商品，每次销售某种商品之后，店员都会记录商品名称和销售数量，编写程序，统计每种商品的销售量。输入一个整数$n$，接下来$n$行输入已销售的商品名称和销售数量；再输入一个整数$m$，接下来$m$行，每行输入一种商品名称，输出其销售量。

# 第9章 异常处理

学习目标

◎掌握异常的基本概念和异常处理机制，能熟练运用try、catch、finally处理异常；

◎掌握throw抛出异常的方法，能够运用throws声明异常；

◎掌握自定义异常的使用方法。

素质目标

◎培养分析问题和解决问题的能力；

◎培养前瞻能力和精益求精的工匠精神。

## 9.1 案例 9-1：除 0 异常捕获

### 1. 案例说明

计算两个整数4和0相除的结果，并对可能发生异常的代码用try...catch语句进行处理，返回异常信息。程序运行结果如图9-1所示。

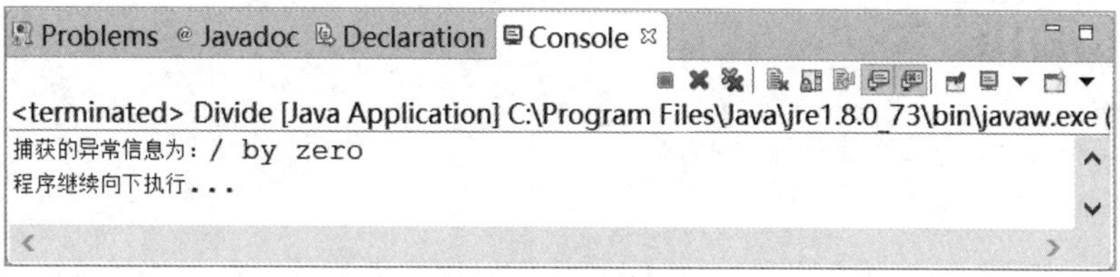

```
Problems  @ Javadoc  Declaration  Console
<terminated> Divide [Java Application] C:\Program Files\Java\jre1.8.0_73\bin\javaw.exe (
捕获的异常信息为：/ by zero
程序继续向下执行...
```

图 9-1 程序运行结果

### 2. 实现步骤

（1）打开Eclipse，在chap09包中创建Divide类。

（2）输入相应代码，运行程序。

```
package chap09;

public class Divide {
    public static void main(String[] args) {
        int x = 4;
        int y = 0;
        try {
            //定义一个变量 result 记录两个数相除的结果
```

```
            int result = x / y;
            System.out.println(result);
        }catch (Exception e) {                  //对异常进行处理
            System.out.println("捕获的异常信息为: " + e.getMessage());
        }
        System.out.println("程序继续向下执行 ...");
    }
}
```

**3. 知识点分析**

本案例演示了用try...catch语句对可能发生异常的代码进行处理。在try代码块中发生除0异常时，程序会通过catch语句捕获异常；在catch语句中通过调用Exception对象的getMessage()方法，返回异常信息“/ by zero”。catch代码块对异常处理完毕后，程序仍会向下执行，而不会终止程序。

## 9.2 异常的概念

在程序中，错误可能产生于各种情况或者环境因素，如用户的坏数据、试图打开一个根本不存在的文件等。在Java语言中这种在程序运行时可能出现的一些错误称为异常。异常是一个在程序执行期间发生的事件，它中断了正在执行的程序的正常指令流。

**例 9.1** 初始化一个长度为3的整型数组，输出索引为3的数字。

```
public static void main(String[] args) {
    int[] array = {1,2,3};
    Scanner read = new Scanner(System.in);
    int index = read.nextInt();
    System.out.println(array[index]);
    System.out.println("程序结束");              //最后一条语句
}
```

在控制台输入数字“0、1或2”时，程序都是可以正常运行的。但是当输入数字“3”时程序运行结果如图9-2所示。图中的异常信息表示在“chap09”包“例9.1”类中的main()方法第11行，产生了“java.lang.ArrayIndexOutOfBoundsException”数组越界异常。此时程序没有执行最后一条语句，而是直接终止并返回到操作系统。

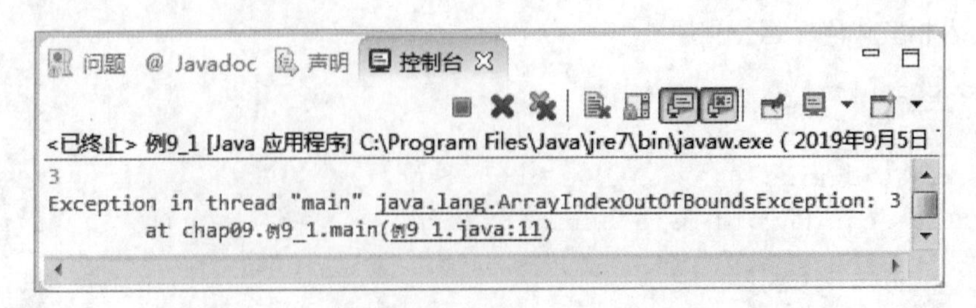


图 9-2 程序运行结果

# 9.3 异常处理机制

从例9.1中可看出，异常是在程序运行过程中产生的，不像编译错误那样容易被用户发现。异常打乱了程序的执行顺序，使用户得不到预期的运行结果。

为了保证程序能有效地执行，需要对发生的异常进行相应的处理。Java异常处理机制包括两部分：捕获异常与处理异常。当出现了异常事件，就会生成一个异常对象传递给运行中的系统，这个产生和提交异常的过程称为抛出（throw）异常。当得到异常对象时，系统将会寻找可以处理该异常的方法，并把当前异常对象交给该方法处理，这个过程称为捕获（catch）异常；如果系统没有找到可以捕获该异常的方法，那么程序将终止运行。

Java语言的异常捕获结构由try、catch和finally三部分组成。其中，try语句块存放的是可能发生异常的Java语句；catch程序块在try语句块之后，用来激发被捕获的异常；finally语句块是异常处理结构的最后执行部分，无论try语句块中的代码如何退出，都将执行finally语句块。语法格式如下：

```
try{
    可能发生异常的语句块
}
catch(异常类型 1 ex){
    处理发生异常类型 1 的语句块
}
catch(异常类型 2 ex){
    处理发生异常类型 2 的语句块
}
...
catch(Exception ex){
    处理发生除了以上异常之外的其他异常类型的语句块
}
finally{
    无论是否发生异常，都将被执行的语句块
}
```

在这个语句中，try和catch部分缺一不可，并且catch部分可以有多个，finally部分是可选项，可以根据实际需要进行选择。异常类型是try中的语句块传递给catch语句块的，异常类型的变量名是ex。这里需要注意的是，多个catch语句中的异常类型不能相同。

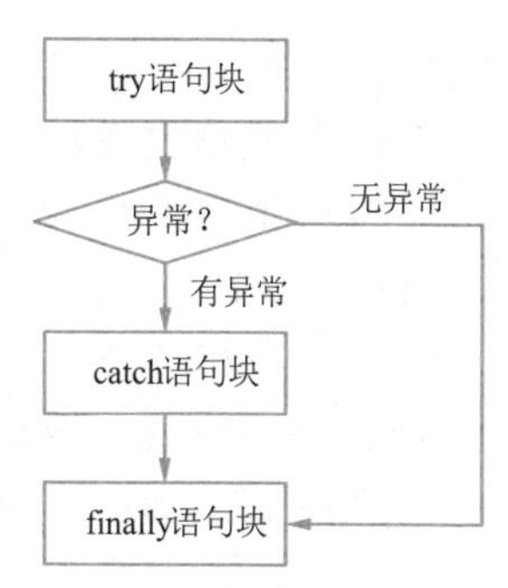

图 9-3 异常处理的执行流程

异常处理的执行流程如图9-3所示。

例 9.2 用try...catch语句对例9.1的代码进行修改，在发生异常时，对不同的异常进行相应的处理，使程序仍然可以正常运行。

```
public static void main(String[] args) {
    int[] array = {1,2,3};
    Scanner read = new Scanner(System.in);
    try{
        int index = read.nextInt();
```

```
            System.out.println(array[index]);
        }
        catch(InputMismatchException ex){                    //捕捉输入不匹配异常
            System.out.println("您输入的内容不是整数");
        }
        catch(ArrayIndexOutOfBoundsException ex){            //捕捉数组索引越界异常
            ex.printStackTrace();
        }
        catch(Exception ex){                                 //发生了其他异常
            System.out.println("程序发生了未知的异常");
        }
        System.out.println("\n程序结束");                     //最后一条语句
    }
```

运行程序。当在控制台中输入“d”时，由于字母“d”并不是一个整数，所以发生“输入不匹配异常”，进入对应的catch语句块，运行结果如图9-4所示；当在控制台输入“4”时，由于数组长度为3，所以发生“数组索引越界异常”，进入对应catch语句块，运行结果如图9-5所示。

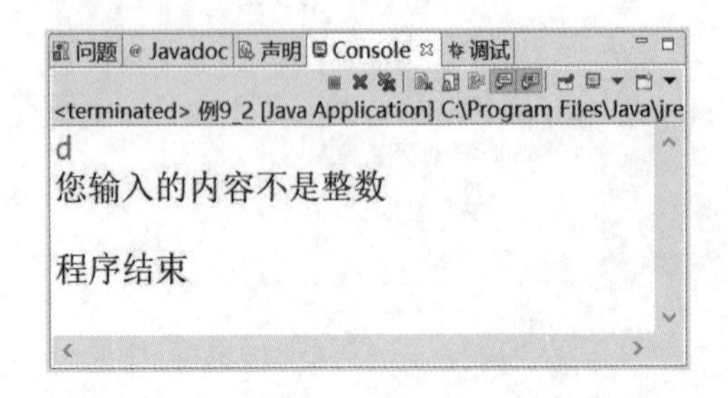


图 9-4 输入“d”时的程序运行结果

问题 Javadoc 声明 Console 调试
<terminated> 例9_2 [Java Application] C:\Program Files\Java\jre1.8.0_121\bin\javaw.exe
44
java.lang.ArrayIndexOutOfBoundsException: 44
程序结束
        at chap09.例9_2.main(例9_2.java:13)

图 9-5 输入“4”时的程序运行结果

例9.1经过修改后，虽然程序也发生了同样的异常错误，但是最后一句代码“System.out.println("\n程序结束");”仍然得到了执行，这说明异常错误经过try...catch语句处理后，程序最终可以正常执行完毕。

try...catch语句和多分支swtich语句类似，catch语句块类似于case语句，最后一个捕获Exception的catch类似于default。这里还需要注意catch语句的顺序，如果捕获的异常之间有继承关系，则要将子类的catch语句放在父类的catch语句之前，否则子类的catch语句将不起作用。

## 9.4 异常的分类

Java语言中，异常由类表示，异常类的父类是Throwable类。Throwable类有两个直接子类，即Error类和Exception类。Error类表示程序运行时较少发生的内部系统错误，用户无法处理；Exception类表示程序运行时程序本身和环境产生的异常，可以捕获和处理。异常类继承结构如图9-6所示。

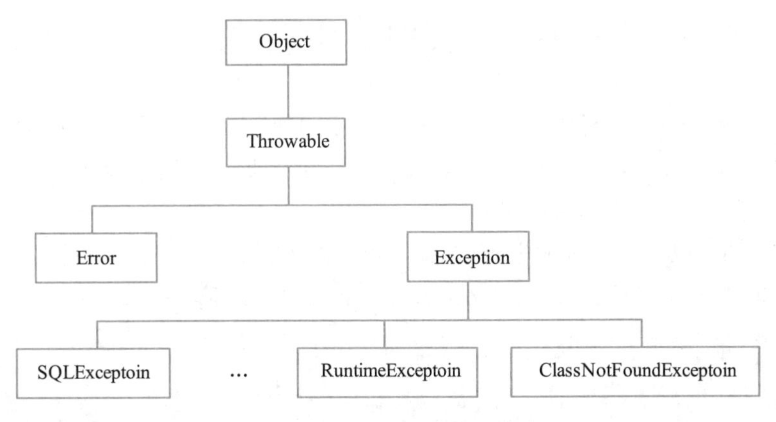


图 9-6　异常类继承结构

在Java语言中可以捕获的异常分为可控式异常和运行时异常两种类型。

### 9.4.1　可控式异常

在Java语言中，把那些可以预知的错误（如文件读取数据、对数据库进行操作等）在程序编译时就能对其进行处理，并给出具体的错误信息，这些错误称为可控式异常。常用的可控式异常及说明见表9-1。

表 9-1　常用可控式异常及说明

| 异　常 | 说　明 |
| --- | --- |
| IOException | I/O 异常的根类 |
| FileNotFoundException | 找不到文件异常 |
| EOFException | 文件结束异常 |
| SQLException | 数据库访问异常 |
| ClassNotFoundException | 类或接口没有找到异常 |
| NoSuchFieldException | 类不包含指定名称的字段时产生的信号 |
| NoSuchMethodException | 找不到方法异常 |

### 9.4.2　运行时异常

在Java语言中，有些错误是不能被编译器检测到的，如例9.2中出现的几个异常，虽然在编译时一切正常，但是在运行时有可能发生异常，这些异常称为运行时异常（RuntimeException）。常用的运行时异常及说明见表9-2。

表 9-2　常用运行时异常及说明

| 异　常 | 说　明 |
| --- | --- |
| ArithmeticException | 算术异常，算术运算产生的异常 |
| IndexOutOfBoundsException | 索引越界产生的异常 |
| ArrayIndexOutOfBoundsException | 数组索引越界产生的异常 |
| StringIndexOutOfBoundsException | 试图访问字符串中不存在的字符位置时产生的异常 |
| IllegalArgumentException | 方法接收到非法参数产生的异常 |
| IllgalThreadStateException | 线程在不合理状态下运行产生的异常 |
| NumberFormatException | 数字格式异常，一般在字符串转换数值时产生 |
| NullPointerException | 空指针异常，试图引用值为 null 的对象时产生的异常 |
| ClassCastException | 试图将对象强制转换为不是实例的子类时产生的异常 |

## 9.5 获取异常信息

前面介绍了各种异常类及异常语句的用法。在实际编程过程中，还需要显示导致异常出现的信息，方便用户根据给出的异常信息查找程序错误。异常类提供了输出异常信息的两个方法，即getMessage()方法和printStackTrace()方法。

（1）getMessage()方法：用于获取异常的详细消息字符串。

（2）printStackTrace()方法：输出Throwable对象的堆栈跟踪信息到控制台。

例 9.3 在控制台分别输入“0”、“aa”和“4”，比较它们的输出。

```
public static void main(String[] args) {
    int[] array = {1,2,3};
    Scanner read = new Scanner(System.in);
    try{
        int index = read.nextInt();
        int j = 10 / index;
        System.out.println(array[index]);
    }
    catch(ArithmeticException ex){          //被0除异常
        System.out.println(ex.getMessage());
    }
    catch(InputMismatchException ex){       //捕捉输入不匹配异常
        ex.printStackTrace();
    }
    catch(Exception ex){                    //发生了其他异常
        System.out.println("程序发生了未知的异常");
    }
    finally{
        System.out.println("谢谢使用！");
    }
}
```

当输入“0”时，程序发生了被0除异常，控制台输出消息字符串，结果如下：

```
0
/ by zero
谢谢使用！
```

当输入“aa”时，程序发生了输入参数不匹配异常，控制台输出消息字符串，结果如下：

```
aa
java.util.InputMismatchException
    at java.util.Scanner.throwFor(Unknown Source)
    at java.util.Scanner.next(Unknown Source)
    at java.util.Scanner.nextInt(Unknown Source)
    at java.util.Scanner.nextInt(Unknown Source)
    at chap09.例9_3.main(例9_3.java:12)          //提示错误发生在第12行
```

```
谢谢使用！
```

当输入“4”时，程序发生了数组索引越界异常。由于程序并没有专门捕捉该异常，所以由最后一个catch来捕捉，控制台输出消息字符串，结果如下：

```
4
程序发生了未知的异常
谢谢使用！
```

这里需要注意的是，初学者有时为了编程简单，往往会忽略catch语句中的代码块，这样try...catch语句就成了摆设，一旦程序出现异常，错误的原因很难找到。因此要养成良好的编程习惯，最好在catch语句块中写入相应可识别的异常处理代码。

## 9.6　抛出异常

对于程序中发生的异常，除了可以使用前面介绍的语句块进行处理之外，还可以使用throws或throw语句抛出异常。

### 9.6.1　throws语句

throws语句通常用于方法声明，当该方法中可能存在异常，又不想在方法中对异常进行处理时，就可以在方法声明时使用throws语句抛出异常。这些被抛出的异常并不是不处理，而是不在方法声明时处理。当其他方法调用该方法时，再对异常进行处理。

如果抛出多个异常，各异常之间用逗号分隔，语法格式如下：

```
数据类型 方法名（形参列表） throws 异常类1, 异常类2,…, 异常类n{
    方法体
}
```

例 9.4　在method()方法中加载mysql数据库驱动类，由于Class.forName()方法会发生可控式异常，在编译之前就会发生错误，如图9-7所示。假设用户不想在method()方法中处理该异常，可以使用throws语句将该方法抛出，由调用method()方法的方法处理该异常。

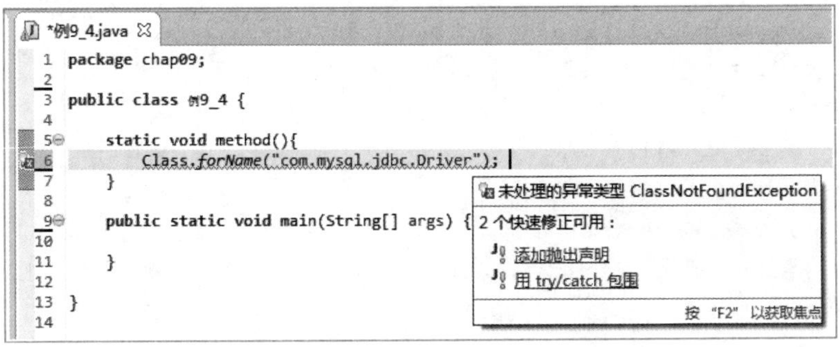

```
*例9_4.java
1  package chap09;
2
3  public class 例9_4 {
4
5      static void method(){
6          Class.forName("com.mysql.jdbc.Driver");
7      }
8
9      public static void main(String[] args) {
10
11     }
12
13 }
14

未处理的异常类型 ClassNotFoundException
2 个快速修正可用：
添加抛出声明
用 try/catch 包围
按 "F2" 以获取焦点
```

图 9-7　可控式异常

```
package chap09;
public class 例9_4 {
    static void method() throws ClassNotFoundException{
```

```
        Class.forName("com.mysql.jdbc.Driver");
        …                           //方法体内其他语句
    }
    public static void main(String[] args) {
        try {
            method();               //调用 method() 方法
        } catch (ClassNotFoundException e) {
            e.printStackTrace();
        }
    }
}
```

### 9.6.2 throw语句

在通常情况下，程序发生错误时系统会自动抛出异常，若希望程序自行抛出异常，可以使用throw语句实现。

throw语句通常用在方法中，使用throw语句抛出的是异常类的实例，通常与if语句一起使用。throw语句的语法格式如下：

```
throw new Exception("对异常的说明");
```

例 9.5 计算圆的面积，若半径$r \leqslant 0$，则主动抛出异常，并给出相应的提示。

```
package chap09;
public class 例9_5 {
    final static double PI = 3.14;                      //定义静态常量PI
    //根据半径计算圆面积的方法
    public static void getArea(double r) throws Exception{
        if (r <= 0){                                 //半径不符合要求，throw语句抛出异常
            throw new Exception("程序异常：半径r=" + r + "，小于或等于0!");
        }
        double area = PI * r * r;                       //计算圆的面积
        System.out.println("半径是" + r + "的圆面积是：" + area);
    }
    public static void main(String[] args) {
        try {
            getArea(1);                                 //正常调用
            getArea(-1);                                //发生异常
        } catch (Exception e) {
            System.out.println(e.getMessage());         //输出异常信息
        }
    }
}
```

分别计算r=1和r=-1时圆的面积，运行结果如下：

```
半径是1.0的圆面积是：3.14
程序异常：半径r=-1.0，小于或等于0!
```

由于getArea()方法中用throw语句主动抛出了异常，但是在该方法中并不处理该异常，因此方法声明时，必须用throws语句将该异常抛出。当mian()方法中调用getArea()方法时，必须使用try...catch语句对异常进行处理。

## 9.7 自定义异常

Java中定义了非常多的异常类，除此之外，用户还可以继承Exception类自定义异常类。在程序中使用自定义异常类，可分为以下几个步骤：

（1）创建自定义异常类。

（2）在方法中通过throw关键字抛出异常对象。

（3）如果在当前抛出异常的方法中处理异常，可以使用try...catch语句捕获并处理，否则在方法的声明处通过throws关键字指明要抛出给方法调用者的异常，继续进行下一步操作。

（4）在出现异常方法的调用者中捕获并处理异常。

### 9.7.1 创建自定义异常类

创建自定义的异常类需要继承Exception类，并提供含有一个String类型形参的构造方法，该形参就是异常的描述信息，可以通过getMessage()方法获得。例如：

```
public class RadiusIllegalException extends Exception{
    public RadiusIllegalException(double r){
        System.out.println("发生异常，半径"+r+"为非正数！");
    }
}
```

### 9.7.2 使用自定义异常类

创建完自定义异常类，就可以在程序中使用自定义异常类了。使用自定义异常类可以通过throw语句抛出异常，接下来通过实例说明自定义异常类的使用。例9.5中的getArea()方法可以修改为：

```
public static void getArea(double r) throws RadiusIllegalException {
    if (r <= 0){                        //半径不符合要求，throw语句抛出自定义异常
        throw new RadiusIllegalException (r);
    }else{
        double area = PI * r * r;     //计算圆的面积
        System.out.println("半径是" + r + "的圆面积是：" + area);
    }
}
```

## 9.8 综合实践

**题目描述**

输入一个整数，求该数的阶乘。当输入的字符不是整数时，能给出提示信息“输入数据格式

不正确”，即能捕捉输入数字格式异常（NumberFormatException）；当输入的数字为负数时，抛出一个自定义异常NumberIllegalException，提示输入的数字不能为负数。

## 习　题

### 一、选择题

1．发生异常时，将产生一个（　　）。

A．类　　B．对象　　C．方法　　D．变量

2．异常包含的内容是（　　）。

A．程序执行过程中遇到的事先没有预料到的情况

B．程序中的语法错误

C．程序的编译错误

D．以上都是

3．对于已经被定义过可能抛出异常的语句，在编程时（　　）。

A．必须使用try...catch语句处理异常，或用throws将其抛出

B．如果程序错误，必须使用try...catch语句处理异常

C．可以置之不理

D．只能使用try...catch语句处理

4．找不到类或接口所产生的异常是（　　）。

A．ClassCastException　　B．InputMismatchException

C．ClassNotFoundException　　D．InputMismatchException

5．下列语句中，用来捕获和处理异常的是（　　）。

A．try...catch　　B．try...finally　　C．catch　　D．try

### 二、简答题

1．什么是异常？

2．Java语言中如何进行异常处理？

### 三、编程题

1．将输入的字符串转换成double类型的数值。编写程序，捕获并处理可能产生的异常。

2．案例3-1可能发生某些异常，编写程序，捕获并处理可能产生的异常。

3．修改第6章习题编程题第5题，重写setAge()方法，当年龄age<0时，抛出一个自定义异常AgeIllegalException，提示年龄不能为负数。

# 第10章 图形用户界面设计

**学习目标**

◎熟练掌握JFrame构造窗口，熟练使用常用组件设计图形用户界面；

◎了解常用布局管理器的概念及使用，理解各种布局管理器的特点，掌握如何使用布局管理器改善用户界面；

◎掌握事件处理机制，了解常用事件类、处理事件的接口及接口中的方法，掌握编写事件处理程序的基本方法。

**素质目标**

◎提升美学素养；

◎通过对最新的GUI设计技术和工具的了解，培养创新意识。

## 10.1 案例 10-1：计算器（一）

### 1. 案例说明

编写一个Java应用程序，在窗体中实现加法计算器的功能。其中，在第一个文本框中按【Enter】键，光标跳到第二个文本框；在第二个文本框中按【Enter】键，则直接计算结果；单击"计算"按钮也可以计算结果。"2.5 + 4.6 = 7.1"的运算结果如图10-1所示。

### 2. 实现步骤

（1）在chap10包中创建Example10_1类，将超类设置为javax.swing.JFrame，选择java.awt.event.ActionListener接口，单击"添加"按钮如图10-2所示。

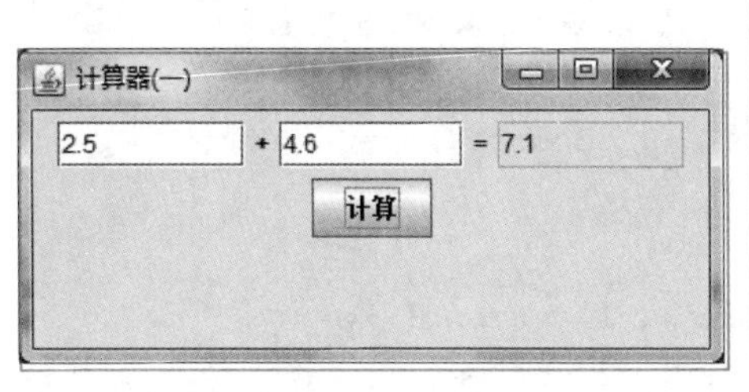


图 10-1 程序运行结果

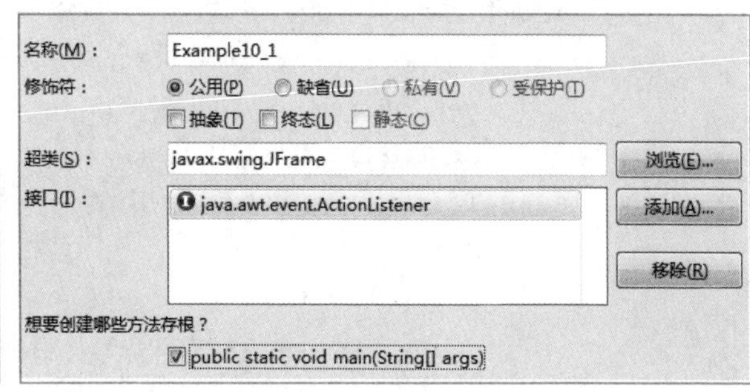


图 10-2 创建 Example10_1 类

（2）输入相应代码，运行程序。

```
package chap10;
import java.awt.event.ActionEvent;
import java.awt.event.ActionListener;
import java.text.DecimalFormat;
import javax.swing.*;
public class Example10_1 extends JFrame implements ActionListener {
    JPanel jp1 = new JPanel();                                    //创建面板
    JTextField txtNum1 = new JTextField(8);                       //定义文本框
    JTextField txtNum2 = new JTextField(8);
    JTextField txtAnswer = new JTextField(8);
    JButton btnGo = new JButton("计算");                           //定义按钮
    //构造方法
    public Example10_1(){
        init ();                                                  //调用界面设计的方法
        this.setTitle("计算器（一）");                              //设置窗体的标题
        this.setBounds(500,300,350,150);                          //设置窗体的尺寸大小
        this.setVisible(true);                                    //设置窗体可见
        this.setDefaultCloseOperation(JFrame.EXIT_ON_CLOSE);      //设置窗体的退出方式
    }
    //界面设计
    public void init (){
        jp1.add(txtNum1);                                     //面板上添加文本框
        jp1.add(new JLabel("+"));                             //面板上添加匿名标签对象
        jp1.add(txtNum2);jp1.add(new JLabel("="));jp1.add(txtAnswer);jp1.add(btnGo);
        txtAnswer.setEditable(false);                         //答案文本框设为不可编辑
        this.add(jp1);                                        //将面板添加到窗体上
        btnGo.addActionListener(this);                        //按钮注册动作事件监听器
        txtNum1.addActionListener(this);   //文本框注册动作事件监听器，即按
【Enter】键
        txtNum2.addActionListener(this);
    }
    //实现动作监听接口中的方法
    public void actionPerformed(ActionEvent e) {
        if(e.getSource() == txtNum1)          //在第一个文本框中按【Enter】键
            txtNum2.requestFocus();           //第二个文本框获得焦点
        else if(e.getSource() == btnGo || e.getSource() == txtNum2){
            try{
                double n1,n2;
                n1 = Double.parseDouble(txtNum1.getText());
                n2 = Double.parseDouble(txtNum2.getText());
                //格式化输出
                txtAnswer.setText(new DecimalFormat("#.######").format(n1+n2));
            }
```

```
            catch(Exception ex){
                ex.printStackTrace();                //输出系统给出的详细异常信息
            }
        }
    }
    public static void main(String[] args) {
        new Example10_1();
    }
}
```

（3）在文本框中输入需要测试的数字。

### 3. 知识点分析

本案例设计了一个“计算器”窗体，设置窗体的各种属性值；根据计算器的功能需要，添加“面板”“标签”“文本框”“按钮”四种常用组件，整体采用JFrame默认的流布局，并编写相应组件的动作事件处理程序。

## 10.2　Swing 程序设计概述

用户图形界面（graphics user interface，GUI）为程序提供图形界面，可以通过键盘或鼠标响应用户的操作。在GUI应用程序中，各种GUI元素有机结合在一起，它们不但提供漂亮的外观，还提供与用户交互的各种手段。在Java语言中，这些元素主要通过java.awt包和javax.swing包中的类进行控制和操作。

### 1. AWT

抽象窗口工具包（abstract window tooklit，AWT）提供了一套与本地图形界面进行交互的接口，是Java语言提供的用来建立和设置图形用户界面的基本工具。java.awt包提供了GUI设计所使用的类和接口以及各种用于GUI设计的标准类。根据功能的不同，AWT中的类可以分为五大类：

（1）基本GUI组件类：组件（component）是Java图形用户界面的基本组成部分，是一个可以以图形化的方式显示在屏幕上并能与用户进行交互的对象，如按钮、标签等。java.awt.Component类是许多组件类的父类。

（2）容器类：容器（container）本身也是一个组件，允许其他组件放置其中。所有容器都可以通过add()方法向容器中添加组件。

（3）布局管理类：容器中组件的位置和大小是由布局管理器决定的，每个容器都有一个布局管理器。

（4）事件处理类：AWT采用委托事件模型进行事件处理，委托事件模型包括事件源、事件和事件监听器。

（5）基本图形类：用于构造图形界面的类，如字体类（Font）、绘图类（Graphics）、图像类（Image）和颜色类（Color）等。

AWT中的组件与操作系统对等的组件样式基本一致，即在不同的操作系统中运行的效果是不一样的。AWT的实现对平台是有依赖性的，它的相关组件都是重量级组件，不够灵活。

### 2. Swing

Swing（轻量级工具包）是JDK 1.2引入的新GUI组件库，它是构筑在AWT上层的一组GUI集合，除了顶级组件是重量级的之外，其他组件和布局都是轻量级的，与操作系统无关。与AWT相比，Swing提供了更完整的组件，引入了许多新的特性和能力，增强了AWT中组件的功能，这些增强的组件命名通常是在AWT组件名称前增加一个字母“J”。

Swing继承体系如图10-3所示。

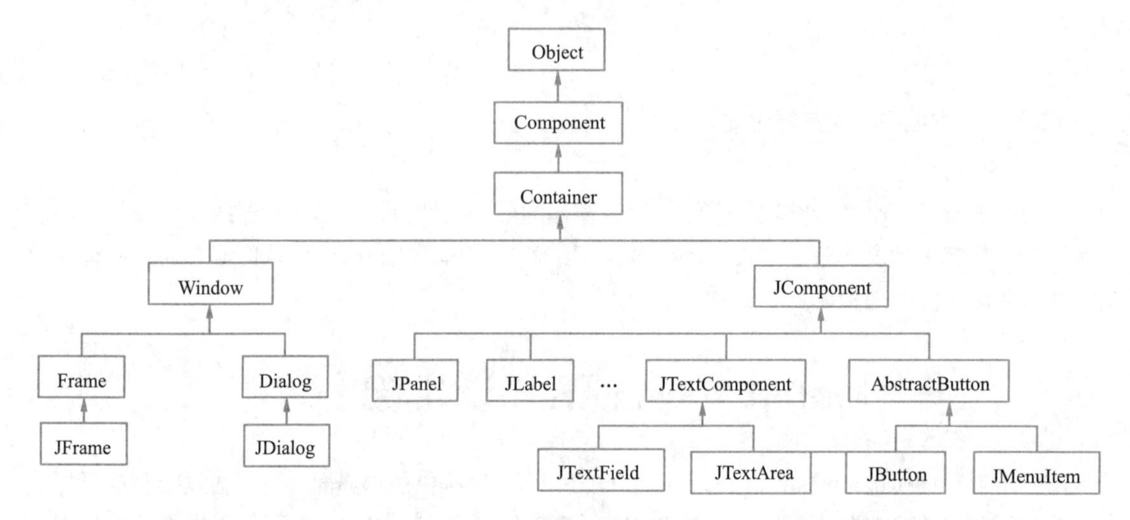


图 10-3 Swing 继承体系

根据功能不同，Swing组件可以分为以下几类：

（1）顶级容器：JFrame、JDialog和JWindow。

（2）中间容器：JPanel、JScrollPane、JSplitPane、JApplet和JToolBar。

（3）特殊容器：JInternalFrame、JLayeredPane和JRootPane。

（4）基本控件：实现人机交互的组件，如JButton、JComboBox、JList、JMenu、JTextField等。

（5）不可编辑信息的显示：向用户显示不可编辑信息的组件，如JLabel、JProgressBar、JToolTip等。

（6）可编辑信息的显示：向用户显示可编辑的格式化信息的组件，如JColorChooser、JFileChooser、JTable和JTextArea等。

Component类是Swing组件的父类，其中封装了组件的通用方法，如组件对象的大小、显示位置、可见性、前景颜色和背景颜色等。因此Swing类中的组件也都继承了该类的成员方法，Component类的常用方法见表10-1。下面讲解的JButton、JLabel等组件都包含这些常用方法，后面的章节中将不再详细介绍。

表 10-1 Component 类的常用方法

| 方 法 名 | 功 能 | 方 法 名 | 功 能 |
|---|---|---|---|
| void setVisible(boolean b) | 设置组件是否可见 | void setLocation(int x, int y) | 设置组件的位置 |
| void setEnabled(boolean b) | 设置组件是否可用 | int getHeight() | 返回组件的高度 |
| void setBackground(Color c) | 设置组件的背景颜色 | int getWidth() | 返回组件的宽度 |
| void setForeground(Color c) | 设置组件的前景颜色 | boolean hasFocus() | 判断是否拥有焦点 |
| void setSize(int width, int height) | 设置组件的大小 | | |

# 10.3　常用组件

## 10.3.1　窗体

### 1. JFrame类

框架窗口是一种带有边框、标题和用于关闭、最小化及最大化/还原按钮的窗口。Javax.swing.JFrame类继承自java.awt.Frame类，它是一个顶层容器，是Swing程序中各组件的载体，它的默认布局是边界布局（BorderLayout）。

JFrame类的常用构造方法包括以下两种形式：

```
public JFrame();                          //无标题形式
public JFrame(String title);              //实例化时设置窗体的标题
```

JFrame类的常用方法见表10-2。

表10-2　JFrame类的常用方法

| 方法名 | 功能 |
| --- | --- |
| void setTitle(String title) | 设置窗体的标题 |
| void setSize(int width, int height) | 设置窗体的大小 |
| void setBounds(int x, int y, int width, int height) | 设置窗体左上角的坐标及窗体的大小 |
| void setLocation(int x, int y) | 设置窗体左上角的坐标 |
| void setVisible(boolean b) | 设置窗体是否可见 |
| void setDefaultCloseOperation(int operation) | 设置关闭窗体的默认操作 |
| void setResizable(boolean b) | 设置窗体大小是否可调整 |
| boolean isResizable() | 判断窗体大小是否可调整 |

创建窗体后，需要设置窗体的关闭方式，默认行为只是简单地隐藏窗体。Java为窗体关闭提供了以下四种常用的方式：

（1）DO_NOTHING_ON_CLOSE：表示什么都不做。无法通过右上角“关闭”按钮 x 关闭窗体，也不能用鼠标右键在任务栏上关闭。

（2）DISPOSE_ON_CLOSE：表示隐藏并释放窗体，一般用于关闭子窗体。

（3）HIDE_ON_CLOSE：表示隐藏窗体，窗体对象未被销毁。这是窗体关闭的默认方式。

（4）EXIT_ON_CLOSE：表示关闭窗体并退出整个应用程序。

JFrame中自带了一个放置内容的面板JContentPane，可以在该面板上增加组件和设置布局管理器。调用JFrame的getContentPane()方法，可以获得它的JContentPane对象。从JDK 1.5之后，Java语言重写了add(Component cmp)和setLayout(LayoutManager lm)方法，JFrame对象直接调用这两个方法也可以操作JContentPane对象。

例 10.1　编写程序，要求弹出一个大小为100×100，标题为“The First JFrame”的窗体。

方法一：采用继承的方式。

```
package chap10;
import javax.swing.JFrame;
public class FirstJFrame extends JFrame {
    public FirstJFrame(){
```

```
        this.setTitle("The First JFrame");                //设置窗体标题
        this.setVisible(true);                            //设置窗体可见
        this.setSize(100, 100);                           //设置窗体大小
        this.setDefaultCloseOperation(JFrame.EXIT_ON_CLOSE);//设置窗体关闭方式
    }
    public static void main(String[] args) {
        new FirstJFrame();
    }
}
```

方法二：创建JFrame对象的方式。

```
package chap10;
import javax.swing.JFrame;
public class FirstJFrame {
    public static void main(String[] args) {
        JFrame frm = new JFrame();
        frm.setTitle("The First JFrame");
        frm.setVisible(true);
        frm.setBounds(300, 200, 100, 100);          //设置窗体位置与大小
        frm.setDefaultCloseOperation(JFrame.EXIT_ON_CLOSE);
    }
}
```

方法一中创建了一个JFrame的子类，该窗体可以在其他地方使用，即在需要的时候实例化一个对象即可。方法二中的窗体只能在当前程序中创建，其他地方若要生成相同的窗体，则必须重复输入上述代码。

2. JDialog类

JDialog窗体是Swing组件中的对话框，它继承了AWT组件中的java.awt.Dialog类。它的功能是从一个窗体中弹出另外一个窗体，就像其他软件中弹出“确定”对话框一样，实质上就是另一种类型的窗体，使用方法与JFrame窗体类似。

JDialog类的常用构造方法包括以下几种形式：

```
public JDialog();                                   //无标题和父窗体
public JDialog(Frame f);                            //指定父窗体
public JDialog(Frame, boolean model);               //指定父窗体和窗体模式
public JDialog(Frame, String title);                //指定父窗体和标题
public JDialog(Frame, String title, boolean model); //指定父窗体、标题和窗体模式
```

利用JDialog类弹出的对话框分为模式对话框和非模式对话框。模式对话框（modal dialogue box，又称模态对话框）是指在用户想要对对话框以外的应用程序进行操作时，必须首先对该对话框进行响应，比如单击“确定”或“取消”按钮等将该对话框关闭。即只要不释放该对话框，父窗体就无法响应，类似于进程阻塞的效果。非模式对话框则没有这样的限制，具体的使用方法将在第11章中详细讲解。

JDiglog窗体与JFrame窗体形式基本相同，设置窗体特性的方法名称也相同，这里不再详细叙述。

### 10.3.2　面板

#### 1．JPanel类

JPanel面板是一种中间容器，可以添加一些组件来布局，也可以将它添加到其他容器使用。它的默认布局是流布局（FlowLayout），构造方法和常用方法见表10-3。

表 10-3　JPanel 类的构造方法和常用方法

| 方法名 | 功能 |
| --- | --- |
| public JPanel() | 创建默认 FlowLayout 布局的对象 |
| public JPanel(LayoutManager layout) | 创建指定布局的对象 |
| void setLayout(LayoutManager layout) | 设置面板的布局 |
| void setBorder(Border border) | 设置面板的边框样式 |
| void add(JComponent c) | 将组件添加到面板 |

#### 2．JScrollPane类

JScrollPane面板是带滚动条的面板，也是一种中间容器。JScrollPane与JPanel的不同之处如下：

（1）JScrollPane面板上只能放置一个组件。

（2）JScrollPane面板不能使用布局管理器。

如果需要将多个组件放入滚动面板中，则需要将这些组件先放到一个JPanel面板上，然后再将该面板放入滚动面板中。

### 10.3.3　标签

在Swing中显示文本或提示信息的方法是使用标签，标签支持文本字符和图标。在应用程序的用户界面中，一个简短的文本标签可以使用户知道这些组件的功能和目的，所以标签在Swing中是很常用的。

标签JLabel类可以显示一行只读文本、一个图像或带图像的文本，它不能产生任何类型的事件，只是简单地显示文本和图片。它的父类是JComponent，常用构造方法如下：

```
    public JLabel();                                    //无文本和图标
    public JLabel(String text,int aligment);    //带文本，水平对齐方式可以省略
    public JLabel(Icon icon,int aligment);      //只有图标，水平对齐方式可以省略
    public JLabel(String text,Icon icon,int aligment);       //带文本和图标，并设
置水平对齐方式，此时该参数不能省略
```

JLabel类的常用方法见表10-4。

表 10-4　JLabel 类的常用方法

| 方法名 | 功能 |
| --- | --- |
| void setText(String text) | 设置在标签上显示的文本 |
| String getText(String text) | 返回标签上显示的文本 |
| void setIcon(Icon icon) | 设置在标签上显示的图像 |
| void setVerticalAlignment(int alignment) | 设置标签内容的垂直对齐方式 |
| void setHorizontalAlignment(int alignment) | 设置标签内容的水平对齐方式 |

修改例10.1中的方式一，在窗体上添加一个面板，并在面板上添加一个标签，如图10-4所示。

代码如下：

```
package chap10;
import javax.swing.*;
public class FirstJFrame extends JFrame{
    JPanel jp = new JPanel();                          //创建面板对象
    JLabel lbl = new JLabel("标签");                   //创建标签对象
    public FirstJFrame(){
        jp.add(lbl);                                   //将标签对象添加到面板中
        lbl.setForeground(Color.RED);                  //设置标签的字体颜色
        jp.setBackground(Color.WHITE);                 //设置面板背景颜色
        this.add(jp);                                  //将面板添加到窗体中
        this.setTitle("加入标签");                     //设置窗体标题
        this.setSize(260, 150);                        //设置窗体大小
        …
    }
    …
}
```

在Java中，JLabel组件不能通过换行符“\n”实现换行，但是它支持简单的HTML标签，如图10-5所示。

```
lbl1.setText("Hello\nWorld");                          //换行符不起作用
lbl2.setText("<html>床前明月光<br>疑是地上霜<br>举头望明月<br>低头思故乡</html>");
```

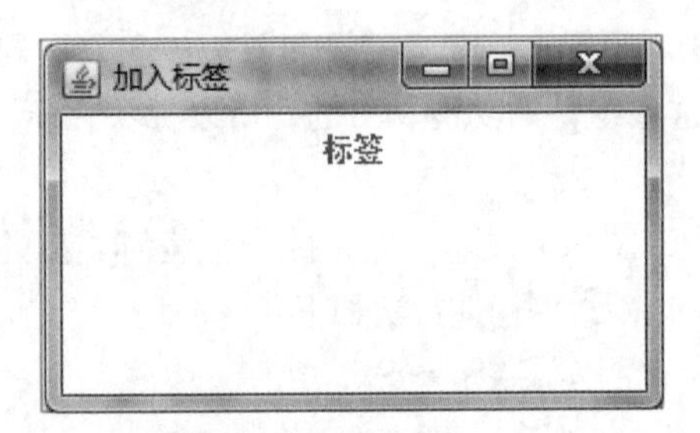


图 10-4 “加入标签”窗体

图 10-5 多行文本标签

### 10.3.4 按钮

按钮JButton是GUI中常用的组件之一，它可以获得焦点，并与动作事件相关联。当单击按钮或在按钮获得焦点的状态下按【Enter】键，按钮能激发某种动作事件，从而实现用户和应用程序之间的交互。

JButton类的父类是JComponent，常用构造方法如下：

```
public JButton();                                      //无文本和图标
public JButton(String text);                           //带文本
public JButton(Icon icon);                             //带图标
public JButton(String text,Icon icon);                 //带文本和图标
```

JButton类的常用方法见表10-5。

表 10-5　JButton 类的常用方法

| 方 法 名 | 功　能 |
| --- | --- |
| void setText(String text) | 设置在按钮上显示的文本 |
| String getText(String text) | 返回按钮上显示的文本 |
| void setIcon(Icon icon) | 设置在按钮上显示的图像 |
| void setToolTipText (String s) | 在按钮上显示提示信息 |
| void requestFocus() | 按钮对象获得焦点 |
| void addActionListener(ActionListener l) | 添加指定的监听器 |

## 10.3.5　文本框

### 1．文本框JTextField

文本框组件在实际项目开发中使用广泛，它被用来显示或编辑一串单行文本，父类是JComponent，常用构造方法如下：

```
public JTextField();                              //无文本
public JTextField(String text);                   //带初始文本
public JTextField(int fieldwidth);                //带文本框宽度
public JTextField(String text, int fieldwidth);   //带文本和文本框宽度
```

JTextField类的常用方法见表10-6。

表 10-6　JTextField 类的常用方法

| 方 法 名 | 功　能 |
| --- | --- |
| void setText(String text) | 设置在文本框上显示的文本 |
| String getText(String text) | 返回文本框上显示的文本 |
| void setEditable(boolean b) | 设置文本框是否可编辑 |
| void requestFocus() | 文本框获得焦点 |
| void selectAll() | 选定文本框中的所有文本 |
| void select(int start, int end) | 选定指定位置上的文本 |
| void setHorizontalAlignment(int alignment) | 设置标签内容的水平对齐方式 |
| void copy() | 将当前选定的文本复制到系统剪贴板 |
| void cut() | 将当前选定的文本剪切到系统剪贴板 |
| void paste() | 将系统剪贴板的内容粘贴到文本框的当前位置 |

### 2．JPasswordField类

JPasswordField类是JTextField类的子类，定义与用法与其基本相同，但是在密码框中输入的字符串会以某种事先设置好的符号进行加密。JPasswordField类的常用方法见表10-7。

表 10-7　JPasswordField 类的常用方法

| 方 法 名 | 功　能 |
| --- | --- |
| void setEchoChar(char c) | 设置密码框的回显字符 |
| char getEchoChar(char c) | 返回密码框的回显字符 |
| char[] getPassword() | 返回密码框中的文本 |

将密码框对象pwd中的加密文本转换成字符串，需要用String.valueOf(pwd.getPassword())方法，不能直接使用toString()方法。

### 3. JTextArea类

文本域是一个显示纯文本的多行区域，使用方法和JTextField类的方法比较类似，实例化的时候可以指定行和列的数目，一般与滚动面板一起使用。JTextArea类的常用方法见表10-8。

表 10-8 JTextArea 类的常用方法

| 方 法 名 | 功 能 |
| --- | --- |
| void append(String str) | 将给定文本追加到文档结尾 |
| void setLineWrap(boolean b) | 设置换行策略，true 为自动换行 |
| void setFont(Font f) | 设置当前字体 |
| void setColumns() | 设置列数 |
| int getColumns() | 返回列数 |
| void setRows() | 设置行数 |
| int getRows() | 返回行数 |

例 10.2 创建一个窗体，包含一个带滚动条的多行文本框，如图10-6所示。

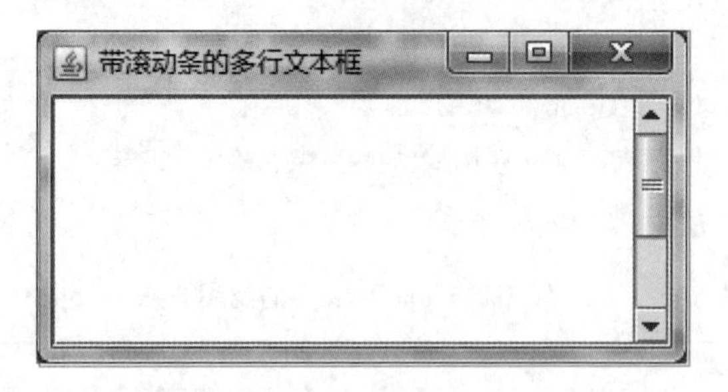


图 10-6 “带滚动条的多行文本框”窗体

```
...
public class 例10_2 extends JFrame {
    JTextArea txta = new JTextArea(10,20);          //创建一个文本域对象
    JScrollPane jsp = new JScrollPane(txta);        //将文本域放入滚动条面板
    public 例10_2(){
        this.add(jsp);                          //添加面板，而不是文本域，否则无滚动条
        this.setTitle("带滚动条的多行文本框");
        this.setVisible(true);
        this.setBounds(300,200,300,200);
        this.setDefaultCloseOperation(JFrame.EXIT_ON_CLOSE);
    }
    ...
}
```

## 10.4 案例10-2：计算器（二）

### 1. 案例说明

编写一个Java应用程序，在窗体中实现计算器的功能，输入两个操作数，单击相应的运算符按钮，在结果文本框中输出相应的结果，如图10-7所示。

图 10-7　程序运行结果

2. 实现步骤

（1）在chap10包中创建Example10_2类，将超类设置为javax.swing.JFrame，添加java.awt.event.ActionListener接口。

（2）输入相应代码，运行程序。

```
...
public class Example10_2 extends JFrame implements ActionListener{
    JPanel jpCenter = new JPanel();
    JTextField txtNum1 = new JTextField(10);
    JTextField txtNum2 = new JTextField(10);
    JTextField txtResult = new JTextField(10);

    JPanel jpSouth = new JPanel();
    JButton btnAdd = new JButton("+");
    JButton btnSub = new JButton("-");
    JButton btnMul = new JButton("×");
    JButton btnDiv = new JButton("/");
    JButton btnRem = new JButton("%");
    JButton btnCancel = new JButton("C");
    public Example10_2(){
        super("计算器(二)");                                  //调用父类的构造方法
        init();
        this.setVisible(true);
        this.setBounds(600,200,200,200);
        this.setDefaultCloseOperation(JFrame.EXIT_ON_CLOSE);
    }
    //界面设计
    public void init(){
        jpCenter.setLayout(new FlowLayout());          //中间的面板设成流布局，可省略
        jpCenter.add(new JLabel("操作数1: "));          jpCenter.add(txtNum1);
        jpCenter.add(new JLabel("操作数2: "));          jpCenter.add(txtNum2);
        jpCenter.add(new JLabel("结    果: "));          jpCenter.add(txtResult);
        txtResult.setEditable(false);                  //设置文本框不可编辑
```

```
        jpSouth.setLayout(new GridLayout(3,2));    //南面的面板设成3×2网格布局
        //定义按钮数组
        JButton btnArray[] = { btnAdd, btnSub, btnMul, btnDiv, btnRem, btnCancel };
        for(JButton btn : btnArray){                   //利用循环语句添加和注册监听器
            jpSouth.add(btn);
            btn.addActionListener(this);
        }
        this.setLayout(new BorderLayout());             //窗体设成边界布局，可省略
        this.add(jpCenter,"Center");
        this.add(jpSouth,"South");
        this.setResizable(false);                      //设置窗体大小不变
    }

    public void actionPerformed(ActionEvent e) {
        Object obj = e.getSource();                    //获取当前对象，即事件源
        if(obj == btnCancel){
            txtNum1.setText("");txtNum2.setText("");txtResult.setText("");
            txtNum1.requestFocus();                    //操作数1文本框获得焦点
        }
        else{
            try{
                double result = 0, num1, num2;
                num1 = Double.parseDouble(txtNum1.getText());
                num2 = Double.parseDouble(txtNum2.getText());
                JButton btn = (JButton)obj; //将obj强制转为按钮，btn即为当前按钮
                switch(btn.getText()){
                case "+":
                    result = num1 + num2;  break;
                case "-":
                    result = num1 - num2;  break;
                case "×":
                    result = num1 * num2;  break;
                case "/":
                    result = num1 / num2;  break;
                case "%":
                    result = num1 % num2;  break;
                }
                //设置数字输出的格式
                txtResult.setText(new DecimalFormat("#.######").format(result));
            }
            catch(Exception ex){
                ex.printStackTrace();
            }
        }
```

```
    }
    public static void main(String[] args) {
        new Example10_2();
    }
}
```

（3）在文本框中输入需要测试的数字。

3. 知识点分析

本案例设计功能更加复杂的“计算器”，根据功能需要设置组件的属性值；中间面板采用流布局，南面面板采用网格布局，快速设计界面，并编写相应组件的动作事件处理程序。

## 10.5　常用布局管理器

在Swing程序设计中，容器中的每个组件都有具体的位置和大小，当在容器中摆放各种组件时，却很难估计其具体的位置和大小。Java语言提供了布局管理器管理Swing组件在容器中的布局，它决定组件在容器中的摆放方式，确定每一个组件的大小。此外，布局管理器能够自动适应小程序或应用程序窗口的大小，所以如果某个窗口的大小发生改变，那么窗体中的各个组件的大小、形状和位置都有可能发生变化。

Java语言提供了几种常用的布局管理器：流布局（FlowLayout）、边界布局（BorderLayout）、网格布局（GridLayout）和绝对布局。其中顶级容器的默认布局是边界布局，如JFrame、JDialog和JWindow；中间容器的默认布局是流布局，如JPanel和JApplet。通过调用容器的setLayout()方法，可以改变容器的布局，设置所需的布局管理器。

### 10.5.1　流布局FlowLayout

流布局是JPanel和JApplet的默认布局管理器，它将容器中的组件按照它们添加到该容器中的先后顺序，从左到右、从上到下排列。同时，组件的排列随着容器大小的变化而变化，但是组件的大小保持不变。

FlowLayout类的常用构造方法如下：

```
public FlowLayout();             //默认对齐方式为居中对齐，水平与垂直间距为5像素
public FlowLayout(int alignment);    //设置流布局的水平对齐方式
public FlowLayout(int alignment,int horizGap,int vertGap);     //设置流布局的水平对齐方式及水平和垂直的间隙
```

FlowLayout类的常用方法见表10-9。

表10-9　FlowLayout类的常用方法

| 方法名 | 功　能 |
|---|---|
| void setHgap(int hgap) | 设置组件间的水平间隙 |
| int getHgap() | 获取组件间的水平间隙 |
| void setVgap(int vgap) | 设置组件间的垂直间隙 |
| int getVgap() | 获取组件间的垂直间隙 |
| void setAlignment(int alignment) | 设置组件对齐方式 |

流布局的水平对齐方式有三种，构造方法和setAlignment()方法中alignment参数可以赋值为：FlowLayout.LEFT、FlowLayout.CENTER和FlowLayout.RIGHT，对应的整数值分别为0、1和2。

除了绝对布局，采用其他布局的容器中的组件大小无法通过setSize()方法改变，而是要用setPreferredSize()方法。例如：

```
button1.setPreferredSize(new Dimension(50,50));            // 指定宽度与高度
```

例 10.3 创建一个窗体，添加一个面板，在面板上添加5个按钮，面板采用流布局，水平对齐方式为右对齐，按钮之间的水平垂直间隙均为10。程序运行后，改变窗体的宽度，观察按钮的排列情况，程序运行结果如图10-8所示。

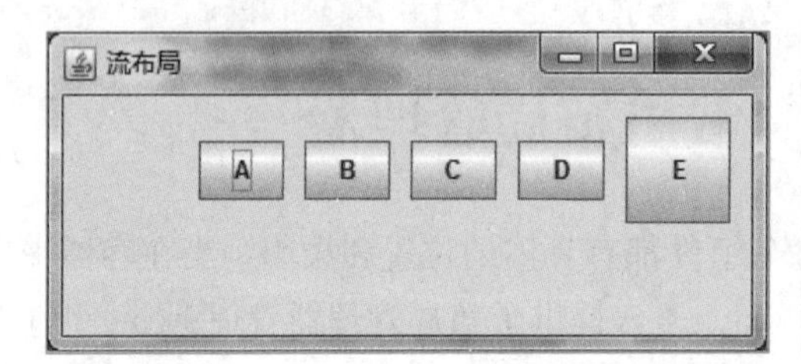

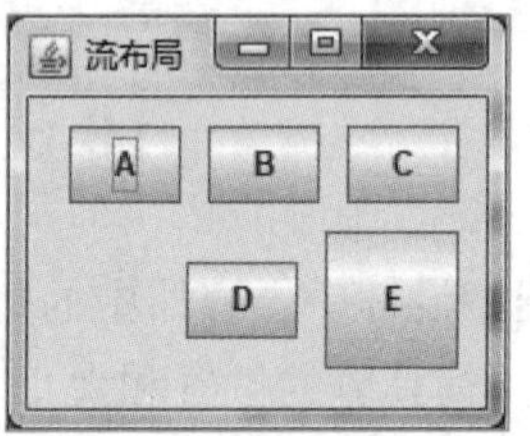


图 10-8 程序运行结果

代码如下：

```
...
public class 例10_3 extends JFrame {
    JPanel jp = new JPanel();
    JButton btnA = new JButton("A");
    JButton btnB = new JButton("B");
    JButton btnC = new JButton("C");
    JButton btnD = new JButton("D");
    JButton btnE = new JButton("E");
    public 例10_3(){
        //jp.setLayout(new FlowLayout(FlowLayout.RIGHT,10,10)); // 方法一，匿名对象
        FlowLayout fl = new FlowLayout();
        fl.setAlignment(FlowLayout.RIGHT);
        fl.setHgap(10); fl.setVgap(10);
        jp.setLayout(fl);                                     // 方法二
        jp.add(btnA);jp.add(btnB);jp.add(btnC);jp.add(btnD);jp.add(btnE);
        btnE.setPreferredSize(new Dimension(50,50));        // 修改按钮E的大小
        this.add(jp);
        this.setTitle("流布局");
        this.setVisible(true);
        this.setBounds(300,200,350,150);
        this.setDefaultCloseOperation(JFrame.EXIT_ON_CLOSE);
    }
    ...
}
```

### 10.5.2　边界布局BorderLayout

顶级容器的默认布局是边界布局，如JFrame、JDialog与JWindow。组件可以置于容器的上（北）、下（南）、左（西）、右（东）和中部（中）五个位置。

在边界布局管理器中，南和北面的组件有最佳的高度，即它们的高度不会随着窗体的大小变化而变化，而它们的宽度则会随着窗体的大小变化而变化；东和西面的组件有最佳的宽度，即它们的宽度不会随着窗体的大小变化而变化，而它们的高度则会随着窗体的大小变化而变化；中部组件的宽度和高度都会随着窗体的大小变化而变化。

例 10.4　将例10.3中的五个按钮放置到窗体的东南西北中五个位置上，以边界布局的方式显示。程序运行后，改变窗体的宽度，观察按钮的排列情况，如图10-9所示。

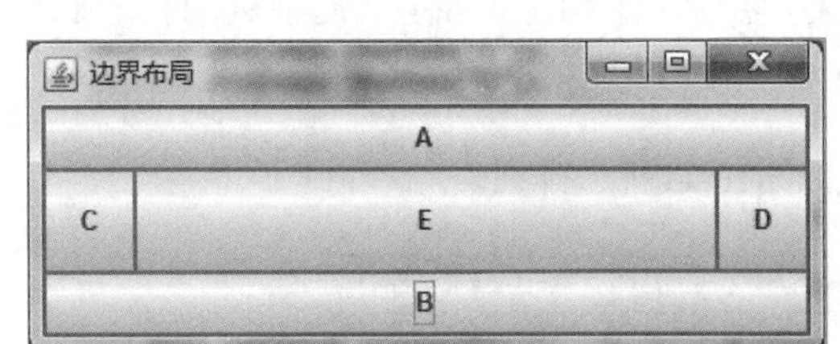


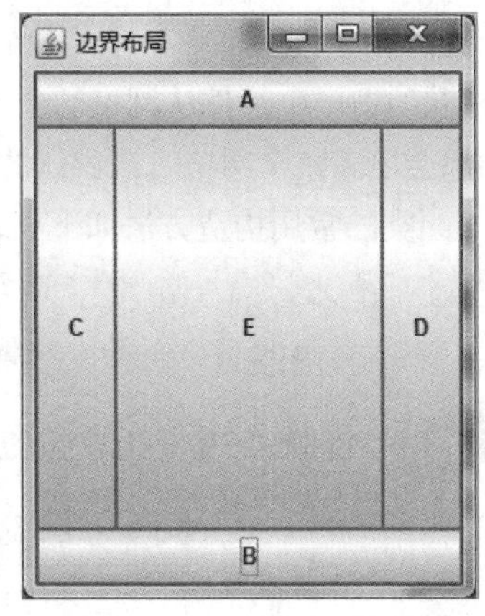


图 10-9　程序运行结果

```
…
public class 例10_4 extends JFrame {
    …
    public 例10_4(){
        this.add(btnA,BorderLayout.NORTH); // 利用 BorderLayout 类的静态常量
        this.add(btnB,BorderLayout.SOUTH);
        this.add(btnC,"West");             // 使用字符串常量，严格区分大小写
        this.add(btnD,"East");
        this.add(btnE,"Center");           // 默认添加位置，Center 可省略
        …
    }
    …
}
```

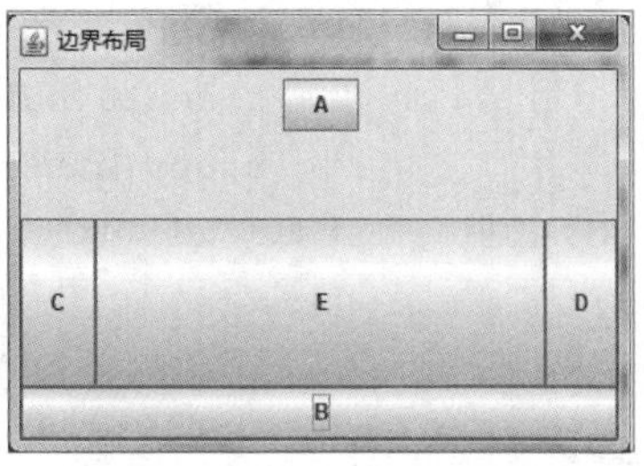


图 10-10　程序运行结果

边界布局的五个位置上都只能放置一个组件。例如，在南部先后放置两个按钮B和F，那么后放的按钮F会遮盖住先放的按钮B。如果程序需要将多个组件放入南部，则需要将这些组件先放到一个JPanel面板上，再将该面板放入南部。通过面板的setPreferredSize()方法可以设置东西部的面板宽度，以及南北部的面板高度。将例10.4的代码作如下修改，窗体如图10-10所示。同

样，东西的宽度也可以作类似的改变。

```
jp.setPreferredSize(new Dimension(50, 80));  //设置面板的大小，其中宽度 50 无效
jp.add(btnA);                                //将按钮添加到面板
this.add(jp, BorderLayout.NORTH);            //面板放在窗体的北面
```

边界布局的默认添加位置是中部，即

```
this.add(btnE);   ⇔⇔ this.add(btnE,"Center");
```

边界布局的构造方法和常用方法均与流布局类似，也可以设置组件之间的间隙。

### 10.5.3 网格布局GridLayout

网格布局管理器将容器划分为网格，所有组件按行和列的方式进行排列。其中，每个组件的大小都是相同的，并且网格中格子的数量由网格的行数和列数决定，如一个两行两列的网格会产生4个大小相同的格子，组件从网格的左上角开始，按照从左到右、从上到下的顺序加入网格中，每一个组件都会填满整个网格。当窗体的大小发生改变时，组件的大小也会随之改变。

GridLayout类的常用构造方法如下：

```
public GridLayout (int rows, int cols);     //rows 代表行，cols 代表列
public GridLayout (int rows, int cols, int hGap, int vGap);
```

将例10.3中的五个按钮如图10-11所示排列。

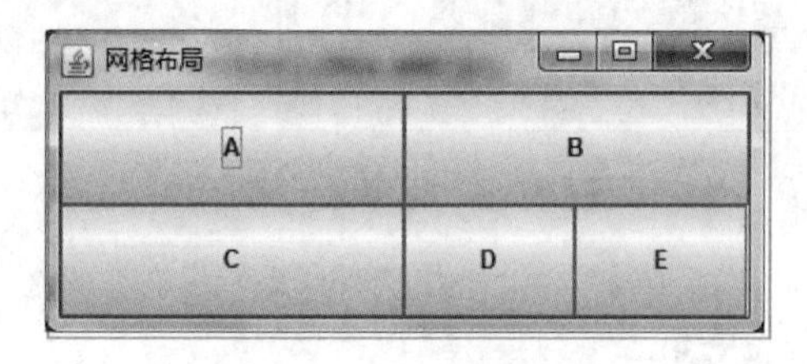


图 10-11 程序运行结果

```
public class 例10_5 extends JFrame {
    JButton btnA = new JButton("A");
    JButton btnB = new JButton("B");
    JButton btnC = new JButton("C");

    JPanel jp = new JPanel(new GridLayout(1,2));  //实例化一个网格布局的面板
    JButton btnD = new JButton("D");
    JButton btnE = new JButton("E");
    public 例10_5(){
        jp.add(btnD);jp.add(btnE);           //先将按钮 D 与 E 放入网格布局的面板
        this.setLayout(new GridLayout(2,2));     //将窗体的布局改成网格布局
        this.add(btnA);this.add(btnB);this.add(btnC);
        this.add(jp);                            //再将网格布局的面板添加到窗体
        …
    }
    …
}
```

网格布局可以利用setRows()和setColumns()方法设置布局中的行数和列数，其他常用方法和前两种布局类似，也可以设置组件之间的间隙。

### 10.5.4　绝对布局

在Swing程序设计中，除了使用布局管理器之外，还可以使用绝对布局。绝对布局其实就是没有布局，必须硬性指定组件在容器中的位置和大小，可以使用绝对坐标的方式指定组件的位置。如果容器中的组件比较多，那么采用绝对布局将会比较烦琐。

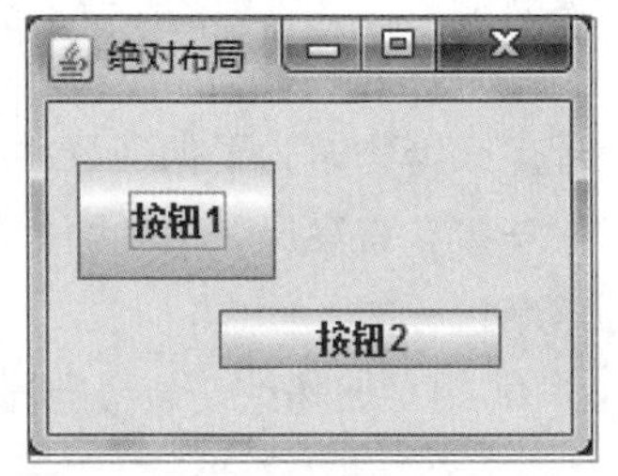


图 10-12　程序运行结果

例 10.6　窗体采用绝对布局，并在其中放置两个按钮，如图10-12所示。

代码如下：

```
public class 例10_6 extends JFrame {
    …
    public 例10_6() {
        this.setLayout(null);                    // 将该窗体设置为绝对布局
        btn1.setBounds(10, 20, 70, 40);          // 设置按钮的位置与大小
        btn2.setBounds(60, 70, 100, 20);
        this.add(btn1); this.add(btn2);
        …
    }
    …
}
```

## 10.6　事件处理机制

单纯的界面设计是没有任何使用价值的，用户之所以对图形界面感兴趣，主要是因为图形界面提供的与用户交互的超强功能。在Java中要实现这样的功能，就需要了解事件处理机制。

用户对组件的一个操作称为一个事件（event），如鼠标对按钮的单击事件；产生事件的组件称为事件源，如被单击的按钮；接收、解析和处理事件，实现与用户交互的方法称为事件监听器。事件源、事件、事件监听器之间的工作关系如图10-13所示。

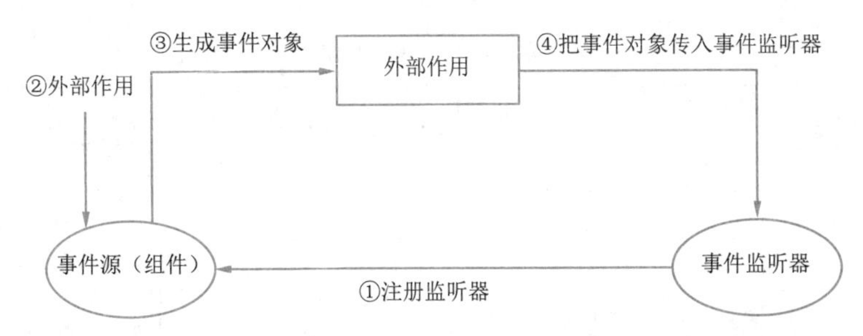


图 10-13　事件源、事件、事件监听器之间的工作关系

一般情况下，事件源可以产生多种不同类型的事件，因而可以注册多种不同类型的事件监听

器。当某个事件源中发生了某种事件后，关联的事件监听器对象中的有关代码才会被执行，这个过程称为给事件源注册事件监听器。事件源注册事件监听器之后，事件监听器就与组件建立了关联，当组件受到外部作用（事件）时，组件会产生一个相应的事件对象，并把这个对象传给与之关联的事件监听器。这样，事件监听器就会被启动并执行相关的代码来处理该事件。

事件处理机制是Java语言初学者比较难理解的概念，下面通过一个生活中的案例来阐述其原理。某博物馆为了保证藏品的安全，在博物馆的玻璃上安装了报警器，并且将报警器通过网络直接连接到警察局。当劫匪打碎玻璃时，报警器会被触发，警察局接到报警就会进行相应的处理。整个过程如下：

（1）博物馆安装报警器，并连接到警察局，备案注册监听。

（2）事件源玻璃产生事件，如玻璃被打碎。

（3）警察局的监听设备监听到事件后通知警察，警察出警处理相应的事件。

可以把这个过程用事件处理机制描述如下：

（1）事件源：玻璃或报警器。

（2）事件监听器：警察局。

（3）注册事件监听器：通过网络将玻璃上的报警器和警察局相连。

（4）事件触发：当玻璃被打碎时，触发事件报警器，将监听到的事件传给事件相应的处理方法来处理，比如警察局出警。

### 10.6.1 事件监听器

事件监听器是一个类，用来处理在各个组件上触发的事件。不同的事件类型需要调用不同的事件监听器。对于事件监听器，首先要求它必须在事件源中被注册，当某个事件发生时，所有注册的监听器会收到通知和一个事件对象的副本；其次要求它必须实现接收和处理通知的方法。

事件监听器可以通过实现接口或继承适配器来构造。不管是实现事件对应的接口，还是继承事件对应的适配器，都需要实现接口中的方法。在事件接口中，需要编写其中所有的方法，即使该方法是空的也不能省略；而在事件适配器中只需要实现相应的方法即可。具体的应用案例将在第11章中详细介绍。

#### 1. XxxListener

通过事件接口实现事件监听器，必须实现该接口中的所有方法，即使事件中没有用到该接口的某些方法，这些方法的框架也不能省略。常用Java事件类、事件接口及接口中的方法见表10-10。

表 10-10 常用 Java 事件类、事件接口及接口中的方法

| 事件 / 监听接口 | 监听接口中的方法 | 触发事件 |
|---|---|---|
| ActionEvent<br>ActionListener | actionPerformed(ActionEvent) | 单击按钮时<br>选择菜单项时<br>文本框中按【Enter】键时 |
| ItemEvent<br>ItemListener | itemStateChanged(ItemEvent) | 选择或者取消选择单选按钮时<br>选择或者取消选择复选框时<br>选择或者取消选择下拉列表框时<br>选择或者取消选择菜单项时 |
| TextEvent<br>TextListener | textValueChanged(TextEvent) | 文本框的内容发生改变时<br>文本域的内容发生改变时 |

续表

| 事件 / 监听接口 | 监听接口中的方法 | 触发事件 |
|---|---|---|
| AdjustmentEvent<br>AdjustmentListener | adjustmentValueChanged(AdjustmentEvent) | 滚动条调整 |
| MouseEvent<br>MouseMotionListener | mouseDragged(MouseEvent) | 鼠标拖动时 |
| | mouseMoved(MouseEvent) | 鼠标移动时 |
| MouseMotionEvent<br>MouseListener | mousePressed(MouseEvent) | 鼠标键按下时 |
| | mouseReleased(MouseEvent) | 鼠标键释放时 |
| | mouseEntered(MouseEvent) | 鼠标进入时 |
| | mouseExited(MouseEvent) | 鼠标离开时 |
| | mouseClicked(MouseEvent) | 鼠标单击时 |
| KeyEvent<br>KeyListener | keyPressed(KeyEvent) | 键按下时 |
| | keyReleased(KeyEvent) | 键释放时 |
| | keyTyped(KeyEvent) | 击键时 |
| FocusEvent<br>FocusListener | focusGained(FocusEvent) | 获得焦点时 |
| | focusLost(FocusEvent) | 失去焦点时 |
| ComponentEvent<br>ComponentListener | componentMoved(ComponentEvent) | 组件移动时 |
| | componentHidden(ComponentEvent) | 组件隐藏时 |
| | componentResized(ComponentEvent) | 组件大小改变时 |
| | componentShown(ComponentEvent) | 组件显示时 |
| WindowEvent<br>WindowListener | windowClosing(WindowEvent) | 窗口关闭时 |
| | windowOpened(WindowEvent) | 窗口打开后 |
| | windowIconified(WindowEvent) | 窗口最小化时 |
| | windowDeiconified(WindowEvent) | 窗口最小化还原时 |
| | windowClosed(WindowEvent) | 窗口关闭后 |
| | windowActivated(WindowEvent) | 窗口激活时 |
| | windowDeactivated(WindowEvent) | 窗口失去焦点时 |
| ContainerEvent<br>ContainerListener | componentAdded(ContainerEvent) | 容器添加组件时 |
| | componentRemoved(ContainerEvent) | 容器移除组件时 |

#### 2. XxxAdapter

使用适配器实现事件监听器，只需实现事件中对应的方法，其他没有用到的方法不需要添加。只有接口中提供了两个及两个以上方法时才提供相对应的适配器，因此使用事件适配器是Java语言提供的一个简单事件处理方法。常见的适配器有：KeyAdapter、MouseAdapter、MouseMotionAdapter、WindowAdapter、FocusAdapter和ComponentAdapter等。

#### 3. 注册事件监听器

为事件源注册事件监听器，语法格式如下：

```
事件源.addXxxListener(XxxListener listener);
```

### 10.6.2　ActionListener接口与ActionEvent类

#### 1. ActionListener接口

如果某个类要处理动作事件，那么这个类需要实现ActionListener接口，并实现其中的actionPerformed()方法，从而实现事件处理；actionPerformed()方法的形式参数就是ActionEvent类的对象。

### 2. ActionEvent动作事件类

能够触发这个事件的动作包括：单击按钮、选择菜单项或者在文本框JTextField中按【Enter】键。ActionEvent类提供如下两个常用方法：

（1）Object getSource()：返回事件源对象。

（2）String getActionCommand()：返回事件源对象上的标签。

当多个事件触发的事件由一个共同的监听器来处理时，可以通过getSource()或getActionCommand()方法判断当前的事件源是哪一个组件。

例 10.7 如图10-14所示，单击窗体上的两个按钮，在控制台显示对应按钮的文本。

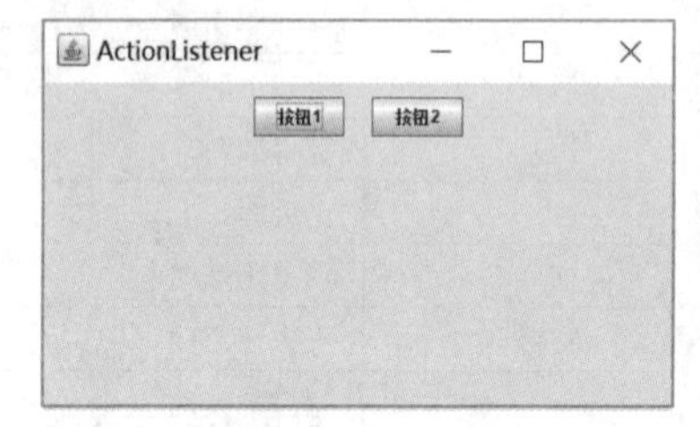


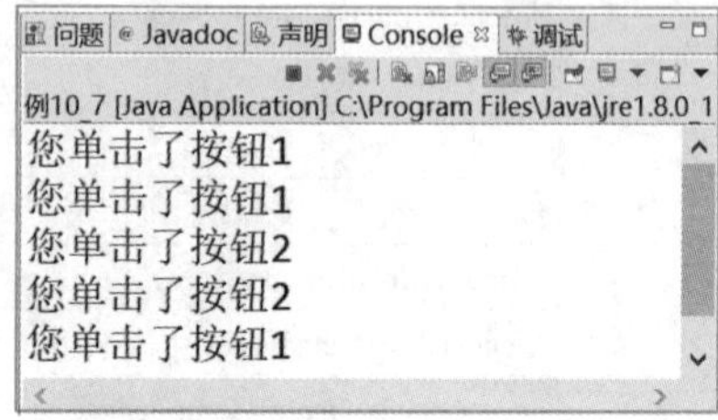


图 10-14 程序运行结果

代码如下：

```
...
public class 例10_7 extends JFrame {
    ...
    public 例10_7() {
        this.setLayout(new FlowLayout(FlowLayout.CENTER,20,10));
        this.add(btn1); this.add(btn2);
        btn1.addActionListener(new Monitor());    //注册动作事件监听器
        btn2.addActionListener(new Monitor());
        ...
    }
    //动作事件监听器
    class Monitor implements ActionListener{
        public void actionPerformed(ActionEvent e) {
            if(e.getSource() == btn1)                            //方法一
                System.out.println("您单击了按钮1");
            else if(e.getActionCommand().equals("按钮2"))        //方法二
                System.out.println("您单击了按钮2");
        }
    }
    ...
}
```

当用户单击按钮1时，由于该按钮已注册动作事件监听器即“btn1.addActionListener(new Monitor());”语句，所以会产生一个事件监听器对象，并且会调用该对象的处理方法，即actionPerformed(ActionEvent e)方法来处理请求。这里需要注意的是，如果按钮1没有注册动作事件监听器，那么当单击它时将不会有任何反应；如果按钮1两次注册相同的动作事件监听器，当单击它时，控制台会输出两次结果。

例题10.7还可以写为：

```
public class 例10_7 extends JFrame implements ActionListener {
    …
    public 例10_7() {
        this.setLayout(new FlowLayout(FlowLayout.CENTER,20,10));
        this.add(btn1); this.add(btn2);
        btn1.addActionListener(this);                    //注册动作事件监听器
        btn2.addActionListener(this);
        …
    }
    public void actionPerformed(ActionEvent e) {
        JButton btn = (JButton)e.getSource();            //btn即为当前对象
        System.out.print("您单击了"+btn.getText);
    }
    …
}
```

与第一种方法不同，上述方法没有另外创建动作事件监听器类，而是直接用主类实现ActionListener接口，因此在注册监听器时，参数使用当前类的对象this。在动作事件处理方法中，将事件源对象（Object类型）向下转型为JButton，即btn就是当前被单击的按钮。

## 10.7　案例 10-3：学生食堂问卷调查

### 1. 案例说明

编写程序，让学生可以在窗体上进行问卷调查。当学生选择答题时，在文本域上实时显示答题情况；若学生只回答其中的一道题，则在文本域中提示“请完成两道题的回答！”。完成两道答题之后，单击“提交”按钮，则提示“已提交，谢谢您的配合！”；单击“重填”按钮，则清空所有选项和文本；单击“退出”按钮，则结束程序。图10-15（a）所示为程序运行的初始界面；当用户在相应的选项中进行选择时，下方的文本框中会动态显示调查结果，如图10-15（b）所示。

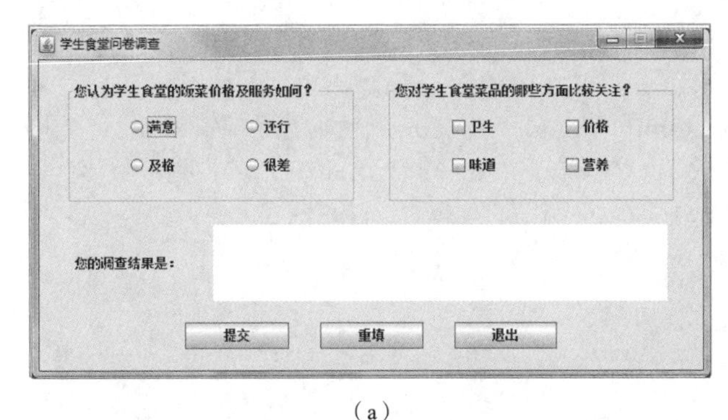


（a）

图 10-15　程序运行结果

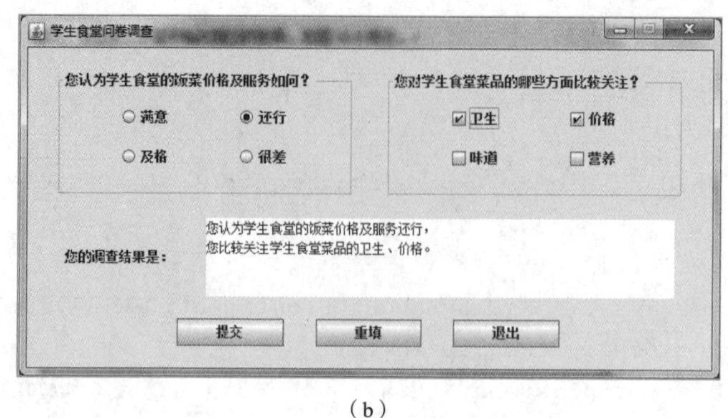


（b）

图 10-15 程序运行结果（续）

2. 实现步骤

（1）在chap10包中创建Example10_3类，将超类修改为javax.swing.JFrame，并添加java.awt.event.ActionListener与java.awt.event.ItemListener接口。

（2）输入相应代码，运行程序。

```
...
public class Example10_3 extends JFrame implements ItemListener,A ctionListener{
    MyJPanel jp1 = new MyJPanel("您认为学生食堂的饭菜价格及服务如何？");
    ButtonGroup btngrp = new ButtonGroup();                    //定义按钮组
    JRadioButton rdbA = new JRadioButton("满意");
    JRadioButton rdbB = new JRadioButton("还行");
    JRadioButton rdbC = new JRadioButton("及格");
    JRadioButton rdbD = new JRadioButton("很差");
    JRadioButton[] rdbArray = {rdbA, rdbB, rdbC, rdbD}; //定义单选按钮数组

    MyJPanel jp2 = new MyJPanel("您对学生食堂菜品的哪些方面比较关注？");
    JCheckBox chkA = new JCheckBox("卫生");
    JCheckBox chkB = new JCheckBox("价格");
    JCheckBox chkC = new JCheckBox("味道");
    JCheckBox chkD = new JCheckBox("营养");
    JCheckBox[] chkArray = {chkA, chkB, chkC, chkD};     //定义复选框数组

    JTextArea ta = new JTextArea(4,40);
    JButton btnSubmit = new JButton("提交");
    JButton btnReset = new JButton("重填");
    JButton btnQuit = new JButton("退出");
    public Example10_3(){
        super("学生食堂问卷调查");                              //调用父类的构造方法
        init();
    }
    //界面设计
    public void init(){
        for(JRadioButton rdb:rdbArray){
```

```
            btngrp.add(rdb);                            //按钮组添加单选按钮
            rdb.addItemListener(this);                  //注册选项事件监听器
            jp1.add(rdb);
        }
        for(JCheckBox chk:chkArray){
            jp2.add(chk);
            chk.addItemListener(this);
        }
        this.setLayout(new FlowLayout(FlowLayout.CENTER,30,20));        //窗
体设置为流布局
         this.add(jp1);this.add(jp2);this.add(new JLabel("您的调查结果是: "));this.add
(ta);
        JButton[] btnArray = {btnSubmit, btnReset, btnQuit};
        for(JButton btn:btnArray){
            btn.setPreferredSize(new Dimension(100,25)); //设置按钮大小
            this.add(btn);
            btn.addActionListener(this);
        }
        ta.setLineWrap(true);                           //文本域设置为自动换行
        this.setResizable(false);
        this.setVisible(true);
        this.setBounds(400,200,650,320);
        this.setDefaultCloseOperation(JFrame.EXIT_ON_CLOSE);
    }
    //创建符合自己设计的面板类
    class MyJPanel extends JPanel{
        public MyJPanel(String title){
            //设置面板中组件的间隙
            setLayout(new FlowLayout(FlowLayout.CENTER, 60, 10));
            setBorder(BorderFactory.createTitledBorder(title));     //设置面板边框
及标题
            setPreferredSize(new Dimension(280, 115));   //设置面板的大小
        }
    }
    //选项事件的处理方法
    public void itemStateChanged(ItemEvent e) {
        StringBuffer strbf1 = new StringBuffer();
        StringBuffer strbf2 = new StringBuffer();
        for(JRadioButton rdb:rdbArray)
            if(rdb.isSelected())
                strbf1.append(rdb.getText());
        for(JCheckBox chk:chkArray)
            if(chk.isSelected())
                strbf2.append(chk.getText() + "、");
```

```
        if(strbf1.length() == 0 || strbf2.length() == 0) //两道题目没有全部完成
            ta.setText("请完成两道题的回答！");
        else{
            strbf1.append("，\n您比较关注学生食堂菜品的");
            strbf1.append(strbf2.substring(0,strbf2.length()-1));     //去
除多余的顿号
            ta.setText("您认为学生食堂的饭菜价格及服务" + strbf1.toString() + "。");
        }
    }
    //动作事件的处理方法
    public void actionPerformed(ActionEvent e) {
        if(e.getSource() == btnSubmit)
            ta.setText("已提交，谢谢您的配合！");
        else if(e.getSource() == btnReset){
            btngrp.clearSelection();        //按钮组中所有按钮设为false
            for(JCheckBox chk:chkArray)
                chk.setSelected(false);     //复选框设为false
            ta.setText("");
        }
        else System.exit(0);                //程序退出
    }
    …
}
```

（3）选择选项，并分别单击三个按钮进行测试。

3. 知识点分析

本案例设计了一个简单的问卷调查，被调查用户可以根据实际情况，采用单选和多选的形式进行选择；案例创建了MyJPanel类，采用按钮与选择类组件，除了按钮会触发动作事件之外，改变组件中的选项也会发生对应的选项事件。

## 10.8 选择类组件及选项事件

在Swing组件中，有一些具有选择功能的组件，如单选按钮、复选框、下拉列表框及列表框等。这些组件可以设计出许多界面复杂、功能强大的程序。

### 10.8.1 单选按钮JRadioButton

单选按钮默认显示为一个圆形图标，并且在该图标旁放置一些说明性文字。与复选框不同，同组的单选按钮每次只能有一个被选中。

JRadioButton类的常用构造方法包括以下几种形式：

```
public JRadioButton ();                               //无标签的单选按钮
public JRadioButton (String text);                    //带字符串标签的单选按钮
public JRadioButton (String text, boolean selected);//带字符串标签和指定状态的
单选按钮
```

```
public JRadioButton (Icon icon);                    //带图标的单选按钮
public JRadioButton (String text ,Icon icon);       //带字符串和图标的单选按钮
```

JRadioButton类本身不具有同一时间内只有一个单选按钮对象被选中的性质，也就是说JRadioButton类的每个对象都是独立的，不会因其他单选按钮的状态发生改变而改变。因此必须使用ButtonGroup对象构成一组，同一组中单选按钮在同一时间内只能有一个按钮被选中。借助按钮组对象的add()方法，将所有JRadionButton对象添加到ButtonGroup对象中，这样就能实现多选一。按钮组的clearSelection()方法可以取消该组中所有按钮的选中状态。

JRadionButton类的常用方法见表10-11。

表 10-11 JRadionButton 类的常用方法

| 方 法 名 | 功 能 |
|---|---|
| boolean isSelected() | 判断是否被选中 |
| void setText(String text) | 设置对象的文本标签 |
| String getText() | 返回对象的文本标签 |
| void setSelected(boolean b) | 设置当前按钮的选中状态 |
| void addItemListener(ItemListener l) | 添加指定的监听器 |

单选按钮的事件主要是ItemEvent选项事件，通过ItemListener监听器接口的itemStateChanged()方法进行处理。

例 10.8 在窗体中放置两个单选按钮A和B，选中它们时，在控制台中显示OK，如图10-16所示。

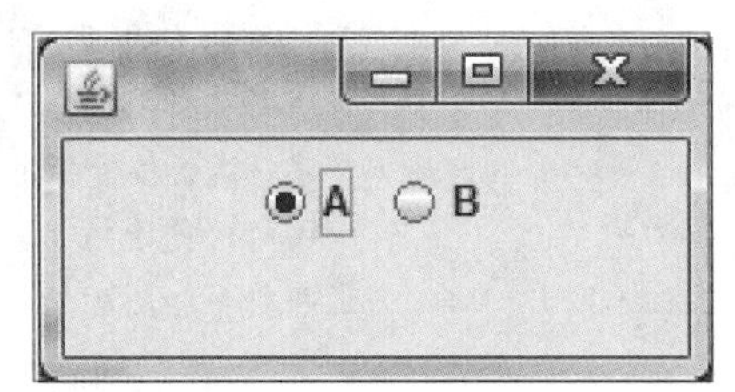

图 10-16 程序运行结果

```
...
public class 例10_8 extends JFrame {
    JRadioButton rdbA = new JRadioButton("A", true); //设置默认按钮A选中
    JRadioButton rdbB = new JRadioButton("B");
    public 例10_8(){
        this.add(rdbA); this.add(rdbB);
        ButtonGroup btngrp = new ButtonGroup();       //创建按钮组对象
        btngrp.add(rdbA);btngrp.add(rdbB);            //单选按钮被添加到同一按钮组中
        rdbA.addItemListener(this);                   //注册选项事件监听器
        rdbB.addItemListener(this);
        this.setLayout(new FlowLayout());             //窗体设为流布局
        ...
    }
    public void itemStateChanged(ItemEvent e) {
```

```
            System.out.println("OK");
        }
        ...
    }
```

在例10.8中，切换按钮A和B的选中状态，在控制台中会一次输出两个OK。这是因为取消按钮A的选中状态会发生一次选项事件，选中按钮B也会发生一次选项事件。不仅仅是单选按钮，本章后面的组合框与列表框也是这样，这一点初学者要注意。此时，可以利用单选按钮对象的isSelected()方法判断哪个单选按钮被选中，从而解决itemStateChanged()方法代码被执行两次的问题。例如：

```
if ( rdbA. isSelected())
        System.out.println("按钮A被选中");
if ( rdbB. isSelected())
        System.out.println("按钮B被选中");
```

这里还需要注意的是，按钮组对象btngrp只是一个逻辑对象，并不会在窗体上显示。如果btngrp没有添加单选按钮A与B，则运行时可以同时选中它们，那么单选按钮也就失去了本来的意思。

### 10.8.2 复选框JCheckBox

复选框在Swing程序设计中的使用非常广泛，它具有一个方块图标和一段描述性文字。与单选按钮不同，复选框可以进行多选设置，每一个复选框都提供“选中”与“不选中”两种状态。

JCheckBox类的常用构造方法和JButton类相似，主要包括以下几种形式：

```
public JCheckBox ();                                  //无标签的复选框
public JCheckBox (String text);                       //带字符串标签的复选框
public JCheckBox (String text, boolean selected);//带字符串标签和指定状态的复选框
public JCheckBox (Icon icon);                         //带图标的复选框
public JCheckBox (String text ,Icon icon);            //带字符串和图标的复选框
```

JCheckBox类的常用方法见表10-12。

表 10-12　JCheckBox 类的常用方法

| 方 法 名 | 功　能 |
|---|---|
| boolean isSelected() | 判断是否被选中 |
| void setText(String text) | 设置对象的文本标签 |
| String getText() | 返回对象的文本标签 |
| void setSelected(boolean b) | 设置当前按钮的选中状态 |
| void addItemListener(ItemListener l) | 添加指定的监听器 |

与单选按钮类似，复选框的事件主要是ItemEvent选项事件，通过ItemListener监听器接口的itemStateChanged()方法进行处理。

### 10.8.3 组合框JComboBox

组合框一般用于在多个选项中选择一项的操作，用户只能选择一个项目。在未选择时，组合框显示为带按钮的选项形式，当对组合框按键或单击时，组合框会打开可列出多项的列表，提供给用户选择。由于组合框占用很少的界面空间，所以当备选的项目比较多时，一般用它来替代一

组单选按钮。

一个组合框可以看作单行文本框与列表框的组合，默认不可编辑。JComboBox类的常用构造方法包括以下几种形式：

```
public JComboBox();                          //创建空的组合框
public JComboBox(Object[] items);            //通过数组构造组合框
public JComboBox(Vector items);              //通过指定向量构造组合框
public JComboBox(ComboBoxModel model);       //通过 ComboBox 模式构造组合框
```

JComboBox类的常用方法见表10-13。

表 10-13　JComboBox 类的常用方法

| 方 法 名 | 功　能 |
| --- | --- |
| void addItem(Object obj) | 添加新的项目 |
| void removeItem(Object obj) | 删除指定项目 |
| void removeAllItem() | 删除所有项目 |
| void removeItemAt(int index) | 根据索引，删除对应的项目 |
| void setSelectedIndex(int index) | 根据索引选中对应的项，-1 表示都不选 |
| int getSelectedIndex() | 返回选中项对应的索引，-1 表示未选中任何项 |
| Object getSelectedItem() | 返回选中项目的值 |
| Object getElementAt(int index) | 返回索引对应的项目值 |
| void setEditable(boolean b) | 设置组合框是否可编辑 |
| boolean isEditable() | 返回组合框是否可编辑 |
| void setMaximumRowCount(int count) | 设置组合框显示的最多行数 |
| void showPopup() | 组合框显示其下拉选项，相当于单击下拉按钮 |

组合框的事件主要是ItemEvent选项事件，通过ItemListener监听器接口的itemStateChanged()方法进行处理。

创建组合框对象有以下几种常用方法：

（1）创建空的对象，再利用addItem()方法添加项。例如：

```
JComboBox cmbSex = new JComboBox();
cmbSex.addItem ( "男" );
cmbSex.addItem ( "女" );
```

（2）使用数组作为初始化组合框的参数。例如：

```
String[] sex = { "男", "女" };
JComboBox cmbSex = new JComboBox( sex );
```

（3）使用Vector类型数据作为初始化组合框的参数。例如：

```
Vector vect = new Vector();
vect.add( "男" );
vect.add( "女" );
JComboBox cmbSex = new JComboBox( vect );
```

创建组合框对象还可以利用ComboBoxModel接口或者DefaultComboBoxModel类实现，这里不再详细叙述。

### 10.8.4 选项事件ItemEvent

在Java语言中，当进行选择性操作时，比如选择/取消选择单选按钮或复选框，修改组合框的选项，将会触发选项事件。虽然JRadioButton、JCheckBox和JComboBox组件都可以产生ActionEvent事件和ItemEvent事件，但是大多数情况下，这三种组件一般使用ItemEvent来处理。

在选项事件监听器ItemListener接口中，由itemStateChanged()方法决定如何处理该事件，如例10.8和例10.9。

ItemEvent类提供如下两种常用方法：

（1）Object getItem()：用来获得触发此次事件的选项。事件源（getSource）是组件，获得的这个选项只是该组件中的某一选项。

（2）int getStateChange()：用来获得此次事件的类型，即是由取消原来选中项的选中状态触发的，还是由选中新选项触发的。它的返回值可以用两个静态常量表示为ItemEvent.SELECTED与ItemEvent.DESELECTED。

例 10.9 在组合框中选择您喜欢的花，在控制台中显示选择情况，如图10-17所示。

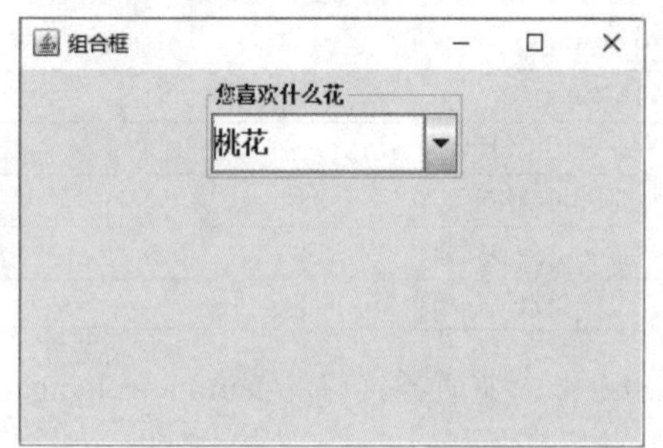


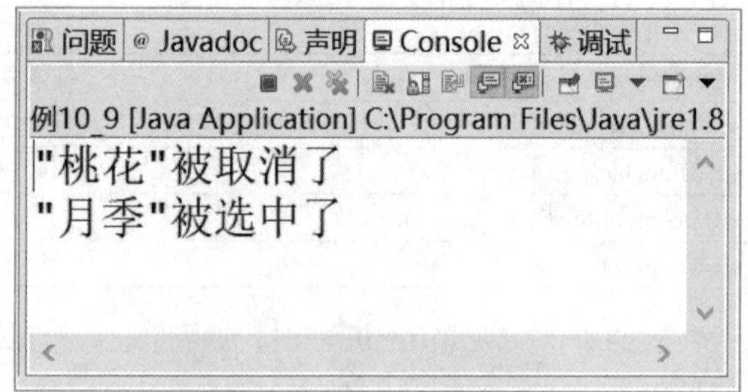


图 10-17 程序运行结果

```
…
public class 例10_9 extends JFrame implements ItemListener {
    JPanel jpTop = new JPanel();
    JComboBox cmbSex;
    public 例10_9(){
        String[] flowers = {"桃花","梅花","玫瑰","月季","茉莉","菊花"};
        cmbSex = new JComboBox(flowers);
        cmbSex.setPreferredSize(new Dimension(150,60));
        cmbSex.setBorder(BorderFactory.createTitledBorder("您喜欢什么花"));
        cmbSex.setEditable(true);                    //组合框设置为可编辑
        cmbSex.setMaximumRowCount(4);                //设置默认显示4行
        cmbSex.addItemListener(this);                //注册监听器
        jpTop.add(cmbSex);
        this.add(jpTop);
        …
    }
    public void itemStateChanged(ItemEvent e) {
```

```
        // TODO 自动生成的方法存根
        if(e.getSource() == cmbSex){
            String item = e.getItem().toString(); //得到触发事件的选项
            if(e.getStateChange() == ItemEvent.SELECTED){        //选中
                //选中该选项要处理的事件代码
                System.out.println("\"" + item + "\"被选中了");
            }
            if(e.getStateChange() == ItemEvent.DESELECTED){    //取消选中
                //取消选中该选项的事件代码
                System.out.println("\"" + item + "\"被取消了");
            }
        }
    }
    …
}
```

在例10.9中， itemStateChanged()方法处理两个选项状态发生改变时触发的事件，分别是从未选中到选中和从选中到取消选中，这一点与单选按钮类似。组合框设置为可编辑状态时，文本框上的字符是可以编辑的。当文本框上的内容发生改变并按【Enter】键时，组合框将触发选项事件。例如，当用户要输入“月季”，而下拉列表中没有这个选项时，用户就可以自己输入，将“桃花”改为“月季”，按【Enter】键后，控制台输出：

```
"桃花"被取消了
"月季"被选中了
```

如果当前组合框选中的是“月季”，当单击下拉按钮再次选择 “月季”时，选项事件并不会被触发。

### 10.8.5　列表框JList

列表框是允许用户从一个列表中选择一项或多项的组件。列表框的所有项目都是可见的，当选项比较多，超出列表框可见区的范围时，可以将列表框放入滚动面板中。

JList类的常用构造方法包括以下几种形式：

```
public JList();                          //创建空的列表框
public JList(Object[] items);            //通过数组构造列表框
public JList(Vector items);              //通过指定向量构造列表框
public JList(ListModel model);           //通过List模式构造列表框
```

JList类的常用方法见表10-14。

表 10-14　JList 类的常用方法

| 方 法 名 | 功　能 |
|---|---|
| void clearSelection() | 取消列表框中所有选中状态 |
| void setSelectedIndex(int index) | 根据索引选中对应的项 |
| void setSelectedIndices(int[] index) | 根据索引数组选中对应的项 ( 多选 ) |
| int getSelectedIndex() | 返回选中项对应的索引，-1 表示未选中任何项 |
| int[] getSelectedIndices() | 返回选中项对应的索引数组 |
| Object getSelectedValue() | 返回选中项目的值 |

续表

| 方 法 名 | 功 能 |
| --- | --- |
| Object[] getSelectedValues() | 返回选中项目的多个值组成的数组 |
| void setSelectionMode(int m) | 设置选择模式 |
| void setVisibleRowCount(int count) | 设置不带滚动条时显示的行数 |

列表框可以通过setSelectionMode()方法设置模式，参数为ListSelectionModel类的静态常量，一共有三种，默认为第三种方式：

（1）SINGLE_SELECTION：一次只能选择一项。

（2）SINGLE_INTERVAL_SELECTION：只能选择一项或连续的几项。

（3）MULTIPLE_INTERVAL_SELECTION：可以选择一项或不相邻的几项。

设置列表框的选择模式：

```
lstCity.setSelectionMode(ListSelectionModel.SINGLE_SELECTION);
```

和组合框类似，列表框对象的创建也有以下三种常用方式：

（1）使用数组作为初始化列表框的参数。例如：

```
String[] cities = {"杭州","宁波","金华","衢州","温州","舟山","湖州","绍兴"};
JList lstCity = new JList (cities);
```

（2）使用Vector类型数据作为初始化列表框的参数。例如：

```
Vector vect = new Vector();
vect.add(("男");
vect.add(("女");
JList lstSex = new JList (vect);
```

（3）使用DefaultListModel对象创建列表框。例如：

```
String[] cities = {"杭州", "宁波", "金华", "衢州", "温州", "舟山", "湖州", "绍兴"};
DefaultListModel model = new DefaultListModel();
JList lstCity = new JList (model);
for(String str : cities)
    model. addElement(str);   //通过添加或删除模型对象的内容改变列表框的项目
```

将列表框放入JScrollPane中可以利用滚动条显示更多项目，通过设置滚动面板的大小设定列表框的大小。例如：

```
JScrollPane js = new JScrollPane(lstCity);          //放入滚动面板
js.setPreferredSize(new Dimension(100,100));        //设置列表框的大小
```

JList的事件响应可以使用列表框的事件处理方式，即ListSelectionListener；也可以使用组件的鼠标响应，关于鼠标事件，第11章中详细介绍。

例 10.10 选择左边列表框中的某一项目，单击“全部移动”按钮 », 将左边列表框中的全部项目移至右边的列表框中；选择右边列表框中的某一项目，单击“全部移动”按钮 «，将右边列表框中的全部项目移至左边的列表框中，如图10-18所示。

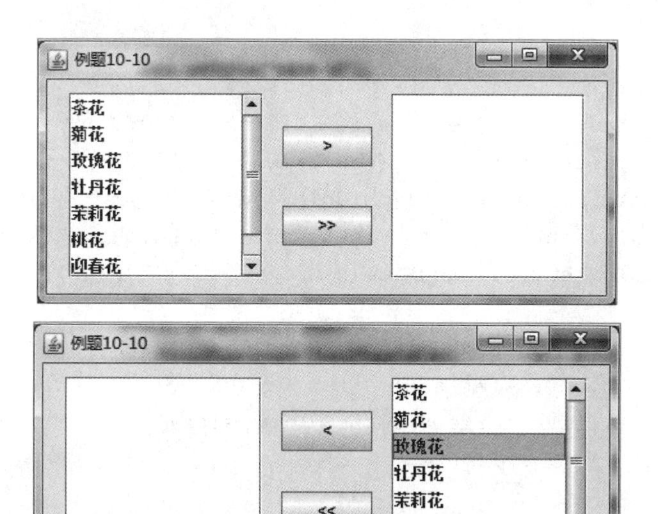


图 10-18　程序运行结果

代码如下：

```
...
public class 例10_10 extends JFrame implements ListSelectionListener,ActionListener {
    JPanel jpLeft = new JPanel();
    DefaultListModel modelLeft = new DefaultListModel();
    JList lstLeft = new JList(modelLeft);

    JPanel jpMiddle = new JPanel();                    //使用中间面板添加按钮
    JButton btnPart = new JButton(">");
    JButton btnAll = new JButton(">>");

    JPanel jpRight = new JPanel();
    DefaultListModel modelRight = new DefaultListModel();
    JList lstRight = new JList(modelRight);
    public 例10_10(){
        init();
        ...
    }

    public void init(){
        String[] flowers = {"茶花","菊花","玫瑰花","牡丹花","茉莉花","桃花","
桂花","迎春花"};
        for(String str:flowers)
            modelLeft.addElement(str);
        JScrollPane jspLeft = new JScrollPane(lstLeft);
        jspLeft.setPreferredSize(new Dimension(150,140));
        jpLeft.setPreferredSize(new Dimension(160,200));
```

```
        jpLeft.add(jspLeft);

        btnPart.setPreferredSize(new Dimension(70,30));
        btnAll.setPreferredSize(new Dimension(70,30));
        jpMiddle.add(btnPart);jpMiddle.add(btnAll);
        jpMiddle.setLayout(new FlowLayout(FlowLayout.CENTER,10,30));
        jpMiddle.setPreferredSize(new Dimension(80,200));

        JScrollPane jspRight = new JScrollPane(lstRight);
        jspRight.setPreferredSize(new Dimension(150,140));
        jpRight.setPreferredSize(new Dimension(160,200));
        jpRight.add(jspRight);

        this.setLayout(new FlowLayout());
        this.add(jpLeft);this.add(jpMiddle);this.add(jpRight);
        lstLeft.addListSelectionListener(this);
        lstRight.addListSelectionListener(this);
        btnPart.addActionListener(this);
        btnAll.addActionListener(this);
    }
    //移动全部项的方法
    public void moveAllTo(DefaultListModel from, DefaultListModel to){
        for(int i = 0; i < from.getSize(); i++)
            to.addElement(from.getElementAt(i));            //先复制
        from.removeAllElements();                           //再删除
    }

    public void actionPerformed(ActionEvent e) {
        if(e.getSource() == btnAll)
            if(btnAll.getText().equals(">>"))      //根据按钮标签，决定移动方向
                moveAllTo(modelLeft,modelRight);   //从左向右移动
            else moveAllTo(modelRight,modelLeft);  //从右向左移动
    }

    public void valueChanged(ListSelectionEvent e) {
        if(e.getValueIsAdjusting()){                      //当单击鼠标时
            if(e.getSource() == lstLeft)
                if(lstLeft.getSelectedIndex() != -1){     //选中左边的项目
                    lstRight.clearSelection();     //清除右边的选中项目
                    btnPart.setText(">");          //设置按钮标签
                    btnAll.setText(">>");
                }
            if(e.getSource() == lstRight)
                if(lstRight.getSelectedIndex() != -1){    //选中右边的项目
```

```
                    lstLeft.clearSelection();        //清除左边的选中项目
                    btnPart.setText("<");            //设置按钮标签
                    btnAll.setText("<<");
                }
            }
        }
        ...
}
```

ListSelectionListener接口中的valueChanged()方法总是被执行两次，按下鼠标执行一次，释放鼠标执行一次。为了解决这个问题，可以使用JList的getValueIsAdjusting()方法：当鼠标按下时，getValueIsAdjusting()返回true；当鼠标释放时，getValueIsAdjusting()返回false。

# 10.9　综合实践

**题目描述**

宿舍管理是高校管理的重要组成部分，一套优秀的管理系统不仅可以降低宿舍管理的难度，也能在一定程度上减少学校管理费用的支出，更是建设现代化高校管理体系的重要标志。通过学习第10～12章，逐步设计并实现一个宿舍管理系统，它包括以下功能：登录退出、房间管理、班级管理、学生管理。本章实现功能如下：

（1）实现房间管理中“添加房间”对话框，如图10-19所示。对话框中要实现文本框、组合框、日期选择框三种组件。单击“重置内容”按钮，所有组件中填入信息重置。单击“添加房间”按钮，在控制台中打印要添加的房间信息。

（2）实现班级管理中“新增班级”对话框，如图10-20所示。对话框中要实现文本框、日期选择框两种组件。单击“重置”按钮，所有组件中填入信息重置。单击“添加”按钮，在控制台中打印要添加的班级信息。

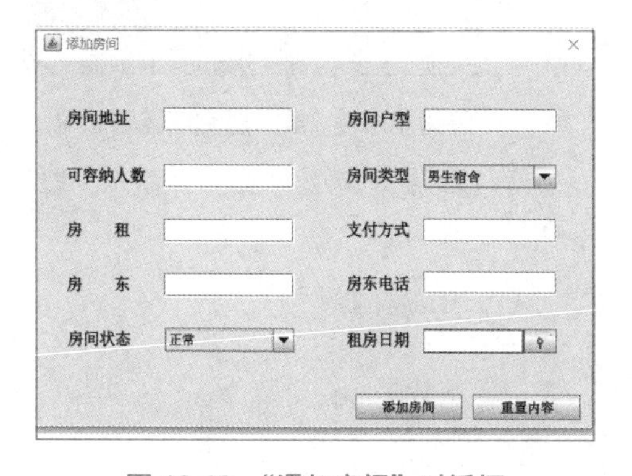


图 10-19　“添加房间”对话框

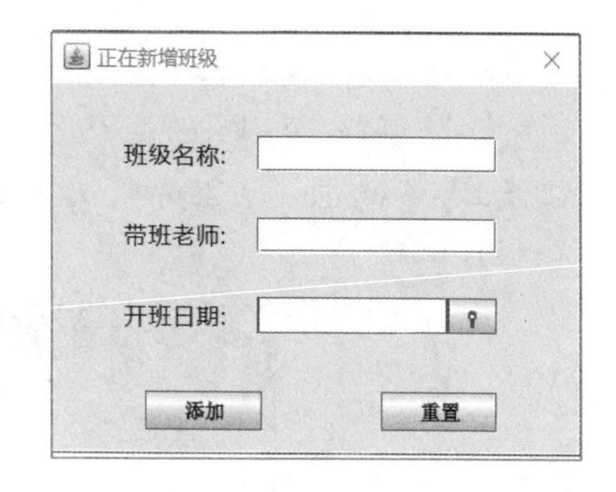


图 10-20　“新增班级”对话框

# 习　　题

1. 创建一个窗体，标题为“Swing程序设计”（见图10-21），大小为300×100，且窗口的大小不可改变；设置不同的窗口关闭方式，运行程序并观察各种方式之间的不同之处。

2. 在第1题的窗体中，添加一个标签，字体颜色为红色，标签文本为“姓名：”；添加一个JTextField，宽度为10，文本框不允许编辑；添加一个按钮，文本为“显示”，按钮为不可用状态；添加一个JTextArea，5行10列，文本域带有滚动条。

3. 利用流布局与绝对布局，分别创建如图10-22所示界面。

图 10-21　第 1 题程序运行结果

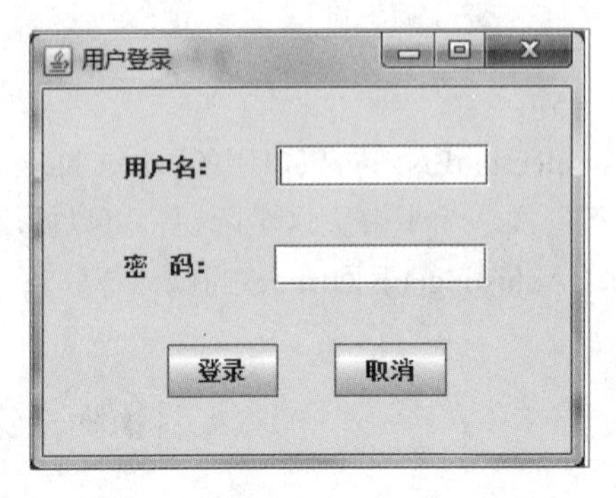


图 10-22　第 3 题程序运行结果

4. 利用Java Swing技术设计一个求解一元二次方程根的图形用户界面应用程序，程序运行界面如图10-23所示。

5. 设计一个简单的计数器，通过单击“点我”按钮进行计数，每单击一次按钮，计数器加1；单击“重置”按钮，计数清零，运行结果如图10-24所示。

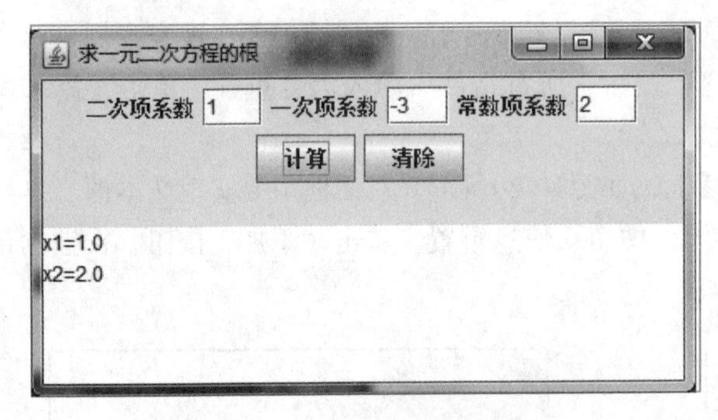


图 10-23　第 4 题程序运行结果

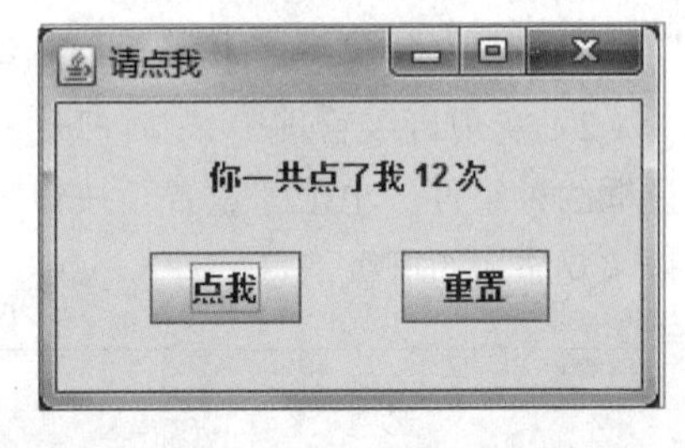


图 10-24　第 5 题程序运行结果

6. 编写一个Windows应用程序，输入一个阿拉伯数字，输出对应的中文大写数字，程序运行结果如图10-25所示。

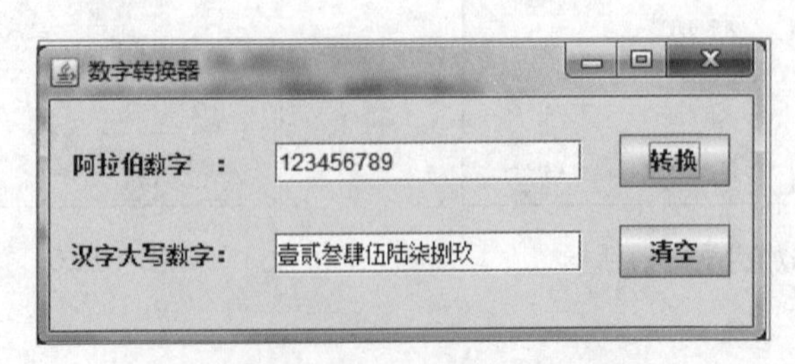


图 10-25　第 6 题程序运行结果

7. 利用Swing程序设计实现第8章习题第1题，单击“得到一个随机数”按钮，系统得到一个随机数，且该按钮变为不可用；输入数字，单击“确定”按钮，得到反馈信息，直到猜中该随机数为止。当在文本框中输入数字并按【Enter】键时，则得到反馈信息（相当于单击“确定”按钮），程序运行结果如图10-26所示。

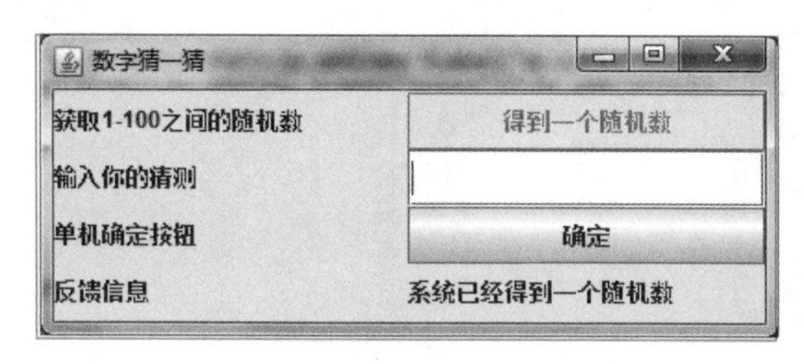


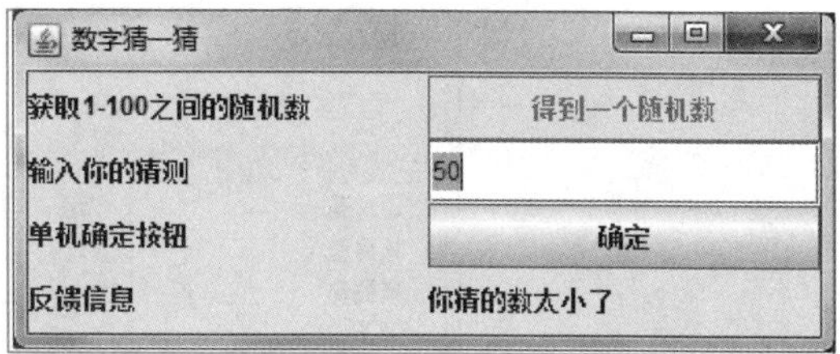


图10-26　第7题程序运行结果

8. 参考Windows附件中的计算器，设计“计算器”窗体如图10-27所示，实现简单的计算功能。

9. 实现图10-28所示的“单选按钮计算器”窗体，运算符从单选按钮中选择，计算结果在提示标签中输出。

图10-27　第8题程序运行结果

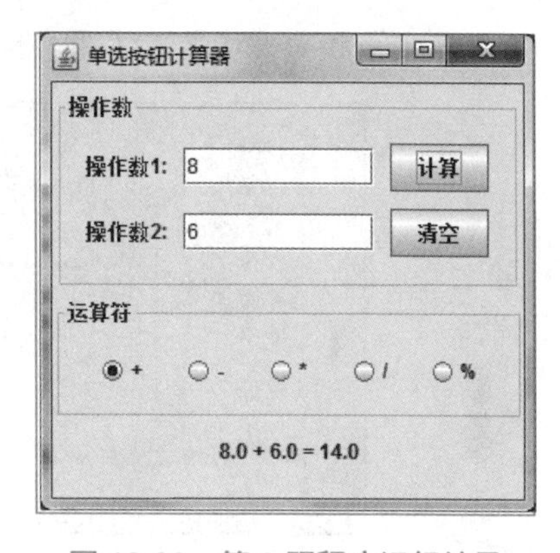


图10-28　第9题程序运行结果

10. 实现图10-29所示的“复选框计算器”窗体，运算符从复选框中选择，计算结果在提示标签中输出。

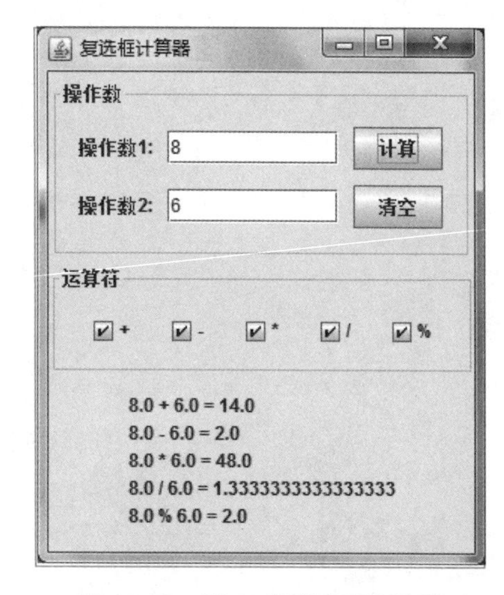


图10-29　第10题程序运行结果

11．实现计算器，运算符从下拉框中选择，计算结果在提示标签中输出。

12．完成例10.10中“部分移动”按钮 > 的功能，程序运行结果如图10-30所示。

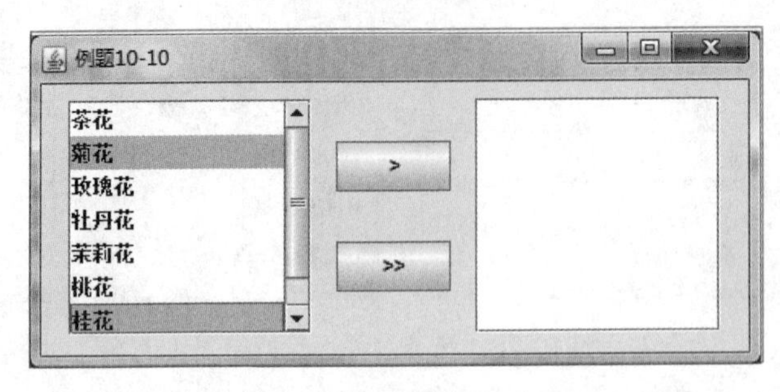


图 10-30　第 12 题程序运行结果

13．设计一个“字体”对话框，如图10-31所示。“字体”文本框与列表框、下拉框、复选框和单选按钮中的初始值分别为文本框中字体的字体名、字号、字形和颜色；当这些属性值发生改变时，“测试字体”文本框中的字体和颜色也会随之发生改变；单击“取消”按钮，则对话框关闭，“确定”按钮功能暂时不用实现。

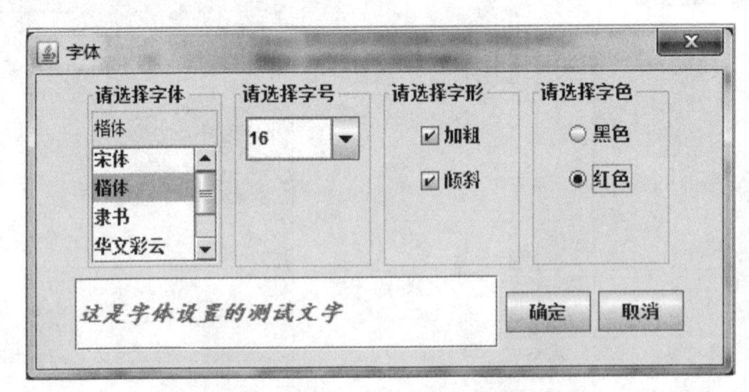


图 10-31　第 13 题程序运行结果

# 第11章 图形用户界面应用开发

**学习目标**

◎熟练掌握下拉式菜单和弹出式菜单的制作及使用方法；

◎熟练掌握键盘事件与鼠标事件的接口和各种方法；

◎掌握JOptionPane类、JFileChooser类和自定义对话框的使用方法；

◎掌握File类的常用方法，了解输入/输出流的使用方法，掌握带缓存的输入/输出流的使用方法；

◎掌握工具栏的制作，能利用AWT进行简单绘图。

**素质目标**

◎通过实际项目的练习，培养实践能力。

## 11.1 案例11-1：记事本（一）

### 1. 案例说明

以附件中的记事本为范本，编写一个自己的记事本，程序运行结果如图11-1所示。分别为实现“文件”菜单中“退出”菜单项的功能；实现“编辑”菜单中所有菜单项的功能；实现“格式”菜单中“自动换行”菜单项的功能；实现弹出式菜单中所有菜单项的功能。程序运行结果如图11-1所示。

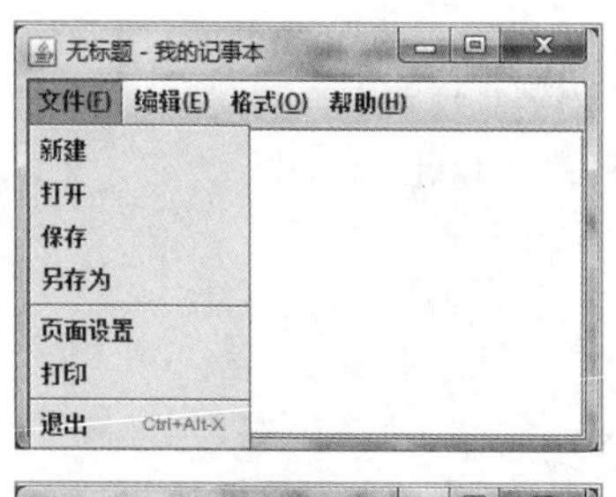


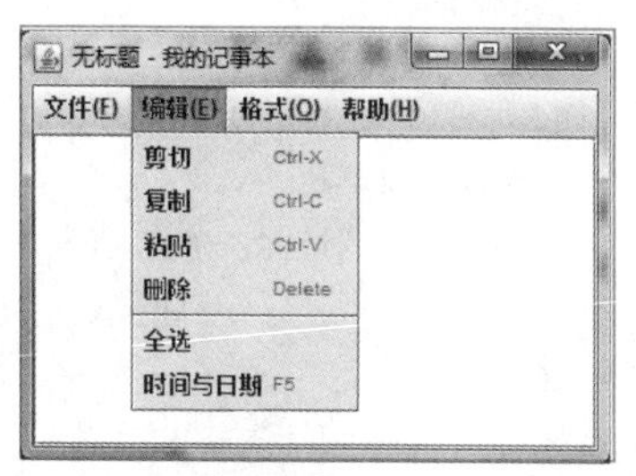


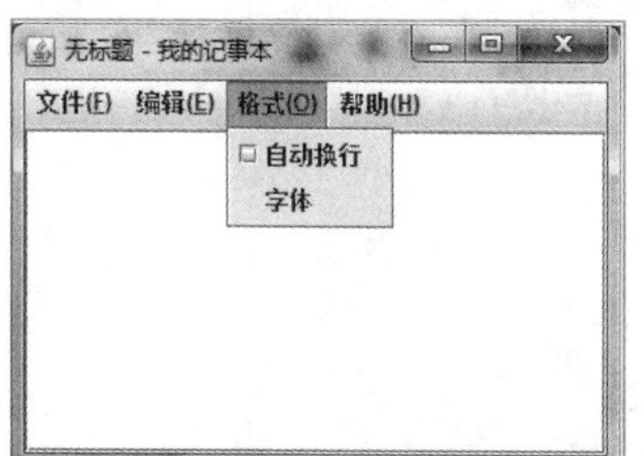


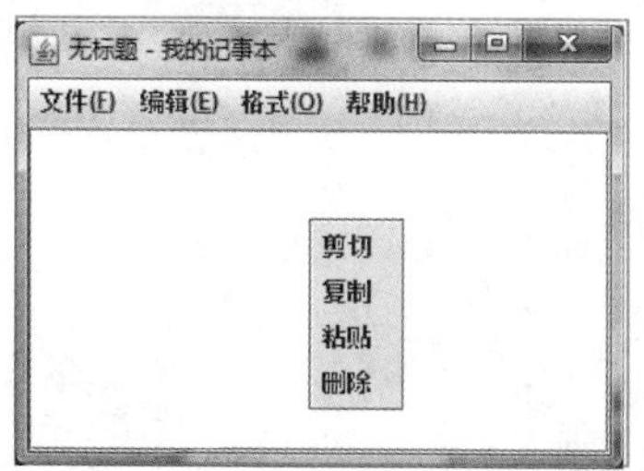


图 11-1 程序运行结果

2. 实现步骤

（1）在chap11包中创建Example11_1类，将超类设置为javax.swing.JFrame，并添加java.awt.event.ActionListener接口。

（2）输入相应代码，运行程序。

```
...
public class Example11_1 extends JFrame{
    JMenuBar jmb = new JMenuBar( );                    //创建菜单栏对象
    JMenu jmFile = new JMenu("文件(F)");               //创建菜单对象
    JMenuItem jmiNew = new JMenuItem("新建");          //创建菜单项对象
    JMenuItem jmiOpen = new JMenuItem("打开");
    JMenuItem jmiSave = new JMenuItem("保存");
    JMenuItem jmiSaveAs = new JMenuItem("另存为");
    JMenuItem jmiPageSet = new JMenuItem("页面设置");
    JMenuItem jmiPrint = new JMenuItem("打印");
    JMenuItem jmiQuit = new JMenuItem("退出");
    JMenuItem[] fileJmiArray = {jmiNew, jmiOpen, jmiSave, jmiSaveAs,
jmiPageSet, jmiPrint, jmiQuit};

    JMenu jmEdit = new JMenu("编辑(E)");               //创建菜单对象
    JMenuItem jmiCut = new JMenuItem("剪切");
    JMenuItem jmiCopy = new JMenuItem("复制");
    JMenuItem jmiPaste = new JMenuItem("粘贴");
    JMenuItem jmiDelete = new JMenuItem("删除");
    JMenuItem jmiSelectAll = new JMenuItem("全选");
    JMenuItem jmiDate = new JMenuItem("时间与日期");
    JMenuItem[] editJmiArray = {jmiCut, jmiCopy, jmiPaste, jmiDelete,jmiSelectAll,
  jmiDate};

    JPopupMenu jpm = new JPopupMenu();                 //创建弹出式菜单对象
    JMenuItem jmiPopCut = new JMenuItem("剪切");
    JMenuItem jmiPopCopy = new JMenuItem("复制");
    JMenuItem jmiPopPaste = new JMenuItem("粘贴");
    JMenuItem jmiPopDelete = new JMenuItem("删除");
    JMenuItem[] popJmiArray = {jmiPopCut, jmiPopCopy, jmiPopPaste, jmiPopDelete};

    JMenu jmFormat = new JMenu("格式(O)");             //创建菜单对象
    JCheckBoxMenuItem chkmiAutoWrap = new JCheckBoxMenuItem("自动换行");
    JMenuItem jmiFont = new JMenuItem("字体");

    JMenu jmHelp =  new JMenu("帮助(H)");              //创建菜单对象
    JMenuItem jmiAbout = new JMenuItem("关于记事本");

    JTextArea txt = new JTextArea();
    JScrollPane jsp = new JScrollPane(txt);            //将文本域添加到滚动条面板
```

```
public Example11_1(){
    init();                                     //界面设计
    setMnemonicAndAccelerator();                //设置快捷键和加速器
    txt.addMouseListener(new MouseAdapter(){            //文本框鼠标事件
        public void mouseReleased(MouseEvent e) {
            if(e.isPopupTrigger())          //判断是否应该弹出右键菜单
                jpm.show(txt, e.getX(), e.getY());  //显示弹出式菜单
        }
    });
    chkmiAutoWrap.addItemListener(new ItemListener(){ //自动换行选项事件
        public void itemStateChanged(ItemEvent arg0) {
            if(chkmiAutoWrap.isSelected())
                txt.setLineWrap(true); //文本框设置为自动换行
            else txt.setLineWrap(false);
        }
    });
    this.setTitle("无标题 - 我的记事本");
    …
}

public void init(){
    txt.setFont(new Font("宋体",Font.PLAIN,18));     //设置默认字体格式
    jmb.add(jmFile);                            //将菜单对象添加到菜单栏对象中
    for(int i = 0;i < fileJmiArray.length; i++){
        if(i == 4 || i == 6)  jmFile.addSeparator();//添加分隔线
        jmFile.add(fileJmiArray[i]);        //将菜单项对象添加到菜单对象中
        fileJmiArray[i].addActionListener(new FileActionListener());
    }
    jmb.add(jmEdit);
    for(int i = 0; i <editJmiArray.length; i++){
        if(i == 4)  jmEdit.addSeparator();
        jmEdit.add(editJmiArray[i]);
        editJmiArray[i].addActionListener(new EditActionListener());
    }
    for(JMenuItem jmi: popJmiArray){
        jpm.add(jmi);
        jmi.addActionListener(new EditActionListener());
    }
    jmb.add(jmFormat); jmFormat.add(chkmiAutoWrap);jmFormat.add(jmiFont);
    jmb.add(jmHelp);       jmHelp.add(jmiAbout);
    this.setJMenuBar(jmb);                      //设置窗体的菜单栏
    this.add(jsp);                              //将滚动条面板添加到窗体中
}

public void setMnemonicAndAccelerator(){
```

```
        //设置菜单的快捷键
        jmFile.setMnemonic('F');
        jmEdit.setMnemonic('E');
        jmFormat.setMnemonic('O');
        jmHelp.setMnemonic('H');
        //设置各菜单项加速器

      jmiQuit.setAccelerator(KeyStroke.getKeyStroke(KeyEvent.VK_X,KeyEvent. CTRL_
MASK |KeyEvent.ALT_MASK));
      jmiCopy.setAccelerator(KeyStroke.getKeyStroke(KeyEvent.VK_C,KeyEvent.
CTRL_MASK));
      jmiCut.setAccelerator(KeyStroke.getKeyStroke(KeyEvent.VK_X,KeyEvent. CTRL_
MASK));
     jmiPaste.setAccelerator(KeyStroke.getKeyStroke(KeyEvent.VK_V,KeyEvent. CTRL_
MASK));
        jmiDelete.setAccelerator(KeyStroke.getKeyStroke(KeyEvent.VK_DELETE,0));
        jmiDate.setAccelerator(KeyStroke.getKeyStroke(KeyEvent.VK_F5,0));
    }
    //创建类FileActionListener实现文件菜单中菜单项的actionPerformed处理方法
    class FileActionListener implements ActionListener{
        public void actionPerformed(ActionEvent e) {
            if(e.getActionCommand().equals("退出"))//事件源上的标签为"退出"时
                System.exit(0);                     //程序退出
        }
    }
    //创建类EditActionListener实现编辑菜单与弹出式菜单中菜单项的actionPerformed处理方法
    class EditActionListener implements ActionListener{
        public void actionPerformed(ActionEvent e) {
            //当事件源为jmiCopy或jmiPopCopy时
            if (e.getSource() == jmiCopy || e.getSource() == jmiPopCopy)
                txt.copy();
            if(e.getActionCommand().equals("剪切")) //事件源上的标签为"剪切"时
                txt.cut();
            else if(e.getActionCommand().equals("粘贴"))
                txt.paste();
            else if(e.getActionCommand().equals("全选"))
                txt.selectAll();
            else if(e.getActionCommand().equals("删除"))
                if(txt.getSelectedText() != null)
                    txt.replaceSelection(""); //将选中文本替换成空字符串，即删除
            else if(e.getActionCommand().equals("时间与日期")){
                Date date = new Date();        //创建一个日期对象
                txt.insert(date.toString(),txt.getCaretPosition());
                                               //在当前光标处插入
            }
        }
```

```
        }
        …
    }
```

（3）输入测试文本，并单击各菜单项进行测试。

3. 知识点分析

本案例模拟附件中的记事本，设计了一个“记事本”窗体，设置窗体的各种属性值；根据记事本的功能需求，添加下拉式菜单的三大组件：菜单栏JMenuBar、菜单JMenu和菜单项JMenuItem，以及弹出式菜单JPopupMenu，并编写相应组件的动作事件处理程序，实现部分菜单项的功能。

## 11.2　下拉式菜单的制作

菜单是非常重要的GUI组件，包括下拉式菜单和弹出式菜单，菜单中包含的内容丰富，层次结构鲜明，用户可以非常快捷地使用菜单中的各种功能，因此菜单在程序设计中十分常见。

下拉式菜单位于窗体顶部，又称主菜单。它包括三大组件：菜单栏JMenuBar、菜单JMenu和菜单项JMenuItem。

下面以案例11-1为例，介绍创建下拉式菜单的具体步骤：

（1）创建菜单栏对象jmb，并添加到窗体的菜单栏中。

```
JMenuBar jmb = new JMenuBar( );
this.setJMenuBar(jmb);                    // 注意不能用 this.add(jmb);
```

（2）创建菜单对象jmFile，并将其添加到菜单栏对象jmb中。

```
JMenu jmFile = new JMenu("文件(F)");
jmb.add(jmFile);
```

（3）创建菜单项对象jmiQuit，并将其添加到菜单对象jmFile中。

```
JMenuItem jmiQuit = new JMenuItem("退出");
jmFile.add(jmiQuit);
```

（4）为菜单项注册事件监听器，捕获菜单项被单击的事件。

```
jmiQuit.addActionListener(…);
```

如果需要，还可以在一个菜单中添加子菜单，即将一个菜单对象添加到其所属的上级菜单对象中。

1. 菜单栏JMenuBar

JMenuBar类用来创建菜单栏，它是整个下拉式菜单的根，也是菜单JMenu的容器。JMenuBar类的常用方法见表11-1。

表 11-1　JMenuBar 类的常用方法

| 方 法 名 | 功　能 |
|---|---|
| void add(JMenu jm) | 添加菜单对象到菜单栏中 |
| boolean isSelected () | 返回菜单栏的选中状态 |
| int getMenuCount() | 返回菜单栏上的菜单数 |
| JMenu getMenu(int index) | 返回菜单栏上指定位置的菜单 |

### 2. 菜单JMenu

JMenu类用来创建菜单，菜单用来添加菜单项和子菜单，菜单组件需要添加在菜单栏中。利用菜单组件，可以实现对菜单项的分类管理。JMenu类的常用方法见表11-2。

表 11-2 JMenu 类的常用方法

| 方法名 | 功能 |
|---|---|
| void add(Component c) | 添加组件对象到菜单中 |
| void setText(String text) | 设置菜单的文本 |
| void setIcon(Icon icon) | 为菜单设置图标 |
| void setEnabled(boolean b) | 设置菜单是否可用 |
| void addSeparator() | 添加分隔线到此菜单的末尾 |
| void insertSeparator(int index) | 在菜单的指定位置插入分隔线 |
| boolean isSelected () | 返回菜单的选中状态 |
| int getItemCount() | 返回菜单中菜单项的数量，包括分隔线 |
| void setMnemonic(char c) | 设置菜单的快捷键 |

使用快捷键会给用户使用软件带来方便，为菜单和菜单项设置快捷键可以使用setMnemonic方法，例如：

```
jmFile.setMnemonic('F');                          //通过字符设置
jmFile. setMnemonic(KeyEvent.VK_F);               //通过键码设置
```

该方法仅支持A～Z的键设置为快捷键，若菜单或菜单项设置了快捷键，那么对应字符下方会出现一条下画线，如图11-1所示。快捷键不区分大小写。

### 3. 菜单项JMenuItem

JMenuItem类用来创建菜单项，它是菜单树的“叶子”。当用户单击菜单项时，将触发ActionEvent事件。JMenuItem类的常用方法见表11-3。

表 11-3 JMenuItem 类的常用方法

| 方法名 | 功能 |
|---|---|
| void setText(String text) | 设置菜单项的文本 |
| void setIcon(Icon icon) | 为菜单项设置图标 |
| void setEnabled(boolean b) | 设置菜单项是否可用 |
| void setAccelerator(KeyStroke keystroke) | 设置菜单项的加速器 |
| void setMnemonic(char c) | 设置菜单项的快捷键 |

菜单项除了可以设置快捷键以外，还可以设置加速器。使用加速器时，不需要展开对应的菜单，即可激活相应菜单项对应的事件。设置菜单项加速器可通过setAccelerator()方法，例如，【F5】键的设置：

```
jmiDate.setAccelerator(KeyStroke.getKeyStroke(KeyEvent.VK_F5,0));
```

组合键【Ctrl+C】的设置：

```
jmiCopy.setAccelerator(KeyStroke.getKeyStroke(KeyEvent.VK_C, KeyEvent.CTRL_MASK));
```

组合键【Ctrl+Alt+X】的设置：

```
jmiQuit.setAccelerator(KeyStroke.getKeyStroke(KeyEvent.VK_X, KeyEvent.CTRL_
MASK | KeyEvent.ALT_MASK));
```

另外，在菜单中还可以添加单选菜单项JRadioButtonItem和复选菜单项JCheckBoxItem，它们的用法与单选按钮及复选框类似，单选菜单项也必须添加到按钮组中，这里不再详细叙述。

例 11.1 创建一个窗体，菜单栏中包含“字体”与“帮助”菜单，各菜单的设计如图11-2所示，并实现其具体功能。

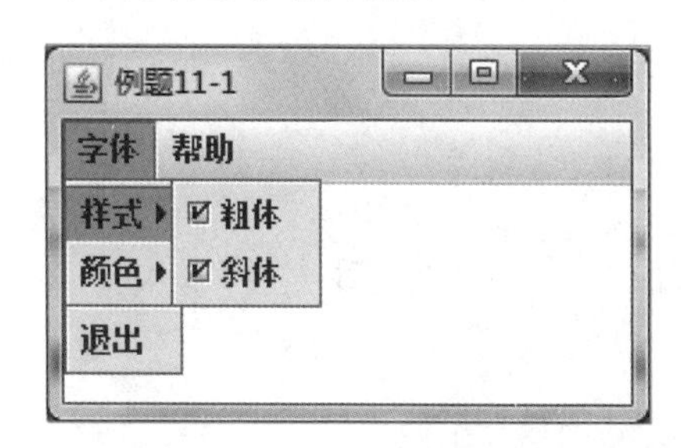


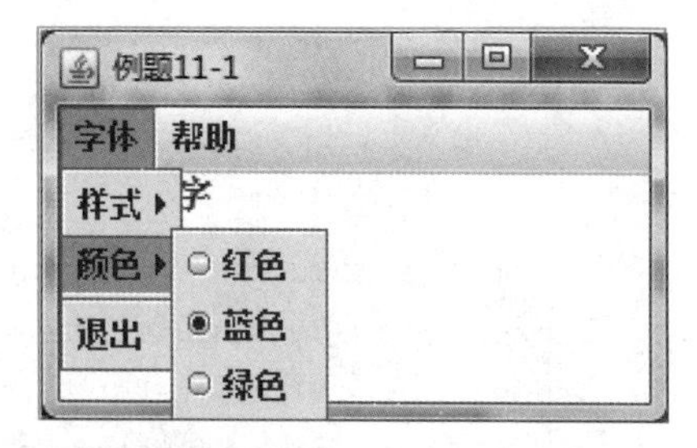


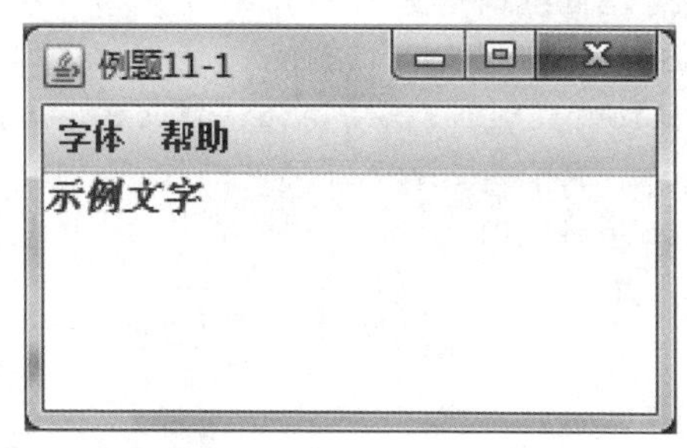


图 11-2 程序运行结果

```
...
public class 例11_1 extends JFrame implements ItemListener{
    JMenuBar jmb = new JMenuBar();                    //创建菜单栏
    JMenu jmFont = new JMenu("字体");                 //创建菜单
    JMenu jmStyle = new JMenu("样式");                //创建子菜单
    JCheckBoxMenuItem chkmiBold = new JCheckBoxMenuItem("粗体");//复选菜单项
    JCheckBoxMenuItem chkmiItalic = new JCheckBoxMenuItem("斜体");
    JMenu jmColor = new JMenu("颜色");                //创建子菜单
    JRadioButtonMenuItem rdbmiRed = new JRadioButtonMenuItem("红色");
    JRadioButtonMenuItem rdbmiBlue = new JRadioButtonMenuItem("蓝色");
    JRadioButtonMenuItem rdbmiGreen = new JRadioButtonMenuItem("绿色");
    JMenuItem jmiExit = new JMenuItem("退出");        //创建菜单项
    JMenu jmHelp = new JMenu("帮助");
    JMenuItem jmiAbout =  new JMenuItem("关于");
    JTextArea txtDemo = new JTextArea("示例文字");
    public 例11_1(){                                  //构造方法
        this.setJMenuBar(jmb);                        //将菜单栏设置为窗体的主菜单
        jmb.add(jmFont);jmb.add(jmHelp);              //将菜单项加入菜单
        ButtonGroup bg = new ButtonGroup();//创建按钮组
        bg.add(rdbmiBlue);bg.add(rdbmiGreen);bg.add(rdbmiRed);

        jmFont.add(jmStyle);  jmFont.add(jmColor); //在菜单中添加子菜单
```

```
        jmFont.addSeparator();                  //添加分隔线
        jmFont.add(jmiExit);
        jmStyle.add(chkmiBold);                 //将复选菜单项加入"样式"菜单
        jmStyle.add(chkmiItalic);
        jmColor.add(rdbmiRed);                  //将单选菜单项加入"颜色"菜单
        jmColor.add(rdbmiBlue);
        jmColor.add(rdbmiGreen);
        jmHelp.add(jmiAbout);

        chkmiItalic.addItemListener(this); //注册监听器
        chkmiBold.addItemListener(this);
        rdbmiRed.addItemListener(this);
        rdbmiBlue.addItemListener(this);
        rdbmiGreen.addItemListener(this);
        jmiExit.addActionListener(new ActionListener(){    //退出菜单项的动作事件
            public void actionPerformed(ActionEvent arg0) {
                System.exit(0);
            }
        });
        this.add(txtDemo);
        …
    }

    public void itemStateChanged(ItemEvent e) {
        if(e.getStateChange() == ItemEvent.SELECTED){
            //设置字体颜色
            if(rdbmiRed.isSelected())
                txtDemo.setForeground(Color.red) ;
            else if(rdbmiBlue.isSelected())
                txtDemo.setForeground(Color.blue ) ;
            else if(rdbmiGreen.isSelected())
                txtDemo.setForeground(Color.green);
            //设置字体
            int style = 0;                      //0为常规
            if(chkmiBold.isSelected())
                style += 1;                     //1为加粗
            if(chkmiItalic.isSelected())
                style += 2;                     //2为倾斜，3为加粗倾斜
            txtDemo.setFont(new Font("宋体", style,1 4));//设置文本域字体
        }
    }
    …
}
```

# 11.3　键盘事件

处理键盘事件的程序在KeyListener接口中实现，该接口中有三个抽象方法，分别在发生击键事件、按下按键与释放按键时被触发。键盘事件处理方法如下：

```
public void keyTyped(KeyEvent e)       //当发生击键事件时被触发
public void keyPressed(KeyEvent e)     //当按键被按下时被触发
public void keyReleased(KeyEvent e)    //当按键被释放时被触发
```

键盘事件只能在事件源组件获得输入焦点时才能被触发，对于某些无法获得焦点的组件，可以通过setFocusable()方法，参数设置为true即可。在每个抽象方法中都传入了KeyEvent类的对象，KeyEvent类的常用方法见表11-4。

表 11-4　KeyEvent 类的常用方法

| 方 法 名 | 功　能 |
|---|---|
| Object getSource() | 返回事件源 |
| char getKeyChar() | 返回与此按键关联的字符 |
| int getKeyCode() | 返回与此按键对应的键码 |
| String getKeyText(int keycode) | 返回键码对应按键的标签，如 A、F1、Backspace 等 |
| boolean isActionKey() | 判断按键是否为“动作”键 |
| boolean isControlDown() | 判断【Ctrl】键在此事件中是否被按下 |
| boolean isAltDown() | 判断【Alt】键在此事件中是否被按下 |
| boolean isShiftDown() | 判断【Shift】键在此事件中是否被按下 |
| void consume() | 销毁键盘事件，使其不能传递到对应的组件 |

创建一个窗体，通过文本框演示键盘事件，运行结果如图11-3所示。

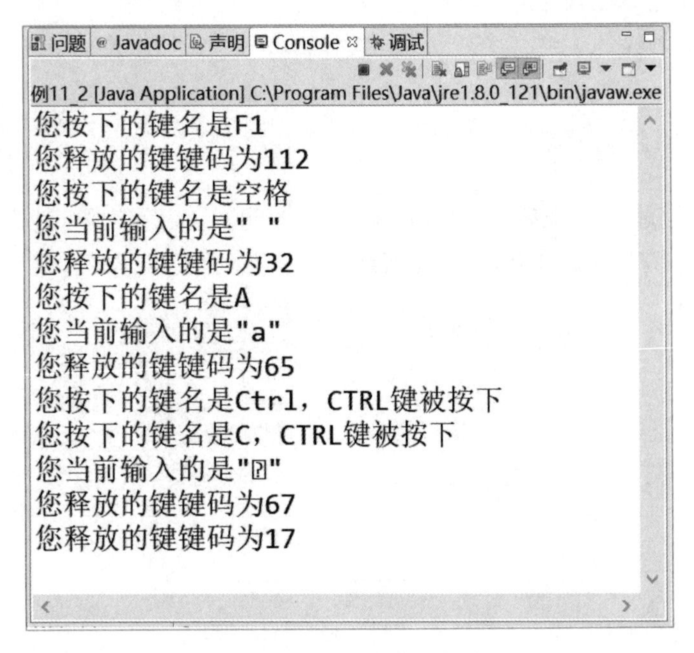


图 11-3　例 11.2 程序运行结果

代码如下：

```
…
public class 例11_2 extends JFrame implements KeyListener{
    JTextField txt = new JTextField(10);
    public 例11_2(){
        txt.addKeyListener(this);
        this.setLayout(new FlowLayout());
        this.add(txt);
        …
    }
    public void keyPressed(KeyEvent e) {
        String keyText = KeyEvent.getKeyText(e.getKeyCode());
        System.out.print("您按下的是非动作键\""+keyText+"\"");
        if(e.isControlDown())
            System.out.print(", CTRL键被按下");
        if(e.isAltDown())
            System.out.print(", ALT键被按下");
        if(e.isShiftDown())
            System.out.print(", SHIFT键被按下");
        System.out.println();
    }
    public void keyReleased(KeyEvent e) {
        System.out.println("您释放的键键码为" + e.getKeyCode());
    }
    public void keyTyped(KeyEvent e) {
        System.out.println("您当前输入的是\"" + e.getKeyChar() + "\"");
    }
    …
}
```

例11.3 创建一个程序，在窗体的文本框中只能输入数字，输入其他字符则文本框无响应，所有输入过的字符均在标签上显示。运行结果如图11-4所示。

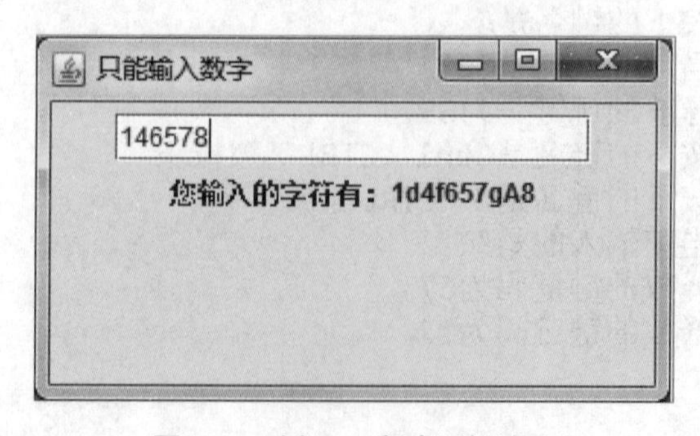


图11-4 例11.3程序运行结果

```
…
public class 例11_3 extends JFrame {
```

```
        JLabel lblOut = new JLabel("您输入的字符有: ");
        JTextField txt = new JTextField(20);
        public 例11_3(){
            txt.addKeyListener(new MyKeyListener());
            …
        }
        //创建MyKeyListener类，继承适配器类KeyAdapter
        class MyKeyListener extends KeyAdapter{
            public void keyTyped(KeyEvent e) {
                lblOut.setText(lblOut.getText()+e.getKeyChar());    //在标签上显
示输入的字符
                if((e.getKeyChar()<'0' || e.getKeyChar()>'9'))       //如果输入的
不是数字
                    e.consume();                                    //销毁键盘事件
            }
        }
        …
    }
```

在Java语言中，每个具有两个或两个以上方法的监听器接口都有一个对应的适配器类。在适配器类的对象中不需要重载其他无关的方法，只需要实现事件对应的方法即可。

在例11.3中，使用了适配器类KeyAdapter，如果这里还是继续使用KeyListener接口，那么在程序中仍然需要重载另外两个空的方法keyPressed()与keyReleased()。编写监听器类时，只需要从适配器类派生一个子类。另外也可以在注册监听器时，直接使用匿名内部类，例11.3可以改写成：

```
txt.addKeyListener(new KeyAdapter(){…});
```

在上述两个例题中，需要注意的是：

（1）有一部分键码与其ASCII码相同（如A～Z），但是也有一些是不一样的，因此不能把键码等同于ASCII码。

（2）在keyTyped()与keyReleased()方法中无法判断是否按下组合键，Ctrl、Alt和Shift。

（3）在keyTyped()方法中不能使用getKeyCode()方法，否则其返回值为0。

（4）getKeyCode()方法返回的是按键对应的键码，无法区分大小写。

（5）getKeyChar()方法返回的是按键对应的字符，区分大小写。

（6）consume()方法只在keyTyped()方法中有效。

## 11.4　鼠标事件

所有组件都可以发生鼠标事件，鼠标事件对应两个接口：MouseListener和MouseMotion Listener。其中，MouseListener接口用来监听鼠标的移入组件、移出组件、按键被按下、按键被释放和按键单击事件；而MouseMotionListener接口用来监听鼠标移动相关的事件，包括鼠标移动和鼠标拖动事件。

在MouseListener接口中需要实现的方法有：

```
public void MouseEntered(MouseEvent e)            //鼠标移入组件时被触发
public void MousePressed(MouseEvent e)            //鼠标按键被按下时被触发
public void MouseReleased(MouseEvent e)           //鼠标按键被释放时被触发
public void MouseClicked(MouseEvent e)            //单击鼠标按键时被触发
public void MouseExited(MouseEvent e)             //鼠标离开组件时被触发
```

这里需要注意的是，如果按键是在移出组件之后才被释放，则不会触发单击鼠标事件。

在MouseMotionListener接口中需要实现的方法有：

```
public void MouseDragged(MouseEvent e)            //拖动鼠标时被触发
public void MouseMoved(MouseEvent e)              //移动鼠标时被触发
```

在每个抽象方法中都传入了MouseEvent类的对象，MouseEvent类的常用方法见表11-5。

表 11-5　MouseEvent 类的常用方法

| 方 法 名 | 功　能 |
| --- | --- |
| Object getSource() | 返回事件源 |
| int getButton() | 返回触发事件的按键值，1 表示鼠标左键，2 表示鼠标滚轮，3 表示鼠标右键 |
| int getClickCount() | 返回单击鼠标按键的次数 |
| boolean isControlDown() | 判断【Ctrl】键在此事件中是否被按下 |
| boolean isAltDown() | 判断【Alt】键在此事件中是否被按下 |
| boolean isShiftDown() | 判断【Shift】键在此事件中是否被按下 |
| int getX()<br>int getY() | 返回鼠标光标所在的坐标 |

例 11.4　创建一个程序，当在窗体上移动鼠标时，在标签上实时显示当前鼠标的位置；按住【Ctrl】键的同时，在窗体上双击鼠标右键，则程序退出。

```
...
public class 例11_4 extends JFrame {
    JLabel lblOut = new JLabel("start");
    public 例11_4(){
        this.addMouseMotionListener(new MouseMotionAdapter(){
            public void mouseMoved(MouseEvent e) {
                lblOut.setText("X:"+e.getX()+"Y:"+e.getY());//在标签上显示当前坐标
            }
        });
        this.addMouseListener(new MouseAdapter(){
            public void mouseClicked(MouseEvent e) {
                if(e.getButton() == 3 && e.getClickCount() ==2 && e.isControlDown())
                    System.exit(0);
            }
        });
        ...
    }
```

```
    ...
}
```

# 11.5　创建弹出式菜单

弹出式菜单又称右键菜单，也称快捷菜单。创建弹出式菜单和创建下拉式菜单的步骤相似，只是在创建下拉式菜单时先创建的是JMenuBar类的对象，而创建弹出式菜单则先创建的是JPopupMenu类的对象，然后通过为需要弹出该菜单的组件添加鼠标事件监听器，在捕获弹出菜单事件时弹出该菜单。

JPopupMenu类的常用方法见表11-6。

表 11-6　JPopupMenu 类的常用方法

| 方 法 名 | 功　能 |
|---|---|
| void add(Component c) | 添加组件对象到弹出式菜单中 |
| void setPopupSize(Dimension d) | 设置弹出窗口的大小 |
| void setPopupSize(int width, int height) | 设置弹出窗口的大小 |
| void show(Component c, int x, int y) | 在组件的（$x, y$）处显示弹出式菜单 |

例 11.5　创建一个程序，运行结果如图11-5所示，在左、右两个文本域中右击，分别弹出两个弹出式菜单。

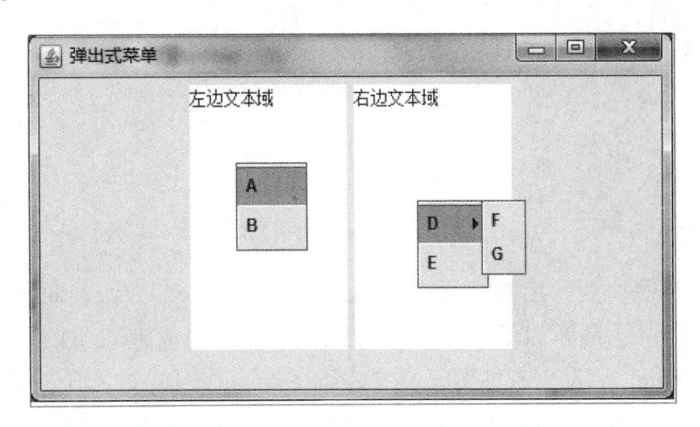


图 11-5　程序运行结果

代码如下：

```
...
public class 例11_5 extends JFrame{
    JTextArea txtLeft = new JTextArea("左边文本域",10,10);
    JTextArea txtRight = new JTextArea("右边文本域",10,10);
    JPopupMenu jpmLeft = new JPopupMenu();          //创建弹出式菜单对象
    JMenuItem jmiA = new JMenuItem("A");
    JMenuItem jmiB = new JMenuItem("B");
    JPopupMenu jpmRight = new JPopupMenu();         //创建弹出式菜单对象
    JMenu jmD = new JMenu("D");                     //创建弹出式菜单中的子菜单
```

```
    JMenuItem jmiE = new JMenuItem("E");
    JMenuItem jmiF = new JMenuItem("F");
    JMenuItem jmiG = new JMenuItem("G");
    public 例11_5(){
        this.setLayout(new FlowLayout());
        this.add(txtLeft);  this.add(txtRight);
        jpmLeft.add(jmiA); jpmLeft.add(jmiB);
        jpmLeft.setPopupSize(new Dimension(50,60));       //设置大小
        jpmRight.add(jmD); jpmRight.add(jmiE);
        jmD.add(jmiF);  jmD.add(jmiG);
        jpmRight.setPopupSize(50,60);                     //设置大小

        txtLeft.addMouseListener(new MouseAdapter(){
            public void mouseReleased(MouseEvent e) {
                if(e.isPopupTrigger())              //判断是否要弹出快捷菜单
                    jpmLeft.show(txtLeft, e.getX(), e.getY());//在(x,y)处弹出菜单
            }
        });
        txtRight.addMouseListener(new MouseAdapter(){
            public void mouseReleased(MouseEvent e) {
                if(e.isPopupTrigger())
                    jpmRight.show(txtRight, e.getX(), e.getY());
            }
        });
        …
    }
    …
}
```

在例11.5中，判断是否要弹出右键菜单使用e.isPopupTrigger()方法，而没有使用e.getButton()方法判断是否为右键，这是因为不同操作系统触发右键菜单的方式不同，有些是右键按下时触发、有些是右键松开时触发，有些甚至是在左键上操作。因此为了真正地实现跨平台，使用e. isPopupTrigger()方法，既隐藏了操作系统的具体实现，又能保证检验到快捷菜单的触发动作。

弹出右键菜单的代码必须写在mouseReleased()方法中，不能写在mouseClicked()方法中。

## 11.6 案例 11-2：记事本（二）

### 1. 案例说明

在案例11-1的基础上，完善“文件”菜单中“新建”“打开”“保存”“另存为”菜单项的功能。程序运行结果如图11-6所示。

图 11-6　程序运行结果

2. 实现步骤

（1）在Example11_1类的基础上修改FileActionListener类，添加文件读写的几个方法，运行程序。

```
...
private String fileName = null;                    //成员变量，用于存储当前打开文件名
class FileActionListener implements ActionListener{
        public void actionPerformed(ActionEvent e) {
            JFileChooser jfc = new JFileChooser("D:/Programming"); //创建对象
            jfc.setFileSelectionMode(JFileChooser.FILES_ONLY);//设置文件选择方式
            //添加两个文件过滤器
            jfc.setFileFilter(new FileNameExtensionFilter("音频文件", "wav","mp3"));
            jfc.setFileFilter(new FileNameExtensionFilter("文本文件", "txt"));
            if(e.getActionCommand().equals("退出"))
                System.exit(0);
            else if(e.getSource() == jmiNew){
                txt.setText("");                   //清空文本域的内容
                fileName = null;                   //新建文档时，重置fileName的值
                Example11_2.this.setTitle("无标题 - 我的记事本");//重置标题
            }
            else if(e.getActionCommand().equals("打开")){
                if(jfc.showOpenDialog(null) == JFileChooser.APPROVE_OPTION){
                    txt.setText("");
                    fileName = jfc.getSelectedFile().toString();
                    if(jfc.getSelectedFile().exists()){ //如果选择的文件存在
                        readFromFile(fileName);     //读取文件内容到文本域
                        Example11_2.this.setTitle(fileName+" - 我的记事本");
                    }
                    else JOptionPane.showMessageDialog(null,"该文件不存在");
                }
            }
            else if(e.getSource() == jmiSave){
                if(filename == null)
```

```
                saveFile(jfc);   //编辑的文件没有文件名，弹出“另存为”对话框
            else
                writeToFile(fileName);  //编辑的文件有文件名，直接写入文件
        }
        else if(e.getSource() == jmiSaveAs){
            saveFile(jfc);        //弹出“另存为”对话框
        }
    }
}
//从指定文件中读取内容到文本框
public void readFromFile(String fn){
    try {
        BufferedReader br = new BufferedReader(new FileReader(fn));
        String line = br.readLine();                    //读取一行文本
        while(line != null){
            txt.append(line);                           //将当前行文本添加到文本域中
            line = br.readLine();
            if(line != null)
                txt.append("\n");                       //除了最后一行，都添加换行符
        }
        br.close();
    }catch (Exception ex) {
        ex.printStackTrace();
    }
}
//将文本框中的内容写入指定文件
public void writeToFile(String fn){
    try {
        BufferedWriter bw = new BufferedWriter(new FileWriter(fn));
        String[] line = txt.getText().split("\n");   //按行生成字符串数组
        for(int i = 0;i < line.length-1; i++){
            bw.write(line[i]);                          //写入文件
            bw.newLine();                               //文件中添加换行符
        }
        bw.write(line[line.length-1]);                  //写入最后一行
        bw.flush();bw.close();
    } catch (Exception ex) {
        ex.printStackTrace();
    }
}
//弹出“另存为”对话框，并保存内容到指定文件
public void  saveFile(JFileChooser jfc){
    if(jfc.showSaveDialog(null) == JFileChooser.APPROVE_OPTION){
        fileName = jfc.getSelectedFile().toString(); //获取文件名
```

```
            writeToFile(fileName);                              //写入文件
            this.setTitle(fileName + " - 我的记事本");
        }
    }
...
```

（2）从本地磁盘中打开一个文本文件，修改之后再保存文件；新建一个文本文件，编辑之后保存到硬盘中；查看测试结果。

3. 知识点分析

本案例完善了案例11-1中记事本的功能，根据功能需要添加文件选取器JFileChooser组件，并编写相应组件的动作事件处理程序，实现文件读写。

# 11.7　对话框的使用

对话框是向用户显示信息并获取程序继续运行所需数据的窗体，可以起到与用户交互的作用。在前面的章节中，已经多次使用JOptionPane类弹出比较简单的对话框。从本质上讲，对话框是一种特殊的窗体，它通过一个或多个组件与用户交互。与JFrame一样，对话框有边框与标题，是一个独立存在的容器，并且不能被其他容器包容，但是对话框不能作为程序的最外层容器，也没有菜单栏。此外，Java语言中的对话框上没有最大化、最小化按钮。

## 11.7.1　JOptionPane类

JOptionPane类提供了许多对话框样式，该类能够让用户在不编写任何专门对话框代码的情况下弹出一个简单的对话框。JOptionPane类在创建对象时，不是用通常的new方式来创建，而是使用JOptionPane类提供的静态方法产生。JOptionPane有四个静态方法显示这些简单对话框：

（1）showMessageDialog()方法：提示信息对话框，这类对话框通常只含有一个“确定”按钮。

（2）showInputDialog()方法：输入对话框，这类对话框可以让用户输入相关的信息，当用户完成输入并单击“确定”按钮后，系统会得到用户输入的信息。

（3）showConfirmDialog()方法：确认对话框，这类对话框通常会询问用户一个问题，要求用户通过提供的按钮作出回答。

（4）showOptionDialog()方法：选择对话框，这类对话框可以让用户自己定义对话框的类型。

1. showMessageDialog

提示消息对话框显示一个带有“确定”按钮的模态对话框。ShowMessageDialog()方法无返回值，它只是告知用户某些信息，用户除了单击“确定”按钮外不能与其进行交互。静态方法showMessageDialog()具有以下几种重载形式。

（1）showMessageDialog(Component parentComponent,Object message)。其中，parent Component为确定在其中显示对话框的JFrame，如果为null，则使用默认的JFrame；message为要显示的消息。例如，图11-7所示提示消息对话框的代码为：

```
JOptionPane.showMessageDialog(null, "友情提示");
```

（2）showMessageDialog(Component c,Object message,String title,int messageType)。其中，title为对话框的标题字符串；messageType为要显示的消息类型。例如图11-8所示“我的标题”对话框的代码为：

```
JOptionPane.showMessageDialog (null,"警告消息","我的标题", JOptionPane.WARNING_MESSAGE);
```

图 11-7　提示消息对话框

图 11-8　“我的标题”对话框

Java中常见提示消息框的具体信息见表11-7。

表 11-7　常见提示消息框的具体信息

| 消息对话框类型 | 图　标 | 说　明 |
| --- | --- | --- |
| JOptionPane.INFORMATION_MESSAGE | | 显示向用户传达指示性信息的对话框；用户可以仅取消该对话框 |
| JOptionPane.ERROR_MESSAGE | | 显示向用户表明错误的对话框 |
| JOptionPane.WARNING_MESSAGE | | 显示警告的对话框，说明某个潜在的问题 |
| JOptionPane.QUESTION_MESSAGE | | 显示向用户提出问题的对话框。该对话框通常要求用户响应，如单击“是”或者“否”按钮 |
| JOptionPane.PLAIN_MESSAGE | 没有图标 | 显示只有消息而没有图标的对话框 |

（3）showMessageDialog(Componen c,Object message,String title,int mType,Icon icon)。其中mType指定的消息类型图标被后面的参数icon所指向的图标所覆盖。例如，图11-9所示提示消息对话框的代码为：

```
ImageIcon icon = new ImageIcon("image/Jellyfish.jpg");
JOptionPane.showMessageDialog(null,"使用自定义图标Jellyfish","自定义图标", JOptionPane.ERROR_MESSAGE, icon);
```

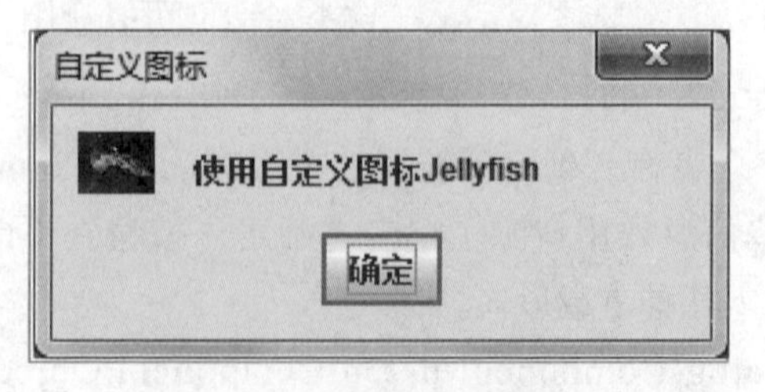


图 11-9　提示消息对话框

2. ShowInputDialog()方法

输入对话框可以让用户输入相关的信息，当用户完成输入并单击“确定”按钮后，系统会得到用户输入的信息。输入对话框不仅可以让用户自行输入数据，还可以提供ComboBox组件让用户选择相关信息，避免用户输入错误。静态方法showInputDialog()的返回值有两种：String类型和Object类型，当用户单击“确定”按钮时会返回用户输入（或选择）的信息，若单击“取消”按钮则会返回null。

（1）简单的输入框，例如，图11-10所示“输入”对话框的代码为：

```
String name = JOptionPane.showInputDialog("请输入一个名字"); //将输入的值赋给name
String name = JOptionPane.showInputDialog("请输入一个名字", "Tom"); //默认值Tom
```

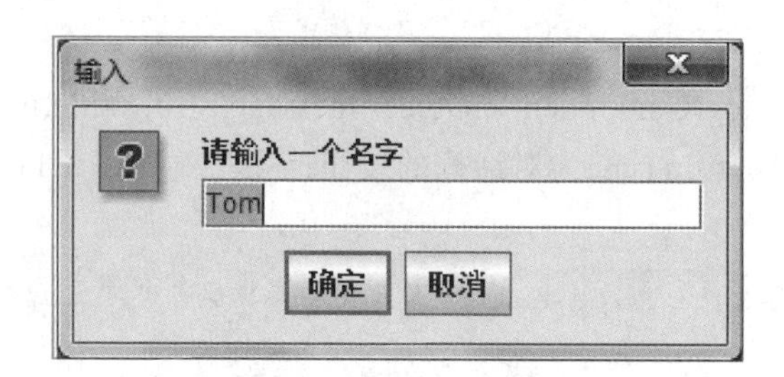


图11-10　“输入”对话框

（2）与提示消息框类似的输入框，例如，图11-11所示“我的标题”对话框的代码为：

```
String name = JOptionPane.showInputDialog(null,"输入名字","我的标题", JOption
Pane.INFORMATION_MESSAGE);
```

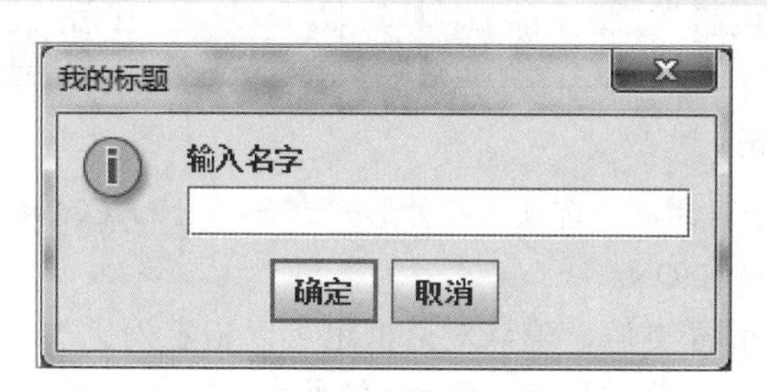


图11-11　“我的标题”对话框

（3）在输入对话框中设置组合框，采用选择的方式输入，返回值为Object类型。例如，图11-12所示的输入对话框，如果没有自定义图标，则用null替代icon；fruits[0]表示组合框默认选择的值。

```
ImageIcon icon = new ImageIcon("image/Jellyfish.jpg");
String[] fruits = {"苹果","梨子","香蕉","西瓜","荔枝"};
Object obj = JOptionPane.showInputDialog(null,"你喜欢什么水果","标题",
JOptionPane.QUESTION_MESSAGE, icon, fruits, fruits[0]);
```

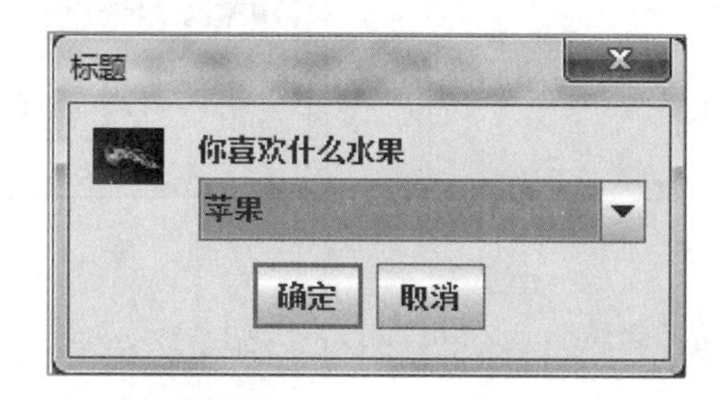


图11-12　输入对话框

### 3. showConfirmDialog

确认对话框通常会询问用户一个问题，要求用户作出“是”或“否”的回答。它可以使用静态方法showConfirmDialog()显示，根据返回值判断用户作何选择。

（1）showConfirmDialog(Component parentComponent,Object message); 其中，parent Component为确定在其中显示对话框的JFrame，如果为null，则使用默认的JFrame；message为要显示的消息。例如，图11-13所示确认对话框的代码为：

```
JOptionPane.showConfirmDialog(null, "你确定要退出吗？");
```

（2）showConfirmDialog(Component c,Object message,String title,int optionType);其中，title为对话框的标题字符串；optionType为对话框的按钮选项。例如，图11-14所示退出对话框的代码为：

```
JOptionPane.showConfirmDialog(null,"你确定要退出吗？","退出对话框", JOptionPane.
YES_NO_OPTION);
```

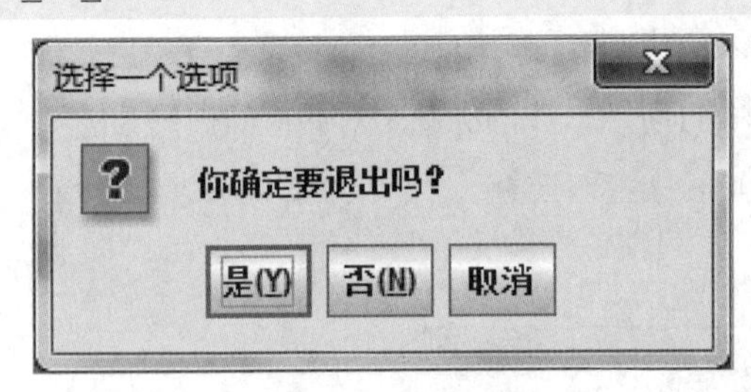


图 11-13 确认对话框

图 11-14 退出对话框

optionType指定可用于对话框的选项有三种形式：YES_NO_CANCEL_OPTION、YES_NO_OPTION和OK_CANCEL_OPTION。

（3）和提示消息对话框类似，确认对话框也可以指定消息类型与自定义图标。例如，图11-15和图11-16所示确认对话框的自定义图标，代码为：

```
JOptionPane.showConfirmDialog(null,"你确定要退出吗？","退出对话框", JOption
Pane.YES_NO_OPTION, JOptionPane.WARNING_MESSAGE);
ImageIcon icon = new ImageIcon("image/Jellyfish.jpg");
JOptionPane.showConfirmDialog(null,"你确定要退出吗？","退出对话框", JOption
Pane.YES_NO_OPTION, JOptionPane.WARNING_MESSAGE, icon);
```

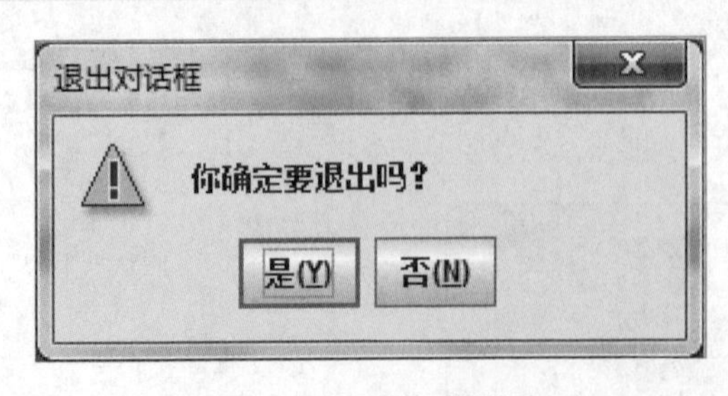


图 11-15 确认对话框

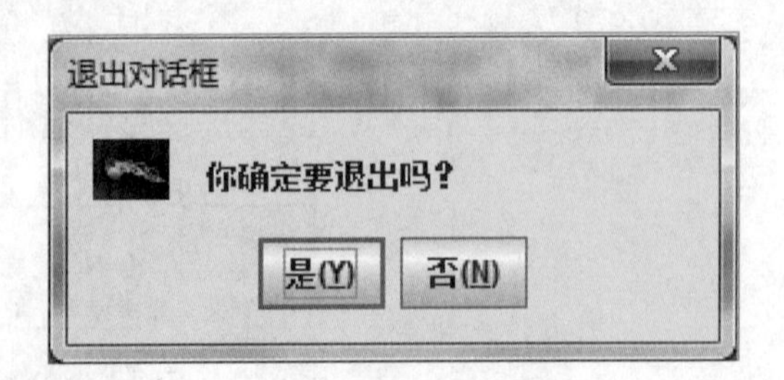


图 11-16 确认对话框

例 11.6 创建一个程序，运行结果如图11-17所示，单击“显示”按钮，弹出“选择”对话框；单击“是”按钮或“否”按钮，则用提示消息框给出相应的提示。

图 11-17 程序运行结果

代码如下：

```
…
public class 例11_6 extends JFrame{
    JButton btn = new JButton("显示");
    public 例11_6(){
        this.setLayout(new FlowLayout());
        this.add(btn);
        btn.addActionListener(new MyActionListener());
        …
    }
    class MyActionListener implements ActionListener{
        public void actionPerformed(ActionEvent arg0) {
            int result = JOptionPane.showConfirmDialog(例11_6.this, "请选择","选择
对话框",JOptionPane.YES_NO_OPTION);
            if(result == JOptionPane.YES_OPTION)  //用户单击“是”按钮
                JOptionPane.showMessageDialog(例11_6.this,"您单击了“是”按钮");
            else JOptionPane.showMessageDialog(例11_6.this,"您单击了“否”按钮");
        }
    }
    …
}
```

4. ShowOptionDialog()方法

选择对话框可以让用户自己定义对话框的类型以及按钮上的文字，而不是系统默认的“确定”“取消”“是”“否”等。它可以使用静态方法showOptionDialog()显示，该方法无重载方法，语法格式如下：

```
showOptionDialog(Component parentComponent, Object message, String title, int
optionType, int messageType, Icon icon, Object[] options, Object initialValue);
```

该方法提供了8个参数，其中7个参数与showInputDialog的参数完全相同，不再重复说明，新增一个参数options数组，系统会根据options的长度创建若干个按钮，数组中的内容就是按钮上的文字。例如，图11-18所示选择对话框的代码为：

```
String[] text = {"自定义1","自定义2","自定义3"};
JOptionPane.showOptionDialog(null,"选项对话框","对话框title", JOptionPane.
YES_NO_OPTION, JOptionPane.INFORMATION_MESSAGE, null, text, text[0]);
```

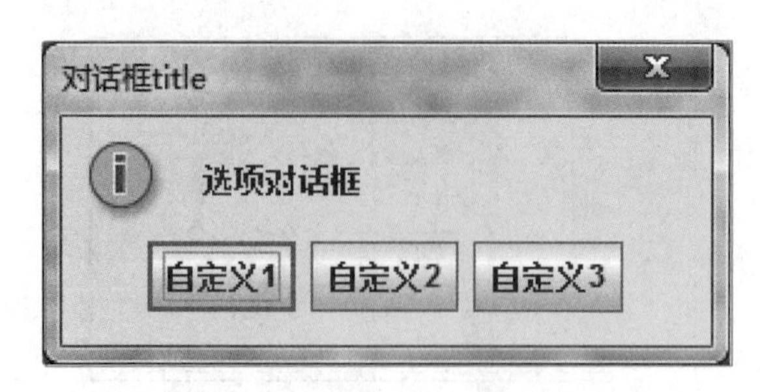


图 11-18 选择对话框

当单击“自定义1”按钮时，返回值为0；单击“自定义2”按钮时，返回值为1；单击“自定义3”按钮时，返回值为2；不单击任何按钮，直接关闭对话框时返回值为-1。

### 11.7.2 JFileChooser类

在编写应用程序时，经常需要选择文件或者目录。在Swing程序设计中，文件选取器JFileChooser是放置在对话框中的轻量组件。通过该组件能够打开文件选取对话框，并记录所选文件，因此在软件开发过程中使用率很高。

创建JFileChooser对象有三种方式：

```
JFileChooser fileChooser = new JFileChooser()      //默认打开目录为“我的文档”
JFileChooser fileChooser = new JFileChooser("默认打开的目录路径")
JFileChooser fileChooser = new JFileChooser(new file("默认打开的目录路径"))
```

JFileChooser类的常用方法见表11-8。

表 11-8 JFileChooser 类的常用方法

| 方 法 名 | 功 能 |
|---|---|
| void setMultiSelectionEnabled(boolean b) | 设置文件选择器是否允许一次选择多个文件 |
| void setFileSelectionMode(int mode) | 设置文件选择器是否允许用户只选择文件、只选择目录，或者可选择文件和目录 |
| int showOpenDialog(Component parent) | 弹出“打开”文件选择器对话框 |
| int showSaveDialog(Component parent) | 弹出“保存”文件选择器对话框 |
| File getSelectedFile() | 返回选中的文件对象 |
| File[] getSelectedFiles() | 返回选中的文件对象数组 |
| void setFileFilter(FileFilter filter) | 设置文件过滤器 |
| void setCurrentDirectory(File dir) | 设置文件选择器默认打开的目录路径 |

其中，setFileSelectionMode(int mode)方法的参数mode有以下三种形式（默认值为FILES_ONLY）：

（1）FILES_ONLY ：对话框弹出时，显示当前目录下所有的文件和子目录；文件选择器getSelectedFile()方法的返回值只能是文件。当选中某个目录并单击“打开”按钮时对话框不会关闭，而是会进入该目录等待用户下一步的选择。

（2）DIRECTORIES_ONLY：对话框弹出时，显示当前目录下所有的子目录，不会显示其中的文件；文件选择器getSelectedFile()方法的返回值只能是目录。

（3）FILES_AND_DIRECTORIES：对话框弹出时，显示当前目录下所有的文件和子目录；文件选择器getSelectedFile()方法的返回值可以是文件或目录。

例 11.7 通过文件选择对话框，将选中的文件名显示到文本框中，程序运行结果如

图11-19所示。

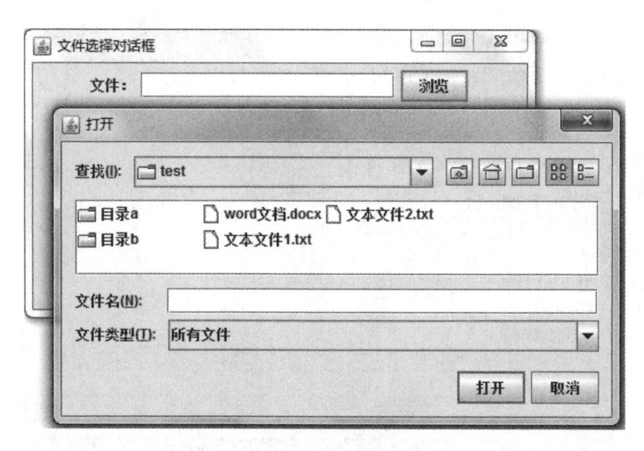


图 11-19　程序运行结果

代码如下：

```
…
btnUpload.addActionListener(new ActionListener() {
    public void actionPerformed(ActionEvent e) {
        JFileChooser fileChooser = new JFileChooser("d:/test");// 创建文件选择器对象
        int i = fileChooser.showOpenDialog(例11_7.this);// 显示“打开”对话框
        if (i == JFileChooser.APPROVE_OPTION) {        // 判断用户是否单击“打开”按钮
            File file = fileChooser.getSelectedFile();     // 获得选中的文件对象
            txt.setText(file.getName());    // 在文本框中显示选中文件的名称
        }
    }
});
…
```

如果只希望在对话框中列出指定类型的文件，可以调用setfileFilter()方法设置文件过滤器。javax.swing.filechooser.FileFilter类是一个抽象类，该类的语法格式如下：

```
public abstract class FileFilter{
    public abstract boolean accept(File f);
    public abstract String getDescription();
}
```

可以通过实现该类对文件进行过滤，其中accept(File f)方法用来过滤文件，如果返回true，则表示文件显示到对话框中，否则不显示；getDescription()方法用来返回对话框中“文件类型”的描述信息。

类javax.swing.filechooser.FileNameExtensionFilter实现了FileFilter类，该类提供构造方法FileNameExtensionFilter(String desc, String ext1, String ext2，…)，其中，第一个参数为“文件类型”的描述信息，其他参数为允许显示到文件选择器对话框中的文件类型。例如，在例11.7中，添加两个文件过滤器，如图11-20所示。

代码如下：

```
fileChooser.setFileFilter(new FileNameExtensionFilter(" 文本文件 ","txt"));
fileChooser.setFileFilter(new FileNameExtensionFilter(" 音频文件 ","wav","mp3"));
```

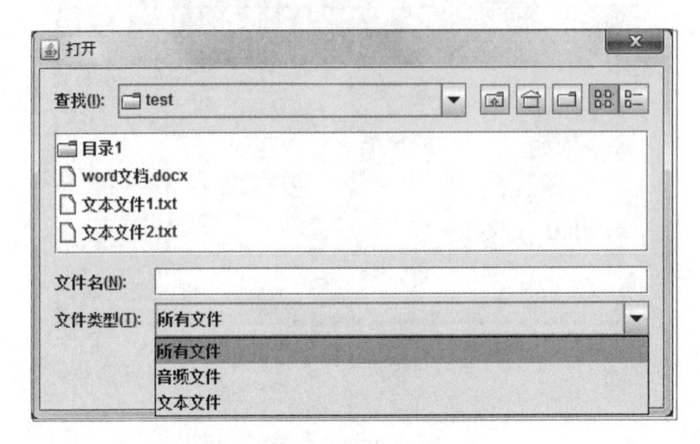


图 11-20 “打开”文件对话框

### 11.7.3 自定义对话框

在Java语言中，除了调用JOptionPane类的多个静态方法快速创建各种样式的对话框之外，还可以使用JDialog类创建自定义的对话框。在第10章中已经简单介绍过对话框JDialog，它和JFrame都是继承自java.awt.Window，且用法类似。

自定义对话框不能最小化，有两种形式，即模式对话框和非模式对话框，又称模态对话框与非模态对话框。

（1）模式对话框：当弹出模式对话框后，除了该对话框之外，当前应用程序的其他窗口都不再响应用户输入；只有当该对话框关闭之后，其他窗口才能继续与用户交互。

（2）非模式对话框：当弹出非模式对话框后，本程序的其他窗口仍能响应用户输入。

例 11.8 编写程序，单击主窗体上的按钮，弹出模式对话框，并将主窗体中文本框的内容显示到自定义对话框的文本框中；修改自定义对话框中文本框的内容，再单击“返回主窗体”按钮返回，并将修改后的文本框内容显示到主窗体中的文本框上，程序运行结果如图11-21所示。

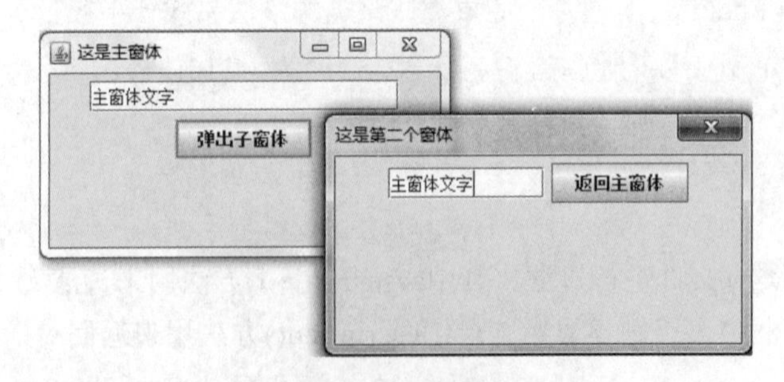


图 11-21 程序运行结果

主窗体MainForm的代码如下：

```
…
public class MainForm extends JFrame{
```

```
    JButton btnShow = new JButton("弹出子窗体");
    JTextField txtA = new JTextField("主窗体文字",20);

    public MainForm(){
        this.setLayout(new FlowLayout());          //窗体设为流布局
        this.add(txtA);this.add(btnShow);
        btnShow.addActionListener(new ActionListener(){
            public void actionPerformed(ActionEvent e) {
                if(e.getSource() == btnShow)
                    new ChildForm(MainForm.this); //创建子窗体对象
            }
        });
        this.setTitle("这是主窗体");
        …
    }
    public static void main(String[] args) {
        MainForm mf = new MainForm();
    }
}
```

对话框子窗体ChildForm中没有main()方法，代码如下：

```
…
public class ChildForm extends JDialog implements ActionListener {
    JButton btnReturn = new JButton("返回主窗体");
    JTextField txtB = new JTextField(20);
    private MainForm frmMain;                          //创建成员变量
    public ChildForm(MainForm frmMain){
        //super(frmMain,"这是第二个窗体",true);        //利用父类的构造方法创建窗体
        this.frmMain = frmMain;        //将构造方法传递进来的对象赋值给成员变量
        txBt.setText(frmMain.txtA.getText());         //设置子窗体中文本框的内容
        this.setLayout(new FlowLayout());
        this.add(txtB);this.add(btnReturn);
        btnReturn.addActionListener(this);
        this.setResizable(false);
        this.setModal(true);                           //将对话框设置为模式窗体
        this.setTitle("这是第二个窗体");
        …
    }
    public void actionPerformed(ActionEvent e) {
        if(e.getSource() == btnReturn){
            frmMain.txtA.setText(txtB.getText()); //设置主窗体中文本框的内容
            this.dispose();                            //关闭子窗体
        }
    }
}
```

在MainForm类的main()方法中，创建该类的对象mf，即首先弹出的窗体；当单击“弹出子窗体”按钮时，将mf作为实参创建ChildForm类的匿名对象，即弹出子窗体；在ChildForm类的构造方法中，mf对象赋值给ChildForm类的成员变量frmMain，所以通过成员变量frmMain可以操作mf对象上的文本框txtA，从而实现两个窗体之间值的传递。

# 11.8 输入和输出

在计算机系统中，内存中的数据只是暂时存在的，磁盘文件中的数据是可以永久保存的。保存在文件中的数据可以让系统中其他应用程序使用，Java语言采用流机制实现输入/输出操作。流是指一组有序的数据序列，可以将它看成是数据的管道，一端是源，一端是目的地。流的两端都设置有一定的数据缓冲区暂存数据，这样接收端不用时刻监视流是否有数据需要接收，数据来了之后先放在缓冲区内，等需要的时候再去读取；发送端也不必为每一个字节都调用发送方法，而是等聚集了一定数量的数据之后再一起发送，从而大大提高发送效率。

Java语言定义了两种类型的流，即字节流和字符流。它们属于基本输入/输出流类，是其他输入/输出流类的父类，图11-22所示为流的输入/输出模式。

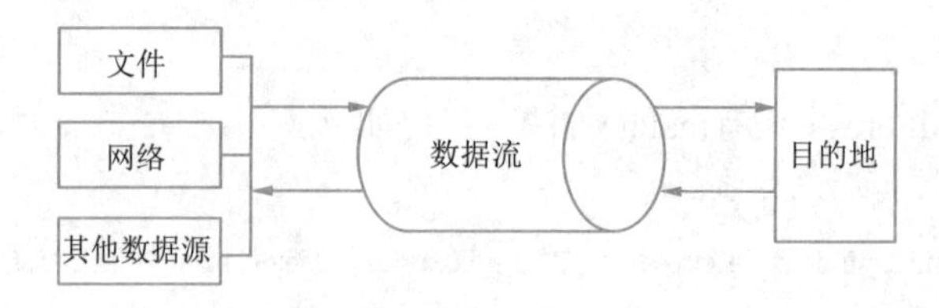


图 11-22 流的输入 / 输出模式

在介绍流之前，我们首先介绍File类。

## 11.8.1 File类

File类是与平台无关的指向路径的文件或目录的类，它是java.io包中唯一代表磁盘文件本身的类，其中定义了一些与平台无关的方法操作文件，包括文件与目录的创建、删除、复制和重命名等。File类描述文件对象的属性，包括获取文件的大小、长度和读写权限等。数据流可以将数据写入文件中，也可以从文件中读取数据，文件也是数据流常用的数据媒体。

File对象可以通过File类的以下三种构造方法创建：

（1）File(String pathname)：参数为路径名或文件名。例如：

```
File f1 = new File("d:\\test\\1.txt");
```

（2）File(String pathname, String filename)：前者为路径名，后者为文件名。例如：

```
File f2 = new File("d:/test", "2.txt");
```

（3）File(File f, String filename)：前者为File对象的路径名，后者为文件名。例如：

```
File filePath = new File("d:/test");
File f3 = new File(filePath, "3.txt");
```

File类的常用方法见表11-9。

表 11-9　File 类的常用方法

| 方 法 名 | 功　　能 |
|---|---|
| boolean exists() | 文件是否存在 |
| boolean createNewFile() | 若文件不存在，则创建一个空文件，操作成功则返回 true，否则返回 false |
| boolean delete() | 删除文件，操作成功则返回 true，否则返回 false |
| boolean mkdir() | 创建目录，操作成功则返回 true，否则返回 false |
| boolean renameTo(File newFile) | 重命名目录，操作成功则返回 true，否则返回 false |
| String[] list() | 返回当前目录下所有文件和目录的名称 |
| File[] listFiles | 返回当前目录下所有文件和目录的对象 |
| String getName() | 返回文件对象的文件名或目录名 |
| String getParent() | 返回上一级路径 |
| String getAbsolutePath() | 返回绝对路径 |
| long length() | 返回文件的大小（以字节为单位） |
| boolean isFile() | 对象是否为文件 |
| boolean isDirectory() | 对象是否为目录 |

**例 11.9**　编写程序，在控制台输入目标目录的路径，若该目录存在，则输出该目录下所有文件的大小，以及子目录中包含文件和子目录的个数，程序运行结果如图11-23所示。

```
问题 Javadoc 声明 Console 调试
<terminated> 例11_9 [Java Application] C:\Program Files\Java\jre1.8.0_121
请输入要显示目录的路径：d:/test
test目录下一共有5个文件及子目录，其中：
a中有：3个文件和目录
b中有：0个文件和目录
文本文档1.txt    文件大小为：0
文本文档2.txt    文件大小为：47
自我介绍.docx    文件大小为：0
```

图 11-23　程序运行结果

```
…
public static void main(String[] args) {
    System.out.print("请输入要显示目录的路径：");
    Scanner rd = new Scanner(System.in);
    String dirPath = rd.nextLine();                    //输入字符串
    File dir = new File(dirPath);                      //根据输入的路径创建dir对象
    if(dir.exists() && dir.isDirectory()){             //dir目录是否存在
        File[] files = dir.listFiles();                //获取该目录下的文件列表
        if(files.length == 0)
            System.out.println(dir.getName()+"是一个空目录");
        else{
            System.out.println(dir.getName()+"目录下一共有" + files.length + "
个文件及子目录，其中：");
            for(File f : files)
                if(f.isFile())
                    System.out.println(f.getName() + "\t文件大小为" + f.length());
```

```
                    else
                        System.out.println(f.getName() + "中有: " + f.listFiles().
length + "个文件和目录");
            }
        }
        else System.out.println("您输入的目录不存在");
    }
```

## 11.8.2 字节流

字节流是指在传输过程中，传输数据的最基本单位是字节的流，即字节流表示以字节为单位从流中读取或向流中写入信息。字节流可用于任何类型的对象，包括二进制对象，InputStream类和OutputStream类是字节流的父类。

### 1. InputStream类和OutputStream类

（1）InputStream类

InputStream抽象类是字节输入流所有类的父类，它以字节为单位从数据源中读取数据。InputStream类的继承层次结构如图11-24所示。

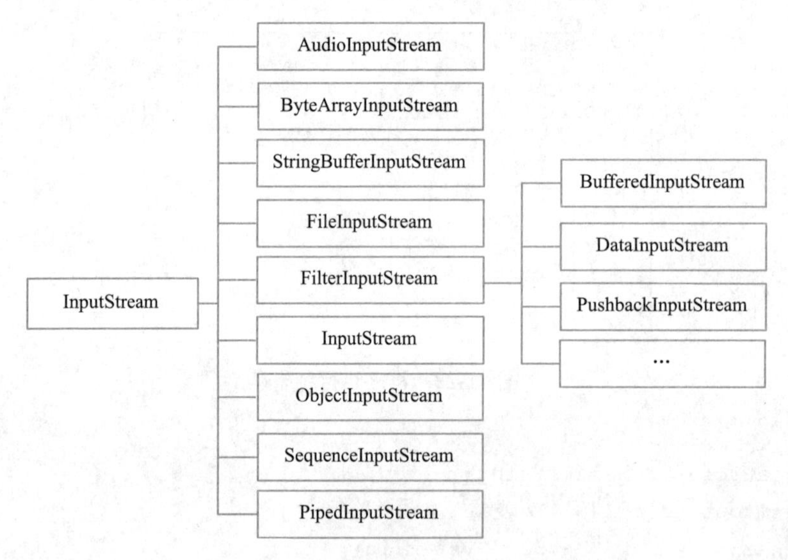


图 11-24 InputStream 类的继承层次结构

InputStream类定义了Java语言的输入流模型，其常用方法见表11-10，这些方法遇到错误时都会抛出IOException异常。

表 11-10 InputStream 类的常用方法

| 方 法 名 | 功 能 |
|---|---|
| int read() | 从输入流中读取数据的下一个字节，返回值为读到的字节值；若读到流的末尾，返回值为 -1 |
| int read(byte[] b) | 从输入流中读取 b.length 字节的数据，并存储到缓冲区数组 b 中，返回值为实际读到的字节值 |
| int read(byte[] b, int off, int len) | 读取 len 字节的数据，并从数组 b 的 off 位置开始写入 |
| long skip(long n) | 跳过此输入流中数据的 *n* 字节，并返回实际跳过的字节数 |
| int available() | 返回在不发生阻塞的情况下，可读取的字节数 |
| void close() | 关闭此输入流，并释放与此流关联的所有系统资源 |

（2）OutputStream类

OutputStream抽象类是字节输出流所有类的父类，它以字节为单位向数据源中写出数据。OutputStream类的继承层次结构如图11-25所示。

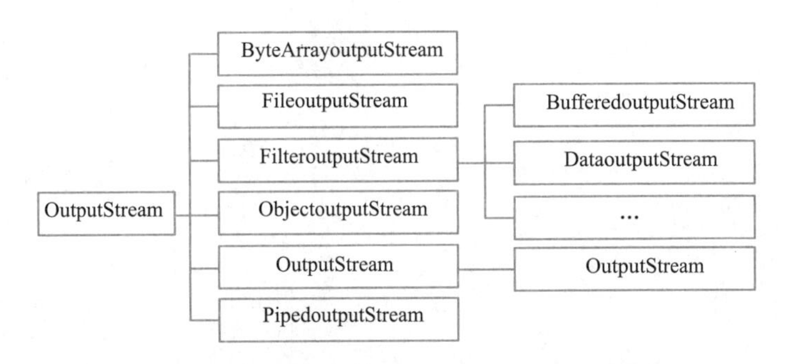


图 11-25　OutputStream 类的继承层次结构

OutputStream类定义了Java的输出流模型，其中的所有方法均返回void，在遇到错误时都会抛出IOException异常。OutputStream类的常用方法见表11-11。

表 11-11　OutputStream 类的常用方法

| 方 法 名 | 功　能 |
|---|---|
| void write(int b) | 将指定的字节写入此输出流 |
| void write(byte[] b) | 将 b.length 字节从指定的数组写入此输出流 |
| void write(byte[] b, int off, int len) | 将数组 b 中从 off 位置开始的 len 字节写入此输出流 |
| void flush() | 刷新此输出流，并强制写出所有缓冲的输出字节 |
| void close() | 关闭此输出流，并释放与此流关联的所有系统资源 |

### 2．FileInputStream类与FileOutputStream类

FileInputStream类与FileOutputStream类都属于文件流，是专门用于操作数据源中的文件的流，它们是以字节为操作单位的文件输入流和文件输出流。如果用户的文件读取需求比较简单，可以使用FileInputStream类，该类继承自InputStream类。FileOutputStream类与FileInputStream类对应，提供了基本的文件写入能力，FileOutputStream类是OutputStream类的子类。

### 3．BufferedInputStream类与BufferedOutputStream类

为了提高数据读写的速度，Java API提供了带缓冲功能的流类，在使用时，它会创建一个内部缓冲区数组。在读取字节时，会先以从数据源读取到的数据填充该内部缓冲区，然后再返回；在写入字节时，会先以要写入的数据填充该内部缓冲区，然后一次性写入到目标数据源中。

BufferedInputStream类与BufferedOutputStream类是一组针对字节的缓冲输入和输出流。

例 11.10　用BufferedInputStream类读取指定文件的数据，用BufferedOutputStream类向指定文件中写入数据。

```
...
public class 例11_10 {
    public static void readFromFile(File file){
        try {
```

```
            //创建一个连接到指定文件的BufferedInputStream对象
            BufferedInputStream bin = new BufferedInputStream(new FileInput Stream (file));
            int data;
            while((data = bin.read()) != -1)
                System.out.print((char)data);
            bin.close();                                          //关闭输入流
        } catch (FileNotFoundException e) {
            e.printStackTrace();
        } catch (IOException e) {
            e.printStackTrace();
        }
    }

    public static void writeToFile(File file){
        try {
            //创建一个连接到指定文件的BufferedOutputStream对象
            BufferedOutputStream bout = new BufferedOutputStream(new FileOutputStream
(file));
            bout.write("Hello World".getBytes());                 //以字节为单位写入
            bout.write("你好世界".getBytes());
            bout.close();                                         //关闭输出流
        } catch (FileNotFoundException e) {
            e.printStackTrace();
        } catch (IOException e) {
            e.printStackTrace();
        }
    }

    public static void main(String[] args) {
        File file1 = new File("d:/test/文本文件1.txt");
        例11_10.readFromFile(file1);
        File file2 = new File("d:/test/文本文件2.txt");
        例11_10.writeToFile(file2);
    }
}
```

其中“d:\test\文本文件1.txt”文件的内容如下：

```
Hello World
你好世界
abc123
```

运行以上程序，在控制台上的输出结果为：

```
Hello World
????????
abc123
```

“d:\test\文本文件2.txt”文件的内容如下：

```
Hello World你好世界
```

在例11.10中，可以归纳出使用输入/输出流类操作文件的一般步骤为：

（1）创建连接到指定数据源的输入/输出流对象。

（2）利用输入/输出流类提供的方法进行数据的读写。在这个过程中，需要处理IOException异常。

（3）操作完毕后，一定要用close()方法关闭该输入/输出流对象。

close()方法会释放流所占用的系统资源，这些资源在操作系统中的数量是有限的。从输出结果可以看到，中文字符会出现乱码。这是因为在Unicode编码中，一个英文字符是用一个字节编码的，而一个中文字符则是用两个字节编码的，所以用字节流读取中文时，容易出现问题。虽然通过代码的改进，可以解决乱码的问题，但是用字节流来处理文本字符总是显得很不方便。

## 11.8.3　字符流

字符流是指在传输过程中，传输数据的最基本单位是字符的流，即字符流表示以字符为单位从流中读取或向流中写入信息。字符流只能处理字符或者字符串，Reader类和Witer类是字节流的父类。

在计算机系统中，所有文件都是以字节的形式存储的，在磁盘上保留的不是文件中的字符，而是先把字符编码成字节，再存储这些字节到磁盘。当这些以字节形式存储的字符需要以字符的形式输出时，由于字符编码的不同，读取不当可能会出现乱码现象，此时采用Reader类和Witer类可以避免这种现象。

### 1．Reader类和Witer类

Java语言中的字符是Unicode编码，是双字节的。字节流是用来处理字节的，并不适合字符文本。Java语言为字符文本的输入/输出专门提供了一套单独的类Reader与Writer，但是Reader与Writer类并不是InputStream与OutputStream类的代替，只是在处理字符时简化了编程。

（1）Reader类

Reader类是字符输入流的抽象类，是所有字符输入流的父类，它的继承层次结构如图11-26所示。

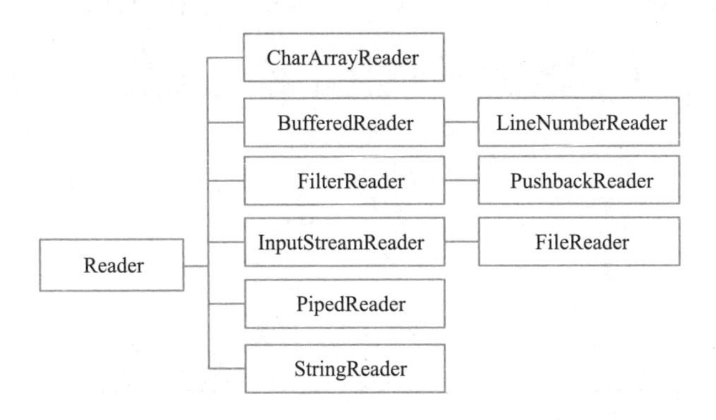


图 11-26　Reader 类的继承层次结构

Reader类的常用方法与InputStream类的常用方法类似，这里不再详细介绍。

（2）Writer类

Writer类是字符输出流的抽象类，是所有字符输出流的父类，它的继承层次结构如图11-27所示。

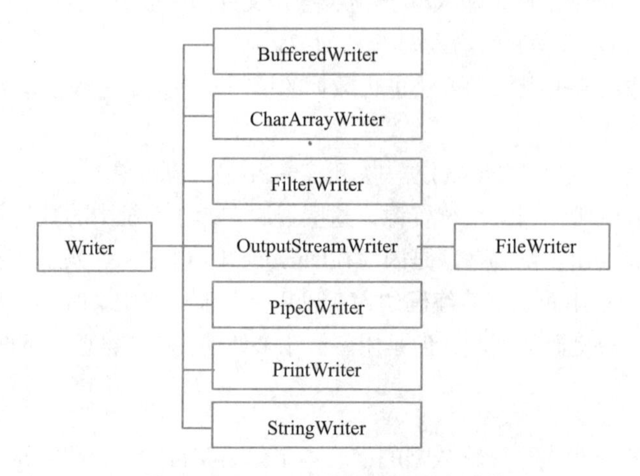


图 11-27　Writer 类的继承层次结构

Writer类的常用方法与OutputStream类的常用方法类似，这里不再详细介绍。

### 2. FileReader类和FileWriter类

FileReader类和FileWriter类是以字符为操作单位的文件输入流和文件输出流，适合操作字符文本文件。FileReader与FileWriter字符流和FileInputStream与OutputStream字节流相对应。FileReader流顺序地读取文件，只要不关闭流，每次调用read()方法就可以顺序读取源中其余的内容，直到源的末尾或流被关闭。

### 3. BufferedReader类和BufferedWriter类

BufferedReader类与BufferedWriter类分别继承自Reader类与Writer类。和BufferedInputStream类与BufferedOutputStream类类似，这两个类同样具有内部缓冲机制，并可以以行为单位进行输入和输出，它们是针对字符的缓冲输入和输出流。

例 11.11　创建窗体，单击“读取”按钮，系统将指定磁盘文件中的内容显示到文本域中；单击“写入”按钮，则将文本域中的内容写入到指定的文件中，程序运行结果如图11-28所示。

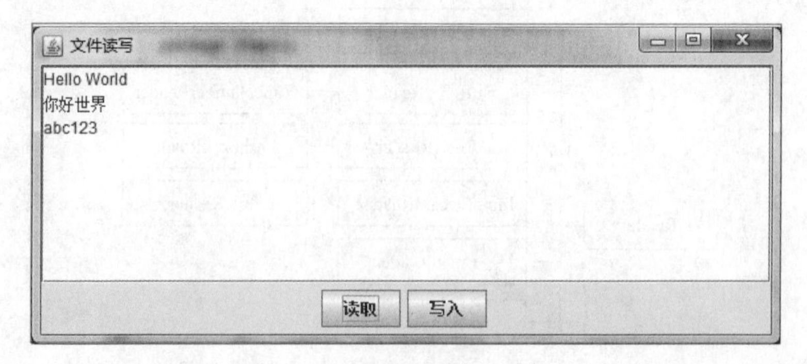


图 11-28　程序运行结果

代码如下：

```
...
```

```
public class 例11_11 extends JFrame implements ActionListener {
    JPanel jp1 = new JPanel();
    JButton btnRead = new JButton("读取");
    JButton btnWrite = new JButton("写入");
    JTextArea txt = new JTextArea();
    JScrollPane js = new JScrollPane(txt);
    public 例11_11(){
        this.add(js,"Center");
        jp1.add(btnRead);jp1.add(btnWrite);
        this.add(jp1, "South");
        btnRead.addActionListener(this);
        btnWrite.addActionListener(this);
        this.setTitle("文件读写");
        …
    }
    public void actionPerformed(ActionEvent e) {
        File file = new File("D:/test/文本文件1.txt");
        if(e.getSource() == btnRead){
            if(!file.exists()){
                JOptionPane.showMessageDialog(this, "指定的文件不存在");
                return;
            }
            try {
                BufferedReader in = new BufferedReader(new FileReader(file));
                String s;
                while((s = in.readLine()) != null)        //读取一行，且非空
                    txt.append(s + "\n");                 //添加到文本域中
                in.close();
            } catch (Exception ex) {
                ex.printStackTrace();
            }
        }
        else if(e.getSource() == btnWrite){
            try {
                BufferedWriter out = new BufferedWriter(new FileWriter(file));
                String[] content = txt.getText().split("\n");//按行生成字符串数组
                for(int i = 0; i < content.length - 1; i++){
                    out.write(content[i]);                //分行写入
                    out.newLine();                        //换行
                }
                out.write(content[content.length-1]);     //写入最后一行
                out.flush();                              //清空缓冲区
                out.close();
            } catch (Exception ex) {
```

```
                    ex.printStackTrace();
                }
            }
        }
        ...
    }
```

字节流以字节为读写单位，字符流以字符为读写单位；字节流能处理所有类型的数据，而字符流只能处理字符类型的数据。因此，只要是处理纯文本数据，优先考虑使用字符流，除此之外都可以使用字节流。

## 11.9 工具栏的制作

工具栏是应用程序的一个重要组成部分，它为用户提供了快速执行常用命令的按钮。工具栏通常位于菜单栏的下方，由许多命令按钮组成，每个按钮上都有一个代表该按钮功能的小图标。由于工具栏直观易用，因此被广泛用于各种应用软件的主界面中。

JToolBar工具栏相当于一个组件的容器，可以添加按钮、标签等组件到工具栏中。工具栏默认是可以随意拖动的，此时窗体一定要采用默认的边界布局方式，并且不能在边界布局的四周添加任何组件。

在Swing程序设计中，利用工具栏控件，还可以实现状态栏的功能。JToolBar类的常用方法见表11-12。

表 11-12 JToolBar 类的常用方法

| 方 法 名 | 功 能 |
| --- | --- |
| void add(Object obj) | 向工具栏中添加组件 |
| void addSeparator() | 添加默认大小的分隔符，也可指定分隔符的大小 |
| int setOrientation(int o) | 设置工具栏方向，值为 SwingConstants.HORIZONTAL 或 SwingConstants.VERTICAL |
| void setFloatable(boolean b) | 设置工具栏是否可移动 |
| Component getComponentAtIndex(int i) | 返回指定索引位置的组件 |
| int getComponentIndex(Component c) | 返回指定组件的索引 |

例11.12 创建工具栏，显示对应的古诗，其中一个按钮显示文字，一个按钮显示图标并有提示文字，程序运行结果如图11-29所示。

图 11-29 程序运行结果

代码如下：

```
…
public class 例11_12 extends JFrame {
    JToolBar toolBar = new JToolBar("工具栏");
    JButton btn1 = new JButton(" 风 ");        //文字标签按钮
    JButton btn2 = new JButton();              //图标按钮
    JPanel jp = new JPanel();
    JLabel lblOut = new JLabel();

    public 例11_12(){
        ImageIcon icon = new ImageIcon("image/春晓.jpg");
        btn2.setIcon(icon);                    //设置按钮图标
        btn2.setToolTipText("春晓");            //设置提示信息
        toolBar.add(btn1);toolBar.add(btn2);
        btn1.addActionListener(new ActionListener(){
            public void actionPerformed(ActionEvent arg0) {
                 lblOut.setText("<html>解落三秋叶,<br>能开二月花。<br>过江千尺
浪,<br>入竹万竿斜。</html>");
            }
        });
        btn2.addActionListener(new ActionListener(){
            public void actionPerformed(ActionEvent arg0) {
                lblOut.setText("<html>春眠不觉晓,<br>处处闻啼鸟。<br>夜来风雨声,
<br>花落知多少。</html>");
            }

        });
        jp.add(lblOut);
        this.add(jp,"Center");
        this.add(toolBar,"North");
        …
    }
    …
}
```

# 11.10　AWT 绘图

在开发应用程序的过程中，经常需要处理一些图像。AWT绘图是Java程序开发不可缺少的技术。例如，应用程序可以绘制闪屏图片、背景图片、组件外观等，Web程序可以绘制统计图、数据库存储的图片资源等。本节将简要介绍Java绘图的基础知识。

## 11.10.1　Graphics

Graphics类是所有图形上下文的抽象基类，它允许应用程序在组件以及闭屏图像上进行绘

制。Graphics类封装了Java支持的基本绘图操作所需的状态信息，主要包括颜色、字体、画笔、文本、图像等。

Graphics类提供绘图常用的方法，利用这些方法可以实现直线、矩形、多边形、椭圆、圆弧等形状和文本、图片的绘制操作。另外，在执行这些操作之前，还可以使用相应的方法，设置绘图的颜色、字体等状态属性。

Graphics类的常用方法见如表11-13。

表 11-13 Graphics 类的常用方法

| 方　法 | 功 能 描 述 | 效　果 |
| --- | --- | --- |
| setColor(Color c) | 设置画笔颜色，默认为黑色 | |
| setFont(Font f) | 设置文字字体 | |
| drawLine(int x1,int y1,int x2,int y2) | 在点 (x1,y1) 和 (x2,y2) 之间画直线 | |
| drawRect(int x, int y, int width, int height) | 绘制矩形的边框，(x,y) 为左上顶点，width 为宽，height 为高 | |
| fillRect(int x, int y, int width, int height) | 实心矩形 | |
| drawOval(int x, int y, int width, int height) | 绘制椭圆的边框，它刚好能放入由 (x,y)、width 和 height 参数指定的矩形中 | |
| fillOval(int x, int y, int width, int height) | 实心椭圆 | |
| drawArc(int x,int y,int width,int height, int startAngle,int arcAngle) | 绘制一个覆盖指定矩形的圆弧或椭圆弧边框。其中，startAngle 表示开始角度，arcAngle 表示相对于开始角度而言弧跨越的角度 | |
| fillArc(int x, int y, int width, int height, int startAngle, int arcAngle) | 实心圆弧 | |

例 11.13 绘制如图11-30所示图形。创建子类DrawPanel，并重写paint()方法。

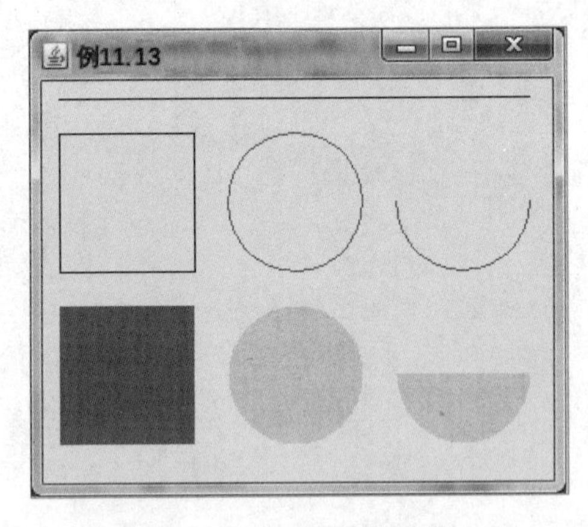


图 11-30 程序运行结果

代码如下：

```
...
public class 例11_13 extends JFrame {
    DrawPanel jp = new DrawPanel();                    //创建绘图面板对象
    public 例11_13 () {
        this.add(jp);                                  //添加面板
        this.setSize(320, 270);                        //设置窗体大小
```

```
        this.setTitle("例 11.13");
        this.setVisible(true);
        this.setDefaultCloseOperation(JFrame.EXIT_ON_CLOSE);
    }
    //创建绘图面板类
    class DrawPanel extends JPanel {
        public void paint(Graphics g) {
            //super.paint(g);
            g.drawLine(10, 10, 290, 10);                        //绘制直线
            g.drawRect(10, 30, 80, 80);                         //绘制矩形
            g.setColor(Color.RED);                              //设置画笔颜色
            g.drawOval(110, 30, 80, 80);                        //绘制圆
            g.drawArc(210, 30, 80, 80, 180, 180);               //绘制弧线
            g.fillRect(10, 130, 80, 80);                        //绘制实心矩形
            g.setColor(Color.GREEN);                            //设置画笔颜色
            g.fillOval(110, 130, 80, 80);                       //绘制实心圆
            g.fillArc(210, 130, 80, 80, 180, 180);              //绘制实心弧线
        }
    }
    ...
}
```

这里需要注意paint()方法会重绘图像。如果在方法中添加“super.paint(g);”语句，表示在原来图像的基础上继续画图；否则重绘图像时，会将原有的绘制清空，再根据paint()方法绘制。

### 11.10.2　Graphics2D

使用Graphics类可以完成简单的图形绘制任务，但是它能够实现的功能非常有限，例如，它无法改变线条的粗细，不能对图片使用旋转、模糊等过滤效果。

Graphics2D继承自Graphics类，是功能更加强大的绘图操作的集合。由于Graphics2D类是Graphics类的扩展，也是推荐使用的Java绘图类，所以下面主要介绍如何使用Graphics2D类实现Java绘图。

程序设计中提供的绘图对象一般都是Graphics对象，可以使用强制类型转换，将其转换为Graphics2D类型。例如：

```
public void paint(Graphics g) {
    Graphics2D g2 = (Graphics2D)g;    //强制类型转换
}
```

Graphics2D分别使用不同的类表示不同的形状，如Line2D、Rectangle2D等。要绘制指定形状的图形，可以分为以下两步：

（1）创建并初始化该图形类的对象。语法格式如下：

```
图形类 shape = new 图形类.Float(图形绘制参数);                //创建图形类对象
Line2D line = new Line2D.Double(10, 10, 190, 10);         //创建对象 line
```

（2）使用Graphics2D类的draw()方法绘制该图形对象，或者使用fill()方法填充该图形对象。

语法格式如下：

```
Graphics2D对象.draw(shape);
Graphics2D对象.fill(shape);
g2.draw(line);                                   //利用line对象，绘制直线
```

Java.awt.geom包中提供了很多图形类，常用的图形类有：Line2D（直线）、Rectangle2D（矩形）、Ellipse2D（椭圆）和Arc2D（弧形）等。这些图形类都是抽象类型的，它们有两个实现类Float和Double，这两个实现类构建图形对象的精度不同。

在默认情况下，Graphics绘图类使用的笔画属性是粗细为1像素的正方形，而Graphics2D类可以调用setStroke()方法设置笔画的属性，如改变线条的粗细、使用实线还是虚线、定义线段端点的形状和风格等。这里简单介绍如何通过Stroke接口的实现类BasicStroke改变笔画的粗细。

```
g2.setStroke(new BasicStroke(5));                //粗细为5像素
```

例 11.14 利用Graphics2D完成例11.13中部分图形的绘制或填充，如图11-31所示。

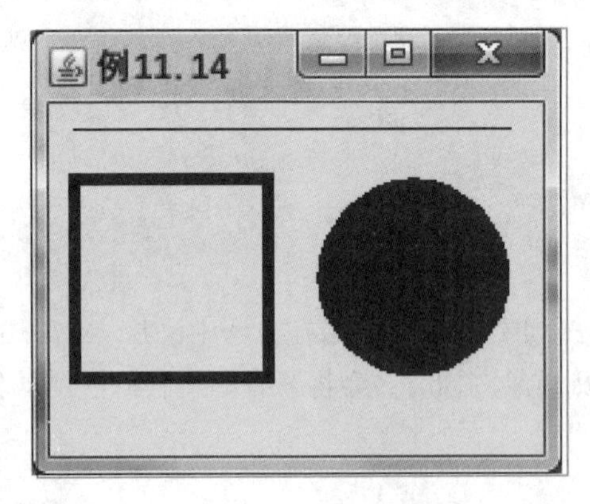


图 11-31 程序运行结果

代码如下：

```
...
//创建绘图面板类
class DrawPanel extends JPanel {
    public void paint(Graphics g) {
        Graphics2D g2 = (Graphics2D)g;                    //强制类型转换
        //创建三个图形类对象
        Line2D line = new Line2D.Double(10, 10, 190, 10);
        Rectangle2D rect = new Rectangle2D.Double(10, 30, 80, 80);
        Ellipse2D ellipse = new Ellipse2D.Double(110, 30, 80, 80);
        //绘制填充图形
        g2.draw(line);                                    //绘制直线
        g2.setStroke(new BasicStroke(5));                 //笔画粗细为5像素
        g2.draw(rect);                                    //绘制矩形
        g2.fill(ellipse);                                 //绘制实心圆
    }
}
```

### 11.10.3　Canvas类

Canvas是画布的意思。在AWT中提供Canvas类，它继承自Component类，专门用于绘图。由于Canvas类不是容器，所以不能添加组件。JPanel类继承自Container类，是Swing的一个容器类。如果仅仅为了绘图，就没有必要使用JPanel类，因为JPanel类包含了很多内部的成员方法，但是这些成员方法对绘图没有实质性的帮助反而显得累赘。

Graphics2D类提供了drawString()方法，使用该方法可以实现图形上下文的文本绘制，从而实现在图片上显示文字的功能，语法格式如下：

```
drawString(String str, int x, int y);
```

例 11.15　绘制一个矩形图，在中间显示当前时间，如图11-32所示。

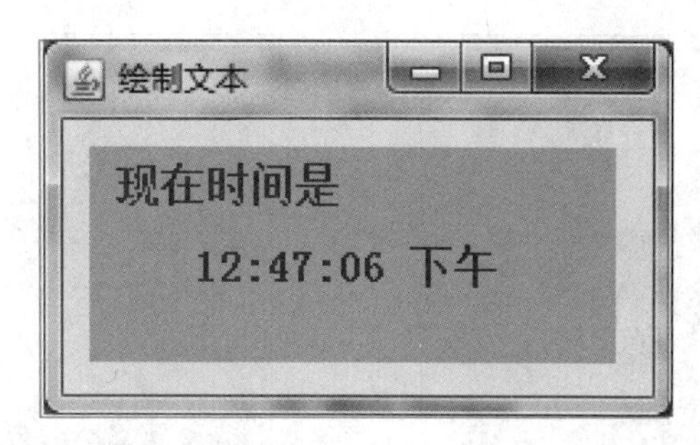


图 11-32　程序运行结果

```
...
public class 例11_15 extends JFrame {
    MyCanvas canvas = new MyCanvas();
    public 例11_15() {
        this.add(canvas);
        ...
    }
    // 创建画布
    class MyCanvas extends Canvas {
        public void paint(Graphics g) {
            super.paint(g);
            Graphics2D g2 = (Graphics2D) g;
            Rectangle2D rect = new Rectangle2D.Double(10,10,200,80);
            g2.setColor(Color. LIGHT_GRAY);                        //设置当前绘图颜色
            g2.fill(rect);                                          //填充矩形
            g2.setColor(Color.BLUE);                                //设置当前绘图颜色
            g2.setFont(new Font("宋体",Font.BOLD,16));              //设置字体
            g2.drawString("现在时间是", 20, 30);                    //绘制第一行文本
            g2.drawString(String.format("%tr", new Date()), 50, 60); //绘制第二行文本
        }
    }
    ...
}
```

### 11.10.4 绘制图片

Graphics2D不仅可以绘制图形和文本，还可以使用drawImage()方法将图片资源显示到绘图上下文中，而且可以实现各种特效处理，包括图片的缩放、翻转等。下面主要介绍如何显示图片，语法格式如下：

```
drawImage(Image img, int x, int y, ImageObserver observer)
drawImage(Image img, int x, int y, int width, int height, ImageObserver observer)
```

方法一将图片放在点(*x*,*y*)处，大小不会缩放；方法二将图片放在点(*x*,*y*)处，并指定图片的宽度和高度，图片将在这个矩形中放大或缩小。

例 11.16 在窗体中分别显示原始大小的图片和自动缩放的图片，如图11-33所示。

图 11-33 程序运行结果

代码如下：

```
...
public class 例11_16 extends JFrame {
    Image img = Toolkit.getDefaultToolkit().getImage("image/background.jpg");// 获取图片
    MyCanvas canvas = new MyCanvas();
    public 例11_16(){
        this.add(canvas);
        ...
    }
    //创建画布
    class MyCanvas extends Canvas{
        public void paint(Graphics g){
            Graphics2D g2 = (Graphics2D)g;
            //g2.drawImage(img,0,0,this);                    //绘制原始大小的图片
            g2.drawImage(img,0,0,getWidth(),getHeight(),this);//绘制自动缩放的图片
        }
    }
    ...
}
```

在程序设计中，面板上经常需要添加背景图片，而Canvas类的对象不能添加组件，因此需要使用Swing中的各种面板。

例 11.17　在一个包含按钮与文本框的窗体中，添加背景图片。程序运行结果如图11-34所示。

图 11-34　程序运行结果

代码如下：

```
…
public class 例11_17 extends JFrame {
    MyPanel jp = new MyPanel("image/background.jpg");
    public 例11_17(){
        jp.add(new JButton("按钮"));            //添加按钮
        jp.add(new JTextField(10));            //添加文本框
        this.add(jp);
        …
    }
    //创建带背景图片的面板类
    class MyPanel extends JPanel{
        private Image img;                       //创建成员变量
        public MyPanel(String imgPath){      // 构造方法，形参为图片的路径
            img = Toolkit.getDefaultToolkit().getImage(imgPath);   //获取背景图片
        }
        public void paintComponent(Graphics g){
            Graphics2D g2 = (Graphics2D)g;
            g2.drawImage(img,0,0,getWidth(),getHeight(),this);     //绘制背景图片
        }
    }
    …
}
```

例11.17中必须使用paintComponent()方法，如果继续使用paint()方法，则窗体生成时，按钮和文本框将被图片遮挡，要通过移动鼠标来刷新。paint()方法来自awt.Component，而paintComponent()方法来自javax.swing，Swing组件是awt.Component的子类，所以Swing组件既包含paint()方法也包含paintComponent()方法，而AWT组件不包含paintComponent()方法。

对于中间容器来说，paint()方法只能绘制容器，而不能绘制其中的组件；paintComponent()方法可以绘制容器及其中的组件。因此，中间容器在通过重写paintComponent()方法来绘制图形，而不要重写paint()方法。

# 11.11 综合实践

在第10章综合实践的基础上，继续完善宿舍管理系统。

（1）实现学生管理中学生入住对话框，如图11-35所示。对话框中要实现文本框、单选框、组合框、日期选择框、文件选择器五种组件。单击“取消”按钮，则关闭对话框。单击“学生入住”按钮，则在控制台中打印要添加的学生信息。

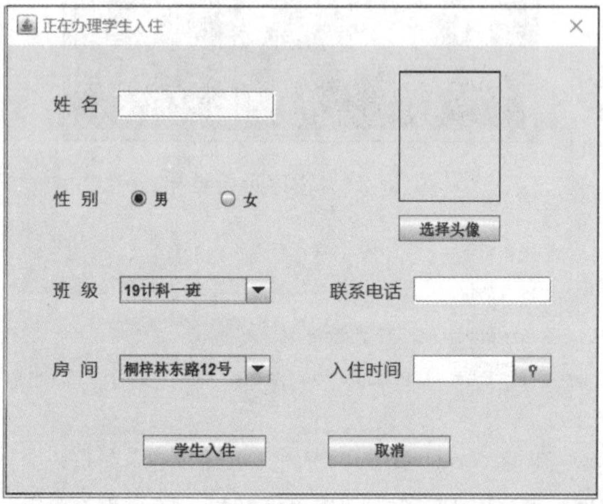

图 11-35 “正在办理学生入住”对话框

（2）实现主界面，如图11-36所示。主界面中要实现顶层下拉菜单和背景图。“学生管理”菜单中包含“学生入住”和“学生列表”菜单项；“班级管理”菜单中包含“添加班级”和“班级信息”菜单项；“房间管理”菜单中包含“新增房间”和“房间信息”菜单项。

图 11-36 主界面

# 习　题

1. 创建菜单栏，如图11-37所示。

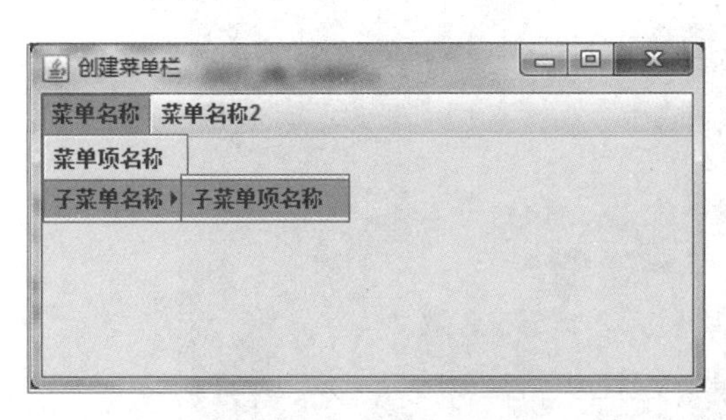


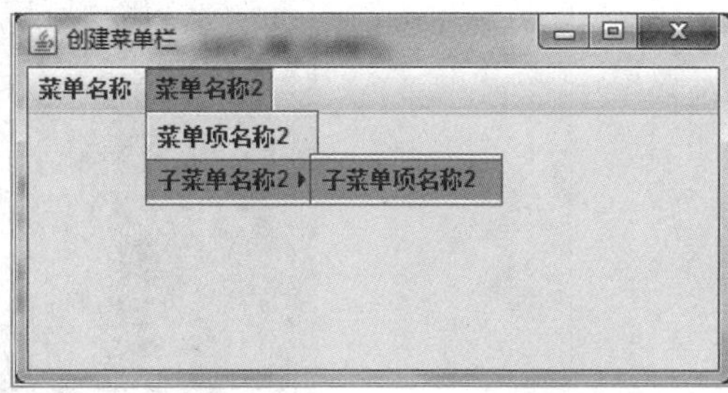


图 11-37　第 1 题程序运行结果

2. 创建弹出式菜单，选择对应的菜单项可以改变面板的背景颜色，如图11-38所示。

3. 设计一个应用程序，用户可以通过键盘上的方向键移动窗体中的按钮，如图11-39所示。在键盘事件中，利用按钮的setBounds()方法不断改变按钮的顶点坐标。

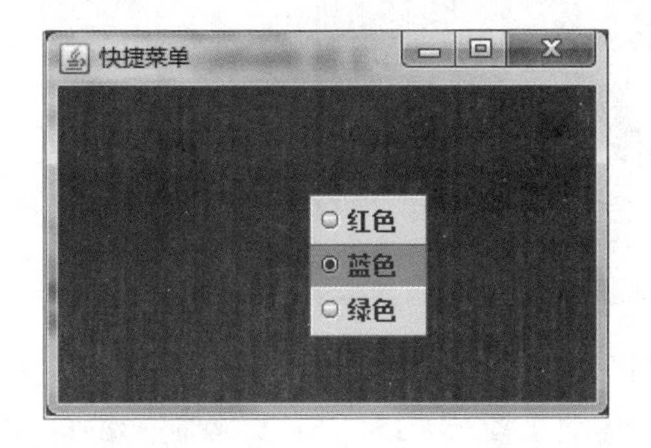


图 11-38　第 2 题程序运行结果

图 11-39　第 3 题程序运行结果

4. 设计一个鼠标事件应用程序。程序启动后，单击鼠标左键，则窗体上的标签显示“单击鼠标左键”；双击鼠标右键，则窗体上的标签显示“双击鼠标右键”；快速单击鼠标左键3次，则程序结束退出。

5. 编写一个程序，将以下内容写入“d:\abc.txt”文件中。

```
Hello world!
你好，世界!
```

6. 设计一个窗体，用JFileChooser实现例11.9。

7. 设计一个图片浏览器，如图11-40所示。左边列表框的各项为“image/pics/”目录下图片文件的文件名，当鼠标选择不同的选项时，在右边的画布上显示对应的图片。

8. 改进第7题的功能，列表框的选项（即文件名）不在程序中静态设置。添加一个文本框和按钮，利用JFileChooser动态地选择目录，并能将该目录下所有.JPG格式的图片文件的文件名导入文本框中。

9. 设计图11-41所示对话框，当单击“好啊！”按钮时，弹出对话框输出“谢谢！”；当单击“去一边！”按钮时，弹出对话框输出“打扰了！”并显示Warning样式的图标。

图 11-40　第 7 题程序运行结果

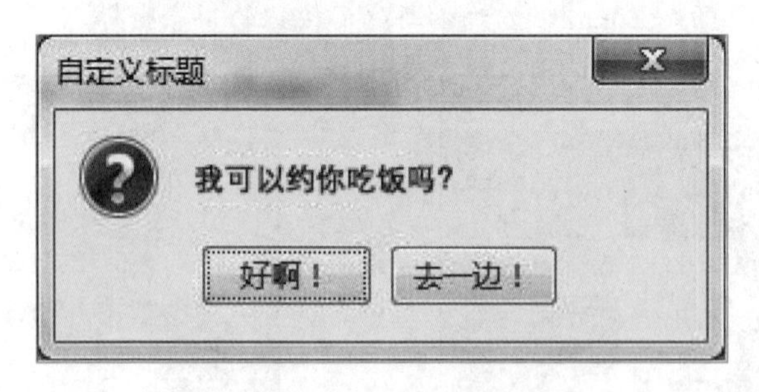


图 11-41　第 9 题程序运行结果

10. 设计一个简单的画图板，可以选择笔画的颜色、粗细，绘制直线、椭圆和矩形，参考Windows附件中的画图。

11. 改进例11.11，读取文件时，用JFileChooser选择文件。

# 第12章 数据库操作

学习目标

◎了解数据库系统的基本概念，能运用SQL进行数据的存取、查询与更新；

◎掌握JDBC的工作原理、框架结构，能熟练使用其中的常用类与接口；

◎掌握JTable组件的创建与使用方法，能编写简单的数据库管理系统。

素质目标

◎树立信息安全意识和责任意识，合法合规使用数据。

## 12.1 数据库基础知识

数据库是数据管理的有效技术，是计算机科学的重要分支，能有效地管理各类信息资源。如今作为信息系统基础的数据库技术得到了广泛应用，越来越多的应用领域都在采用数据库进行信息资源的存储与处理。数据库原理及其应用是计算机软件专业的一门基础课程，这里仅进行简单介绍。

### 12.1.1 基本概念

数据库系统是由数据库及其管理软件组成的系统。它包括数据库、数据库管理系统、应用软件和数据库管理员，如图12-1所示。

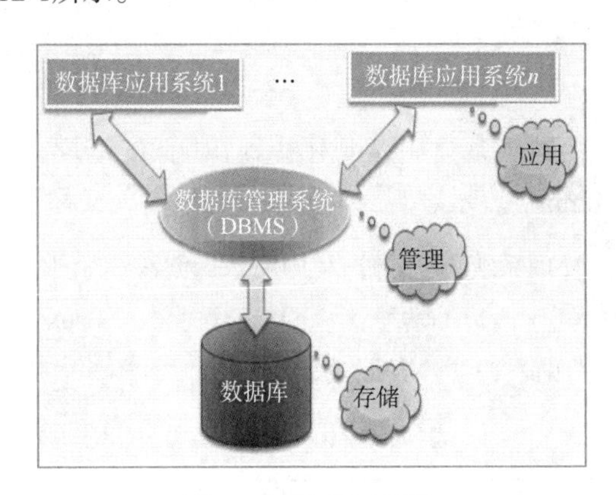


图 12-1 数据库系统

（1）数据库（database，DB）：它是一种存储结构，允许使用各种格式输入、处理和检索数据，使用户不必在每次需要数据时重新输入。

（2）数据库管理系统（database mangement system，DBMS）：它是一种系统软件，负责数据库中的数据组织、数据操纵、数据维护、控制及保护数据服务等，是数据库系统的核心。

数据库由数据库管理系统统一管理，数据的插入、修改和检索均要通过数据库管理系统进行。数据管理员负责创建、监控和维护整个数据库，使数据能被任何有权使用的人有效使用。数据库管理员一般是由业务水平较高、资历较深的人员担任。

数据库系统一般基于某种数据模型，而数据模型是信息模型在数据世界中的表示形式。根据数据模型的不同，可以将数据库系统分为：层次型数据库、网状型数据库、关系型数据库和面向对象型数据库。

关系型数据库是目前较流行的数据库，它是基于关系模型建立的数据库，关系模型由一系列表格组成。其余数据库软件有：MySQL、Oracle、SQL Server等，其中MySQL是开源软件。

### 12.1.2 关系型数据库

关系型数据库是数据库设计标准。不仅因为关系模型具有强大的功能，还由于它提供了结构化查询语言（structure query language，SQL）的标准接口，该接口允许以一致的、可以理解的方法同时使用多种数据库工具和产品。

关系型数据库是根据表、记录和字段之间的关系进行数据组织和访问的一种数据库，它通过若干表（table）存储数据，并通过关系（relation）将这些表联系在一起。

一个关系型数据库中可以包含若干张表，每张表又由若干条记录组成，每条记录由若干字段组成。表与表之间通过关系连接。

#### 1. 关系型数据库的分类

关系型数据库一般分为以下两类：

（1）桌面数据库：主要用于小型的、单机的数据库应用程序。它不需要网络和服务器，实现起来比较方便，如Access、Paradox、FoxPro、dBase等。

（2）客户机/服务器（C/S）数据库：主要用于大型的、多用户的数据库管理系统，如MySQL、SQL Server、Sybase、Oracle等。

客户机/服务器数据库应用程序分为两部分：一部分驻留在客户机上，用于向用户提供信息及操作界面；另一部分驻留在服务器中，主要用来实现对数据库的操作，进行具体的计算，并将结果发送回客户机。这对客户机档次较低的情况尤为适合。

#### 2. 表、记录和字段

表是一种数据库对象，由若干条描述客观对象多个特征的记录（record）组成，记录又称行（row）。表中每一列（columm）表示客观对象的同一特征点，又称字段（field）。

例 12.1 根据学生管理系统的需要，利用Access创建一个学生数据库db_student。

（1）建立表tb_info，包括字段id（学号）、name（姓名）、sex（性别）、birthdate（出生日期）、class（班级），表结构见表12-1，表记录见表12-2。

表 12-1 tb_info 表结构

| 字 段 名 | 数 据 类 型 | 大小 / 格式 | 说 明 |
| --- | --- | --- | --- |
| id | 文本 | 10 | 学生的学号（主键） |
| name | 文本 | 10 | 学生的姓名 |
| sex | 文本 | 2 | 学生的性别 |
| birthdate | 日期 | 短日期 | 学生的出生日期 |
| class | 文本 | 20 | 学生所在班级 |

表 12-2　tb_info 表记录

| id | name | sex | birthdate | class |
|---|---|---|---|---|
| 20180101 | 张爱国 | 男 | 2000/3/2 | 计算机 181 |
| 20180102 | 李小红 | 女 | 1999/12/4 | 计算机 181 |
| 20180103 | 王胜利 | 男 | 2000/4/12 | 计算机 181 |
| 20180104 | 张小敬 | 男 | 1999/9/11 | 计算机 181 |
| 20180105 | 王凯丽 | 女 | 1999/11/23 | 计算机 181 |

（2）建立表tb_score，包括字段id（学号）、chinese（语文）、english（英语）、computer（计算机），表结构见表12-3，表记录见表12-4。

表 12-3　tb_score 表结构

| 字 段 名 | 数 据 类 型 | 大小 / 格式 | 说　明 |
|---|---|---|---|
| id | 文本 | 10 | 学生的学号 |
| chinese | 字节 | 2 | 学生的语文成绩 |
| english | 字节 | 2 | 学生的英语成绩 |
| computer | 字节 | 2 | 学生的计算机成绩 |

表 12-4　tb_score 表记录

| id | chinese | english | computer |
|---|---|---|---|
| 20180101 | 75 | 78 | 81 |
| 20180102 | 80 | 85 | 78 |
| 20180103 | 83 | 87 | 80 |
| 20180104 | 78 | 81 | 76 |
| 20180105 | 90 | 87 | 86 |

在同一表中不允许存在所有字段值都相同的记录，也不允许在同一记录中出现相同的字段。例如，不允许同一记录中出现两个“姓名”字段等。

### 3. 关键字

关键字是表中的某个或多个字段，可以是唯一的，也可以是不唯一的。唯一关键字可以指定为主关键字，用来唯一标识一条记录，又称主键。例如，表tb_info中的 “id”字段就被指定为“主键”，因为它唯一标识了一条学生基本信息记录。

### 4. 索引

为了更快地访问数据，大多数数据库都使用关键字对表进行索引。也就是按关键字对数据库进行排序，并建立一张索引表，每个索引输入项指向该记录在数据库中的行。索引表类似于书籍的目录，章节内容指向所在的页码，而并不直接在目录中放置章节内容。

### 5. 关系

数据库中可以包含多张表，表与表之间可以用不同的方式相互关联。表12-5是按学号相同的关系将表12-2和表12-4进行关联的结果。这样可以充分利用数据库现有数据，减少数据的冗余。

表 12-5 学生基本信息表与成绩表的关联

| id | name | chinese | english | computer |
|---|---|---|---|---|
| 20180101 | 张爱国 | 75 | 78 | 81 |
| 20180102 | 李小红 | 80 | 85 | 78 |
| 20180103 | 王胜利 | 83 | 87 | 80 |
| 20180104 | 张小敬 | 78 | 81 | 76 |
| 20180105 | 王凯丽 | 90 | 87 | 86 |

### 12.1.3 SQL

结构化查询语言(structured query language，SQL)，是一种数据库查询和程序设计语言，用于存取数据以及查询、更新和管理数据库系统。SQL主要由以下四部分组成：

（1）数据操纵语言（data manipulation language，DML）：如select、update、insert、delete等，是对数据库中的数据进行操作的语言。

（2）数据定义语言（data definition language，DDL）：如create、alter、drop等，主要用在定义或改变表结构、数据类型、表之间的链接和约束等初始化工作上，一般在建立表时使用。

（3）数据库控制语言（data control language，DCL）：如grant、revoke等，主要用于设置或更改数据库用户或角色权限等。

（4）事务控制语言（transaction control language，TCL）：如commit、rollback等，主要负责数据库中提交、回滚等事务的控制。

在应用程序中使用最频繁的是数据操纵语言，它也是最常用的核心SQL。由于篇幅的关系，本节只对其中最常用的一些语句进行简单介绍。若需进一步了解SQL语句，请参考相关资料。SQL常用语句及说明见表12-6。

表 12-6 SQL 常用语句及说明

| SQL 命令 | 说 明 |
|---|---|
| SELECT | 查询数据，即从数据库中返回记录集 |
| INSERT | 向数据表中插入一条记录 |
| UPDATE | 修改数据表中的记录 |
| DELETE | 删除数据表中的记录 |
| CREATE | 创建新的数据表 |
| DRUP | 删除数据表 |

下面根据表12-2和表12-4中的数据，通过例子掌握SQL命令的使用方法。

#### 1. select语句

select语句用于从数据表中检索数据，语法格式如下：

```
SELECT 所选字段列表 FROM 表名
WHERE 条件表达式 ORDER BY 字段名 (ASC|DESC)
```

（1）返回tb_info表中的所有记录：

```
SELECT * FROM tb_info                          //通配符*表示所有记录中的所有字段
```

（2）返回tb_info表中的女生记录，仅返回记录的姓名字段：

```
SELECT name FROM tb_info
WHERE sex = '女'
```

（3）返回tb_info表中计算机181班的女生记录，仅返回记录的学号与姓名字段：

```
SELECT id,name FROM tb_info
WHERE class = '计算机181' AND sex = '女'            //字符串类型的值要用单引号
```

（4）返回tb_info表中“姓名”字段含有“张”的所有记录：

```
SELECT * FROM tb_info
WHERE name LIKE'%张%'                               //模糊查询
```

（5）将表12-2与表12-4通过id字段进行关联，返回一个多表查询数据集。要求其中包括学号、姓名和语文三个字段：

```
SELECT tb_info.name, tb_info.id, tb_score.chinese
FROM tb_info INNER JION tb_score
ON tb_info.id = tb_score.id
```

#### 2. insert语句

insert语句用于向数据表中插入新记录，语法格式如下：

```
INSERT INTO 表名 （字段1，字段2，…） VALUES （值1， 值2，…）
```

例如，向tb_score表中插入一条记录：

```
INSERT INTO tb_score (id,chinese,english,computer)VALUE('20080105',80,77,92)
```

#### 3. update语句

update语句用于更新数据表中的部分记录，语法格式如下：

```
UPDATE 表名 SET 字段名 = 新值 WHERE 条件表达式
```

例如，将学号为“20080103”的学生的“计算机”成绩修改为“85”：

```
UPDATE tb_score SET computer = 85
WHERE id = '20080103'
```

#### 4. delete语句

delete语句用于删除表中的记录，语法格式如下：

```
DELETE FROM 表名 WHERE 条件表达式
```

例如，删除tb_info表中所有男生的记录：

```
DELETE FROM tb_info WHERE sex = '男'
```

## 12.2　案例 12-1：访问学生数据库

#### 1. 案例说明

编写一个Java应用程序，访问学生数据库db_student，并将表tb_info中的所有记录输出到控制台。其中，数据库文件存放于当前项目文件夹下的data子目录中。程序运行结果如图12-2所示。

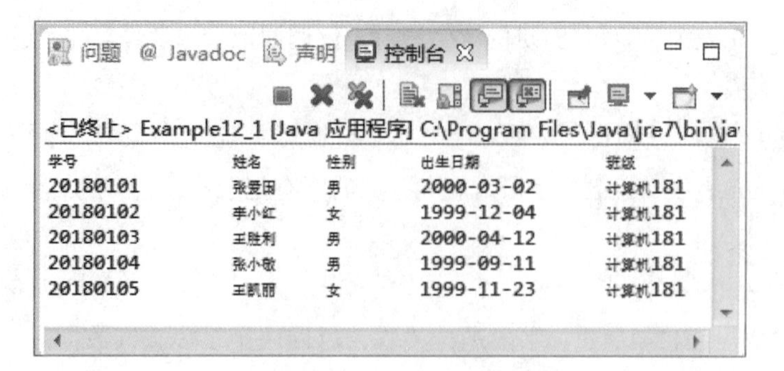


图 12-2 程序运行结果

2. 代码实现

```
…
public class Example12_1 extends JFrame{
    //加载数据库驱动
    static{
        try {
            Class.forName("sun.jdbc.odbc.JdbcOdbcDriver");
        } catch (ClassNotFoundException e) {
            e.printStackTrace();
        }
    }
    public void showData(){
        String url="jdbc:odbc:Driver={Microsoft Access Driver (*.mdb, *.accdb)};
DBQ=data/db_student.accdb";
        String userName = "";
        String passwd = "";
        Connection con = null;
        try {
            con = DriverManager.getConnection(url,userName,passwd);//生成连接
            Statement stmt = con.createStatement(); //生成Statement对象
            String sqlStr = "Select * from tb_info";     //设置查询语句
            ResultSet rs = stmt.executeQuery(sqlStr);    //返回结果集
            System.out.println("学号\t\t姓名\t性别\t出生日期\t\t班级");
            while(rs.next()){                            //历遍结果集中的记录
                System.out.print(rs.getString("id")+"\t"); //输出对应的字段
                System.out.print(rs.getString(2)+"\t");
                System.out.print(rs.getString(3)+"\t");
                System.out.print(rs.getDate(4)+"\t");
                System.out.println(rs.getString(5));
            }
            rs.close(); stmt.close();con.close();
        } catch (Exception e) {
            e.printStackTrace();
```

```
        }
    }
    public static void main(String[] args) {
        (new Example12_1()).showData();
    }
}
```

3. 知识点分析

本案例演示了Java应用程序使用JDBC技术访问关系型数据库的步骤：首先，应用程序通过驱动管理器装载数据库驱动程序，建立与数据库的连接；然后，应用程序向数据库提交SQL请求，数据库执行相应的SQL语句，并将处理结果返回给Java应用程序；最后，释放资源。

# 12.3 JDBC

Sun公司（已被甲骨文公司收购）提供的JDBC（Java database connectivity，Java数据库连接技术）是Java程序连接关系数据库的标准。主流的关系数据库有SQL Server、Oracle、MySQL等，各厂商都为Java提供了专用的JDBC驱动程序。为了避免让用户为不同的关系数据库编写不同的代码，JDBC提供了统一的接口，让用户通过接口访问数据库。

JDBC是一套面向对象的应用程序接口，指定了统一访问各种关系型数据库的标准接口。它是一种底层的API，因此访问数据库时需要在业务逻辑层中嵌入SQL语句。由于SQL语句是面向关系的，依赖于关系模型，所以通过JDBC技术访问数据库也是面向关系的。

JDBC框架结构（见图12-3）包括四个组成部分：Java 应用程序、驱动管理器(JDBC driver manager)、驱动程序和数据源。应用程序通过驱动管理器装载数据库驱动程序，建立与数据库的连接，向数据库提交SQL请求，并将数据库处理结果返回给Java应用程序。

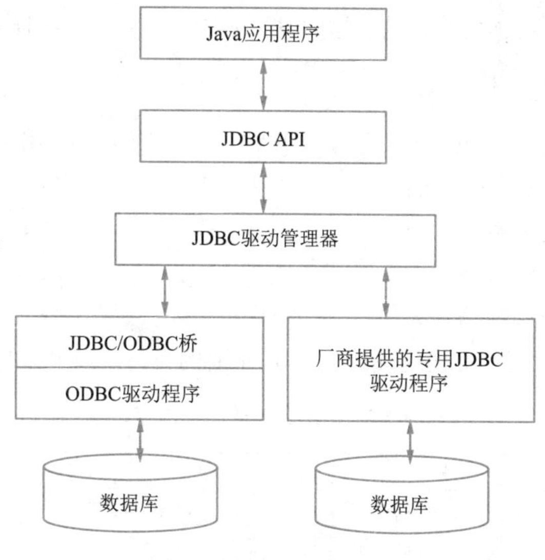


图 12-3 JDBC 框架结构

开发一个与数据库相关的Java应用程序，必须先建立数据库和表，然后进入JDBC编程。其中JDBC编程包括以下几个步骤：

（1）加载驱动程序。

（2）建立与数据库的连接。

（3）执行相应的SQL语句。

（4）处理执行结果。

（5）释放资源。

### 12.3.1 JDBC驱动程序

JDBC驱动程序包括以下四种：

（1）JDBC-ODBC桥：JDBC-ODBC桥把对JDBC API的调用，转成对ODBC API的调用。ODBC可以访问所有数据库，如Microsoft Access、Visual FoxPro数据库，但是执行效率低、功能不够强大。Sun公司建议开发中不使用这种免费的JDBC-ODBC桥驱动程序，容易使服务器死机。

（2）本地API一部分用Java编写的驱动程序：同样是一种桥驱动程序。它将JDBC的调用转换成数据库厂商专用的API，效率低，服务器易死机，不建议使用。

（3）JDBC网络驱动：这种驱动程序把JDBC转成与DBMS无关的网络协议，又被某个服务器转换为DBMS协议，是一种利用Java语言编写的JDBC驱动程序，也是最灵活的JDBC驱动程序。

（4）纯Java驱动程序：它由数据库厂商提供，是最成熟的JDBC驱动程序，所有存取数据库的操作都直接由驱动程序完成，速度快，又可跨平台。在开发中，推荐使用纯Java驱动程序。

Class类是java.lang包中的一个类，通过该类的静态方法forName()可以加载JDBC驱动程序，例如：

```
    Class.forName("sun.jdbc.odbc.JdbcOdbcDriver");      //加载 JDBC-ODBC 桥驱动程序
    Class.forName("com.mysql.jdbc.Driver");             //加载 MySQL 专用驱动程序
    Class.forName("com.microsoft.sqlserver.jdbc.SQLServerDriver"); // 加 载 SQL
Server 专用驱动程序
```

这里需要注意的是，从JDK1.8开始不再支持JDBC-ODBC桥连接方式，所以当程序需要加载包括Access等JDBC-ODBC桥连接方式的数据库时，需要在工程项目中导入相应的JAR包。

### 12.3.2 JDBC中常用的类和接口

JDBC是由一系列连接（Connection）、SQL语句（Statement）和结果集（ResultSet）构成的，其主要作用主要有以下三个方面：

（1）建立与数据库的连接。

（2）向数据库发送SQL语句。

（3）处理从数据库返回的结果。

这些作用是通过一系列API实现的，其中JDBC重要的类与接口见表12-7。

表 12-7 JDBC 重要的类与接口

| 接口 / 类 | 作　用 |
| --- | --- |
| java.sql.DriverManager | 处理驱动程序的加载和建立新数据库连接 |
| java.sql.Connection | 处理与特定数据库的连接 |
| java.sql.Statement | 在指定连接中处理 SQL 语句 |
| java.sql.PreparedStatement | 动态执行 SQL 语句 |
| java.sql.ResultSet | 处理数据库操作结果集 |

### 1. DriverManager类

DriverManager类是java.sql包中用于数据库驱动程序管理的类，作用于用户和驱动程序之间。它跟踪可用的驱动程序，并在数据库和相应驱动程序之间建立连接，也处理诸如驱动程序登录时间限制及登录和跟踪消息的显示等事务，其主要成员方法见表12-8。

表 12-8　DriverManager 类的主要成员方法

| 方　法 | 功 能 描 述 |
| --- | --- |
| getConnection(String url,String user,String passwd) | 指定三个入口参数（连接数据库的 URL、用户名和密码）获取与数据库的连接 |
| setLoginTimeout() | 获取驱动程序试图登录到某一数据库时可以等待的最长时间，单位为秒 |

### 2. Connection接口

Connection接口用于表示数据库连接的对象，对数据库的一切操作都是在这个连接的基础上进行的。Connection接口的主要成员方法见表12-9。

表 12-9　Connection 接口的主要成员方法

| 方　法 | 功 能 描 述 |
| --- | --- |
| Statement createStatement() | 创建一个 statement 对象 |
| Statement createStatement(int rsType, int rsConcurrency) | 创建一个 statement 对象，它将生成具有特定类型和并发性的结果集 |
| PreparedStatement prepareStatement(String sql) | 创建一个 PrepareStatement 对象 |
| void rollback() | 回滚当前事务中的所有改动，并释放当前连接持有的数据库锁 |
| boolean isClosed() | 判断连接是否已关闭 |
| boolean isReadOnly() | 判断连接是否为只读模式 |
| void setReadOnly() | 设置连接的只读模式 |
| void close() | 立即释放 Connection 对象占用的数据库和 JDBC 资源 |

其中，createStatement()方法还可以使用参数形式，如createStatement (int resultSetType, int resultSetConcurrency)方法，它的参数值如下：

resultSetType可选值是：

（1）ResultSet.TYPE_FORWARD_ONLY：得到的ResultSet中的指针只能向前移动。

（2）ResultSet.TYPE_SCROLL_INSENSITIVE：得到的ResultSet中可以随意前后移动指针。

（3）ResultSet.TYPE_SCROLL_SENSITIVE：得到的ResultSet中可以随意向前向后移动指针。当ResultSet中的值发生改变时，可以得到最新的值。

resultSetConcurrency可选值是：

（1）ResultSet.CONCUR_READ_ONLY：得到的ResultSet中的数据记录是只读的。

（2）ResultSet.CONCUR_UPDATABLE：得到的ResultSet中的数据记录可以任意修改。

### 3. Statement接口

Statement接口用在已经建立的连接上，向数据库发送SQL语句的对象。它只是一个接口的定义，其中包括了执行SQL语句和获取返回结果的方法。Statement接口的方法用于执行静态的SQL语句，它的主要成员方法见表12-10。

表 12-10　Statement 接口的主要成员方法

| 方　法 | 功 能 描 述 |
| --- | --- |
| ResultSet executeQuery(String sql) | 执行静态的 Select 语句，返回结果集 |
| boolean execute(String sql) | 执行静态的 SQL 语句，如插入、删除或删除语句 |
| void close() | 立即释放 Statement 对象占用的数据库和 JDBC 资源 |

### 4．PreparedStatement接口

PreparedStatement接口继承了Statement接口，但PreparedStatement语句中包含经过预编译的SQL语句，因此可以获得更高的执行效率。在PreparedStatement语句中可以包含多个用“？”代表的字段，在程序中可以利用setXxx()方法设置该字段的内容，从而增强了程序设计的动态性。PreparedStatement接口的主要成员方法见表12-11。

表 12-11　PreparedStatement 接口的主要成员方法

| 方　法 | 功 能 描 述 |
| --- | --- |
| ResultSet executeQuery() | 执行 SQL 查询语句 |
| int executeUpdate() | 执行 SQL 更新语句 |
| ResultSetMetaData getMetaData() | 进行数据库查询，获取数据库元数据 |
| void setArray(int index,Array x) | 设置为数组类型 |
| void setBoolean(int index, boolean x) | 设置为 boolean 类型 |
| void setInt(int index,int x) | 设置为 int 类型 |
| void setFloat(int index,float x) | 设置为 float 类型 |
| void setDouble(int index,doube x) | 设置为 double 类型 |
| void setString(int index,String x) | 设置为 String 类型 |
| void setDate(int index,Date x) | 设置为日期类型 |
| void setTime(int index,Time x) | 设置为时间类型 |
| void close() | 立即释放 PreparedStatement 对象占用的数据库和 JDBC 资源 |

PreparedStatement与Statement的区别在于PreparedStatement构造的SQL语句不是完整的语句，而需要在程序中进行动态设置。这一方面增强了程序设计的灵活性；另一方面，由于PreparedStatement语句是经过预编译的，因此它构造的SQL语句的执行效率比较高。所以对于某些使用频繁的SQL语句，用PreparedStatement语句比用Statement更有明显的优势。例如：

```
    PreparedStatement pstmt = con.prepareStatement("update tb_score set chinese=?
where Id = ?");
```

### 5．ResultSet接口

结果集（ResultSet）用来暂时存放数据库查询操作获得的结果。它包含了符合SQL语句中条件的所有行，并且提供了一套get方法对这些行中的数据进行访问。ResultSet接口的主要成员方法见表12-12。

表 12-12　ResultSet 接口的主要成员方法

| 方　法 | 功 能 描 述 |
| --- | --- |
| Array getArray(int row) | 获取结果集中的某一行并将其存入一个数组 |
| boolean getBoolean(int columnIndex) | 获取当前行中某一列的值，返回一个布尔型值 |
| int getInt(int columnIndex) | 获取当前行中某一列的值，返回一个整型值 |
| float getFloat(int columnIndex) | 获取当前行中某一列的值，返回一个浮点型值 |

续表

| 方　　法 | 功能描述 |
| --- | --- |
| double getDouble(int columnIndex) | 获取当前行中某一列的值，返回一个双精度型值 |
| String getString(int columnIndex) | 获取当前行中某一列的值，返回一个字符串 |
| Date getDate(int columnIndex) | 获取当前行中某一列的值，返回一个日期型值 |
| Object getObject(int columnIndex) | 获取当前行中某一列的值，返回一个对象 |
| void afterLast() | 将指针移动到结果集的末尾 |
| void beforeFirst() | 将指针移动到结果集的头部 |
| boolean isBeforeFirst() | 判断指针是否在结果集的头部 |
| boolean isAfterLast() | 判断指针是否在结果集的末尾 |
| boolean isFirst() | 判断指针是否在结果集的第一行 |
| boolean isLast() | 判断指针是否在结果集的最后一行 |
| boolean first() | 将指针移动到结果集的第一行 |
| boolean last() | 将指针移动到结果集的最后一行 |
| boolean next() | 将指针移动到当前行的下一行 |
| boolean previous() | 将指针移动到当前行的前一行 |
| boolean absolute(int row) | 将指针移动到结果集对象的某一行 |
| void close() | 立即释放 ResultSet 对象占用的数据库和 JDBC 资源 |

ResultSet类不仅提供了一套用于访问数据的get方法，还提供了很多移动指针的方法。cursor是ResultSet 维护的指向当前数据行的指针。最初它位于第一行之前，因此第一次访问结果集时通常调用next()方法将指针置于第一行上，使它成为当前行。随后每次调用next()方法指针向下移动一行。

例 12.2　利用例12.1创建的数据库表tb_info，编写一个Java应用程序，在文本框中输入学生的学号，在对应的文本框中显示该学生的详细信息。程序运行结果如图12-4所示。

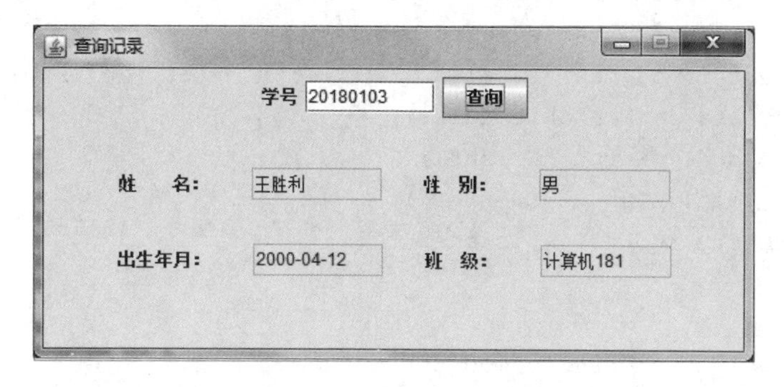


图 12-4　程序运行结果

代码如下：

```
...
public class 例12_2 extends JFrame implements ActionListener{
    static{
        try {
            Class.forName("sun.jdbc.odbc.JdbcOdbcDriver"); //加载数据库驱动
        } catch (ClassNotFoundException e) {
            e.printStackTrace();
        }
```

```
    }

    JPanel jpNorth = new JPanel();
    JTextField txtId = new JTextField(8);
    JButton btnQuery = new JButton("查询");
    JPanel jpCenter = new JPanel();
    JTextField txtName = new JTextField(8);
    JTextField txtSex = new JTextField(8);
    JTextField txtDate = new JTextField(8);
    JTextField txtClass = new JTextField(8);

    public 例12_2(){
        init();
        this.setResizable(false);
        …
    }
    //初始化界面
    public void init(){
        jpNorth.add(new JLabel("学号"));jpNorth.add(txtId);jpNorth.add(btnQuery);
        jpCenter.setLayout(new FlowLayout(FlowLayout.CENTER,30,30));
        jpCenter.add(new JLabel("姓名: ")); jpCenter.add(txtName);
        txtName.setEditable(false);
        jpCenter.add(new JLabel("性别: "));jpCenter.add(txtSex);
        txtSex.setEditable(false);
        jpCenter.add(new JLabel("出生年月: "));jpCenter.add(txtDate);
        txtDate.setEditable(false);
        jpCenter.add(new JLabel("班级: "));jpCenter.add(txtClass);
        txtClass.setEditable(false);
        this.add(jpNorth,"North");
        this.add(jpCenter,"Center");
        btnQuery.addActionListener(this);
    }

    public void actionPerformed(ActionEvent e) {
        if(e.getSource() == btnQuery){
            String url = "jdbc:odbc:Driver={Microsoft Access Driver (*.mdb, *.accdb)};
DBQ=data/db_student.accdb";
            String userName = "";
            String passwd = "";
            Connection con = null;
            try {
                con = DriverManager.getConnection(url,userName,passwd);//生成连接
                PreparedStatement pstmt = con.prepareStatement("Select * from
tb_info where id=?");                                   //生成PreparedStatement对象
```

```
                pstmt.setString(1, txtId.getText().trim());// 设置第一个“?”的值
                ResultSet rs = pstmt.executeQuery();     // 返回结果集
                if(rs.next()){                           // 判断记录是否为空
                    txtName.setText(rs.getString("Name")); // 根据字段名获取数据
                    txtSex.setText(rs.getString(3));      // 根据序号获取数据
                    txtDate.setText(rs.getDate(4).toString());
                    txtClass.setText(rs.getString(5));
                }
                 else JOptionPane.showMessageDialog(null, txtId.getText()+"
学号的学生不存在！ ","输入错误",JOptionPane.ERROR_MESSAGE);
                rs.close(); pstmt.close();con.close();
            } catch (Exception ex) {
                ex.printStackTrace();
            }
        }
    }
    …
}
```

例 12.3 利用例12.1创建的数据库tb_info，通过预处理语句动态地对其进行添加、修改和删除操作。

```
…
public class 例12_3 {
    static Connection con;                      // 声明 Connection 对象
    static PreparedStatement pstmt;             // 声明 PreparedStatement 对象
    static ResultSet res;                       // 声明 ResultSet 对象
    // 加载数据库驱动
    static{
        try {
            Class.forName("sun.jdbc.odbc.JdbcOdbcDriver");
        } catch (ClassNotFoundException e) {
            e.printStackTrace();
        }
    }
    // 获得连接的方法
    public Connection getConnection() {
        Connection con = null;
         String url="jdbc:odbc:Driver={Microsoft Access Driver (*.mdb, *.accdb)}
;DBQ=data/db_student.accdb";
        String userName = "";
        String passwd = "";
        try {
            con = DriverManager.getConnection(url,userName,passwd);  // 生成连接
        } catch (Exception e) {
```

```
            e.printStackTrace();
        }
        return con;
    }
    //输出查询记录
    public void printRecord() throws Exception{
        pstmt = con.prepareStatement("select * from tb_info");
        res = pstmt.executeQuery();                    //执行SQL语句，得到结果集
        while (res.next()) {
            String id = res.getString(1);
            String name = res.getString("name");
            String sex = res.getString("sex");
            String birthdate = res.getDate("birthdate").toString();
            String class1 = res.getString("class");
            System.out.print("学号: " + id);
            System.out.print(" 姓名: " + name);
            System.out.print(" 性别 :" + sex);
            System.out.print(" 出生年月: " + birthdate);
            System.out.println("班级: " + class1);
        }
    }
    public static void main(String[] args) {
        例12_3 obj = new 例12_3();                     //创建本类对象
        con = obj.getConnection();                     //调用连接数据库方法
        try {
            //输出修改之前的记录
            System.out.println("执行增加、修改、删除前数据 :");
            obj.printRecord();
            //添加记录
            pstmt = con.prepareStatement("insert into tb_info values(?,?, ?,?,?)");
            pstmt.setString(1, "20180288");            //预处理添加数据
            pstmt.setString(2, "张小六");               //预处理添加数据
            pstmt.setString(3, "女");
            java.sql.Date date=java.sql.Date.valueOf("2001-12-1");//数据库中
的日期类
            pstmt.setDate(4, date);
            pstmt.setString(5, "计算机182");
            pstmt.executeUpdate();                     //执行insert语句
            //修改记录
            pstmt = con.prepareStatement("update tb_info set name=? where id=? ");
            pstmt.setString(1, "丽凯王");
            pstmt.setString(2, "20180105");
            pstmt.executeUpdate();                     //执行update语句
            //删除记录
```

```
            pstmt = con.prepareStatement("delete from tb_info where id = ?");
            pstmt.setString(1, "20180104");
            pstmt.executeUpdate();                    //执行delete语句
            //输出修改之后的记录
            System.out.println("执行增加、修改、删除后的数据：");
            obj.printRecord();
            res.close();pstmt.close();con.close();
        } catch (Exception e) {
            e.printStackTrace();
        }
    }
}
```

运行以上程序，在控制台上的输出结果为：

```
执行增加、修改、删除前数据：
学号: 20180101 姓名: 张爱国 性别：男  出生年月: 2000-03-02 班级: 计算机181
学号: 20180102 姓名: 李小红 性别：女  出生年月: 1999-12-04 班级: 计算机181
学号: 20180103 姓名: 王胜利 性别：男  出生年月: 2000-04-12 班级: 计算机181
学号: 20180104 姓名: 张小敬 性别：男  出生年月: 1999-09-11 班级: 计算机181
学号: 20180105 姓名: 王凯丽 性别：女  出生年月: 1999-11-23 班级: 计算机181
执行增加、修改、删除后的数据：
学号: 20180101 姓名: 张爱国 性别：男  出生年月: 2000-03-02 班级: 计算机181
学号: 20180102 姓名: 李小红 性别：女  出生年月: 1999-12-04 班级: 计算机181
学号: 20180103 姓名: 王胜利 性别：男  出生年月: 2000-04-12 班级: 计算机181
学号: 20180105 姓名: 丽凯王 性别：女  出生年月: 1999-11-23 班级: 计算机181
学号: 20180288 姓名: 张小六 性别：女  出生年月: 2001-12-01 班级: 计算机182
```

在第5章中，日期类使用的是java.util.Date，但是在数据库中日期必须使用java.sql.Date，实际上java.sql.Date是java.util.Date的子类。即在数据库中日期用java.sql.Date，除此之外，日期都使用java.util.Date。java.util.Date包含日期和时间，而java.sql.Date只包含日期没有时间部分。例如：

```
java.util.Date utilDate=new java.util.Date();
System.out.println(utilDate);          //输出: "Tue Oct 01 19:07:12 CST 2023"
java.sql.Date sqlDate=new java.sql.Date(utilDate.getTime());
System.out.println(sqlDate);           //输出: "2023-10-01"
```

有些程序也用字符串来表示时间，但是字符串不是一个高效的数据类型，占用空间较大，数值之间比较速度慢，不建议采用。

## 12.4　JTable组件

表格是最常用的数据统计形式之一，在Swing中通常使用JTable类实现表格，显示和编辑单元规则的二维表。

### 12.4.1 表格的创建

在JTable类中除了默认的构造方法外，还提供了利用数组、表格模型等创建表格的构造方法。

1. 创建空表格

语法格式如下：

```
JTable();                              //创建空表格，后续再添加相应数据
JTable(int numRows, int numColumns);   //创建指定行列数的空表格
```

2. 利用数组创建表格

语法格式如下：

```
JTable(Object[][] rowData, Object[] columnNames);
```

利用静态数组创建表格，例如：

```
String[] columnNames = { "A", "B" };                        //定义表格列名数组
String[][] tableValues = { { "A1", "B1" }, { "A2", "B2" },{ "A3", "B3" }, {
"A4", "B4" }, { "A5", "B5" } };                               //定义表格数据数组
JTable table = new JTable(tableValues, columnNames); //创建指定列名和数据的表格
```

3. 利用Vector类创建表格

java.util.vector提供了向量类Vector实现类似动态数组的功能。创建一个向量类的对象后，可以向其中随意插入不同类的对象，即无须顾及类型也无须预先选定向量的容量，可以方便地进行查找。例如：

```
Vector<String> columnNameV = new Vector< String >();      //定义表格列名向量
columnNameV.add("A");                                        //添加列名
columnNameV.add("B");                                        //添加列名
Vector<Vector<String>> tableValueV = new Vector< String >(); //定义表格数据向量
    for (int row = 1; row < 6; row++) {
        Vector<String> rowV = new Vector<>();                //定义表格行向量
        rowV.add("A" + row);                                 //添加单元格数据
        rowV.add("B" + row);                                 //添加单元格数据
        tableValueV.add(rowV);      //将表格行向量添加到表格数据向量中
    }
JTable table = new JTable(tableValueV, columnNameV);       //创建表格
```

4. 利用表格模型创建表格

用来创建表格的JTable类并不存储数据，而是由表格模型负责存储。当利用JTable类直接创建表格时，只是将数据封装到默认的表格模型中。

通过继承AbstractTableModel类可以创建自定义的表格模型类。DefaultTableModel类是由Swing提供的继承了AbstractTableModel类并实现了其中三个抽象方法的表格模型类。例如：

```
String[] columnNames = { "A", "B" };
String[][] tableValues = { { "A1", "B1" }, { "A2", "B2" },{ "A3", "B3" }, {
"A4", "B4" }, { "A5", "B5" } };
```

```
//创建指定表格列名和表格数据的表格模型
DefaultTableModel tableModel = new DefaultTableModel(tableValues,columnNames);
JTable table = new JTable(tableModel);             //创建指定表格模型的表格
```

## 12.4.2 表格的显示

表格组件和其他普通组件一样，需要添加到容器中才能显示。添加表格到容器中有如下两种方式：

（1）添加到普通容器中。此时添加的表格对象只有表格的行内容，表头需要通过getTableHeader()方法单独添加。由于没有滚动条，此添加方式适合数据量较小，能一次性显示完整的表格。

（2）添加到JScrollPane滚动容器中。此添加方式不需要额外添加表头，表格对象添加到容器后，表头自动添加到滚动容器的顶部，并支持行内容的滚动，而且当滚动行内容时，表头会始终在顶部显示。

例 12.4 利用上一节创建的表格，将其添加到普通容器中，如图12-5(a)所示；添加表格的表头，如图12-5(b)所示；将表格添加到JScrollPane容器中，如图12-5(c)所示。

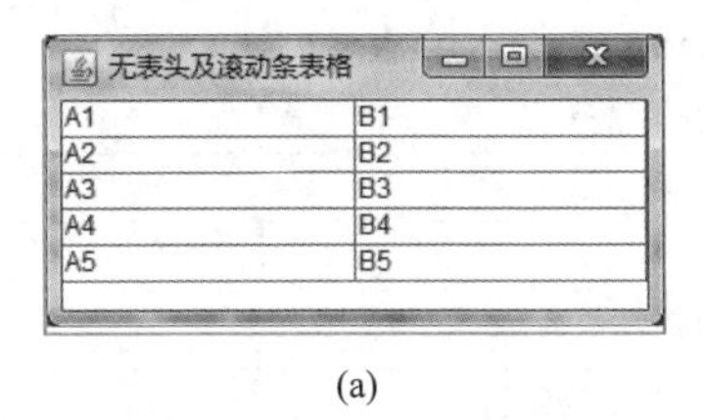


(a)

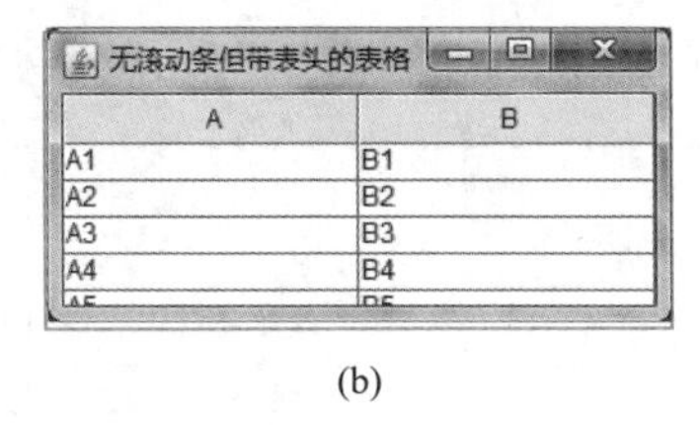


(b)

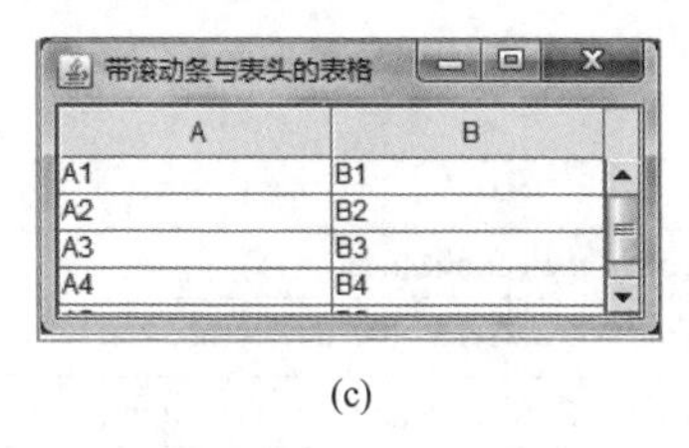


(c)

图 12-5 程序运行结果

（1）创建无表头及滚动条的表格代码如下：

```
…
public class 例12_4 extends JFrame{
    public 例12_4(){
        String[] columnNames = { "A", "B" };         //定义表格列名数组
        String[][] tableValues = { { "A1", "B1" }, { "A2", "B2" },{ "A3", "B3" },
{ "A4", "B4" }, { "A5", "B5" } };                    //定义表格数据数组
        JTable table = new JTable(tableValues, columnNames);    //创建指定列
名和数据的表格
        this.add(table,"Center");
        …
    }
…
}
```

（2）创建无滚动条但带表头的表格，只需将表头添加到布局的上方，添加以下两句代码即可：

```
JTableHeader header=table.getTableHeader();
this.add(header,"North");
```

（3）创建带滚动条与表头的表格，只需将表格添加到JScrollPane容器中即可，代码如下：

```
JScrollPane jsp=new JScrollPane();
jsp.setViewportView(table);
this.add(jsp);
```

### 12.4.3 表格的常用方法

（1）JTable字体与网格颜色的设置方法，见表12-13。

表 12-13 JTable 字体与网格颜色的设置方法

| 方 法 | 功 能 描 述 |
| --- | --- |
| void setFont(Font font) | 设置内容字体 |
| void setForeground(Color c) | 设置字体颜色 |
| void setSelectionForeground(Color c) | 设置被选中的行前景（被选中时字体的颜色） |
| void setSelectionBackground(Color c) | 设置被选中的行背景 |
| void setGridColor(Color c) | 设置网格颜色 |
| void setShowGrid(boolean b) | 设置是否显示网格 |

（2）JTable与选中行相关的方法，见表12-14。

表 12-14 JTable 与选中行相关的方法

| 方 法 | 功 能 描 述 |
| --- | --- |
| void setSelectionMode(int m) | 设置表格行的选中模式 |
| void setRowSelectionAllowed(boolean b) | 设置是否允许选中表格行，默认值为 true |
| void setRowSelectionInterval(int from, int to) | 从 from 到 to，选中所有行，参数为索引 |
| boolean isRowSelected(int row) | 判断索引为 row 的行是否被选中 |
| void selectAll() | 选中表格中所有的行 |
| void clearSelection() | 取消表格中被选中的行 |
| int getSelectedRowCount() | 返回被选中行的数量，-1 表示未选中 |
| int getSelectedRow() | 返回被选中行中最小的行索引，-1 表示未选中 |

其中，使用setSelectionMode(int m)方法设置表格行的选择模式时，其参数可以是ListSelectionModel类的三个静态常量之一：

① SINGLE_SELECTION：常量值为0，只允许选择一行。

② SINGLE_INTERVAL_SELECTION：常量值为1，允许选择连续的多行。

③ MULTIPLE_INTERVAL_SELECTION：常量值为2，允许选择任意行。此为默认值。

（3）JTable与行列相关的方法，见表12-15。

表 12-15 JTable 与行列相关的方法

| 方 法 | 功 能 描 述 |
| --- | --- |
| Object getValueAt(int row, int column) | 获取索引对应的单元格数据 |
| int getRowCount() | 获取表格的总行数 |
| int getColumnCount() | 获取表格的总列数 |
| String getColumnName(int column) | 获取位于指定索引位置的列的名称 |
| void setRowHeight(int rowHeight) | 设置所有行的行高 |
| void setRowHeight(int row, int rowHeight) | 设置指定行的行高 |
| void setAutoResizeMode(int mode) | 设置表格的自动调整模式 |

其中，setAutoResizeMode (int mode)方法用于设置表格的自动调整模式，它的参数可以是

JTable类的五个静态常量之一：

① AUTO_RESIZE_OFF：常量值为0，关闭自动调整功能，使用水平滚动条。

② AUTO_RESIZE_NEXT_COLUMN：常量值为1，只调整其下一列的宽度。

③ AUTO_RESIZE_SUBSEQUENT_COLUMNS：常量值为2，按比例调整其后所有列的宽度。此为默认值。

④ AUTO_RESIZE_LAST_COLUMN：常量值为3，只调整最后一列的宽度。

⑤ AUTO_RESIZE_ALL_COLUMNS：常量值为4，按比例调整所有列的宽度。

列宽的调整需要利用表格模型，得到TableColumn类的对象，再利用该对象的方法进行操作，例如：

```
TableColumn tc = jTable.getColumnModel().getColumn(int columnIndex);
                                                   //获取指定列
tc.setWidth(int width);                            //设置列的宽度
tc.setPreferredWidth(int preferredWidth);  //设置列的首选宽度
tc.setMinWidth(int minWidth);                      //设置列的最小宽度
tc.setMaxWidth(int maxWidth);                      //设置列的最大宽度
tc.sizeWidthToFit();                               //调整该列的列宽，以适合其标题单元格的宽度
tc.setResizable(boolean b);                        //是否允许手动改变该列的列宽
```

例 12.5　利用表格的方法，修改表格的某些属性，程序运行结果如图12-6所示。

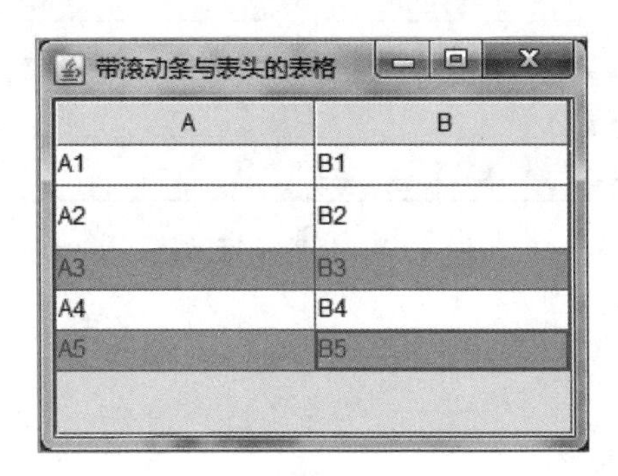


图 12-6　程序运行结果

代码如下：

```
…
    table.setSelectionBackground(Color.LIGHT_GRAY);//设置选中行背景色
    table.setSelectionForeground(Color.RED);        //设置选中行字体色
    table.setRowHeight(20);                         //设置表格所有行的行高为 20
    table.setRowHeight(1, 32);                      //设置第 2 行的行高为 32
    table.setSelectionMode(ListSelectionModel.MULTIPLE_INTERVAL_SELECTION);
    System.out.println("表格的总行数为 :"+table.getRowCount());
    System.out.println("单元格 (1, 1):"+table.getValueAt(1, 1));
    System.out.println("第 2 列的名称 :"+table.getColumnName(1));
…
```

在控制台上的输出结果为：

```
表格的总行数为 :5
```

```
单元格 (1, 1):B2                      // 索引从 0 开始
第 2 列的名称 :B
```

### 12.4.4 表格模型

用来创建表格的JTable类并不负责存储表格中的数据，数据的存储由表格模型负责。当利用JTable类直接创建表格时，数据只是被封装到了默认的表格模型。如12.4.1节中利用数组创建表格的方式。

DefaultTableModel类是从AbstractTableModel抽象类继承而来，并且它实现了getColumnCount()、getRowCount()与getValueAt()三个方法。因此在实际使用时，DefaultTableModel类比AbstractTableModel类简单很多，当要显示的表格格式不是很复杂时，建议使用DefaultTableModel类实现。

DefaultTableModel类的创建和JTable类的创建类似，可以使用数组封装的数据，也可以使用Vector封装的数据。

例 12.6 利用表格模型创建例12.4中的表格，并使用表格排序器，程序运行结果如图12-7所示。

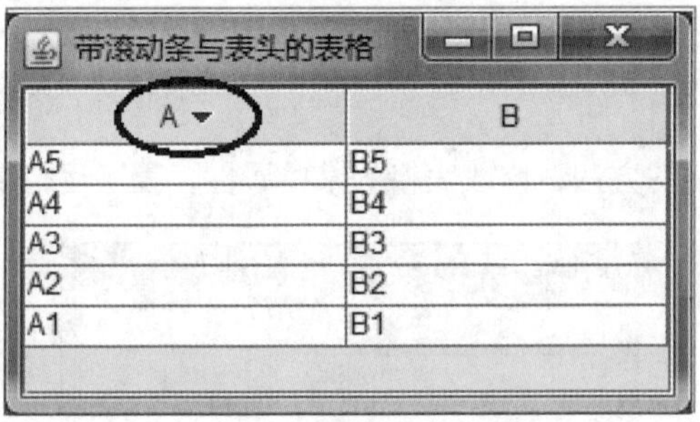

带滚动条与表头的表格

| A ▼ | B |
|---|---|
| A5 | B5 |
| A4 | B4 |
| A3 | B3 |
| A2 | B2 |
| A1 | B1 |

图 12-7 程序运行结果

代码如下：

```
...
public 例12_6(){
    String[] columnNames = { "A", "B" };            //定义表格列名数组
    String[][] tableValues = { { "A1", "B1" }, { "A2", "B2" },{ "A3", "B3" },
{ "A4", "B4" }, { "A5", "B5" } };                   //定义表格数据数组
    DefaultTableModel dtm=new DefaultTableModel(tableValues,columnNames);
    JTable table = new JTable(dtm); //利用表格模型对象创建表格
    table.setRowSorter(new TableRowSorter(dtm)); //设置排序器
    ...
}
...
```

由于表格并不存储数据，所以当需要对表格中的内容进行维护时，如向表格中添加新的数据行、修改表格中某一单元格的值、从表格中删除指定的数据行等，必须通过维护表格模型来完成。DefaultTableModel类的常用方法见表12-16。

表 12-16　DefaultTableModel 类的常用方法

| 方法 | 功能描述 |
| --- | --- |
| void setRowCount(int count)<br>void setColumnCount(int count) | 设置模型中的行（列）数。若参数大于当前大小，则将新行（列）添加到该模型的末尾；若参数小于当前大小，则丢弃索引 count 处及其后的所有行（列） |
| int getRowCount()<br>int getColumnCount() | 返回此数据表中的行（列）数 |
| String getColumnName(int column) | 返回列名称 |
| void setValueAt(Object value,int row,int column) | 设置指定索引处单元格的属性值 |
| object getValueAt(int row, int column) | 返回指定索引处单元格的属性值 |
| void addRow(Object[] rowData)<br>void addRow(Vector rowData) | 添加一行到模型的末尾 |
| void insertRow(int row, Object[] rowData)<br>void insertRow(int row, Vector rowData) | 在模型中的 row 位置插入一行 |
| void removeRow(int row) | 移除模型中 row 位置的行 |
| boolean isCellEditable(int row, int column) | 默认值均为 true |

DefaultTableModel类的isCellEditable()方法默认返回值均为true，表示该单元格可编辑。如果想把单元格设为不可编辑，则需要重写isCellEditable()方法。

例 12.7　编写程序，运行结果如图12-8所示。通过按钮可以添加、删除和修改表格中的记录，且双击表格时，数据不可编辑。

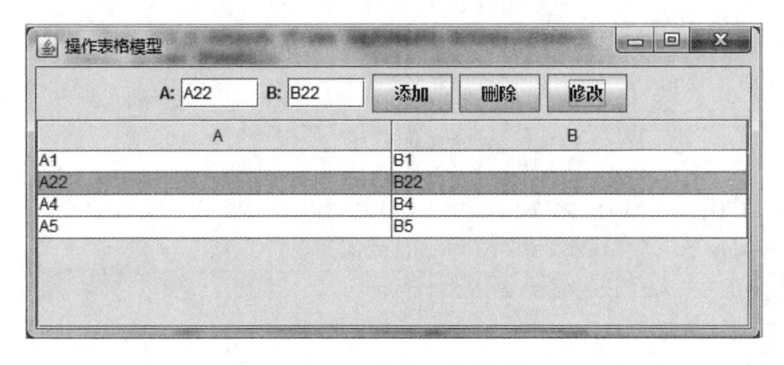


图 12-8　程序运行结果

代码如下：

```
public class 例12_6 extends JFrame implements ActionListener{
    JPanel jp=new JPanel();
    JTextField txtA=new JTextField(5);
    JTextField txtB=new JTextField(5);
    JButton btnAdd=new JButton("添加");
    JButton btnDel=new JButton("删除");
    JButton btnModify=new JButton("修改");
    MyDefaultTableModel tableModel;
    JTable table = new JTable();                    //利用表格模型对象创建表格
    public 例12_6(){
        init();
        table.addMouseListener(new MouseAdapter(){
```

```
            //将鼠标单击处的单元格值赋值给对应的文本框
            public void mouseClicked(MouseEvent e) {
                int selectedRowIndex=table.getSelectedRow();//获取当前选中列索引
                //获取当前列的单元格内容
                String strA=tableModel.getValueAt(selectedRowIndex, 0).toString();
                String strB=tableModel.getValueAt(selectedRowIndex, 1).toString();
                txtA.setText(strA);txtB.setText(strB);  //设置文本框内容
            }
        });
        …
    }
    //创建 DefaultTableModel 类的子类，并重写 isCellEditable() 方法
    class MyDefaultTableModel extends DefaultTableModel{
        public MyDefaultTableModel(String[][] tableValues, String[] columnNames){
            super(tableValues,columnNames);                 //调用父类的构造方法
        }
        @Override //重写 isCellEditable() 方法
        public boolean isCellEditable(int row, int column) {
            return false;                                  //设为不可编辑
        }
    }
    //界面设计
    public void init(){
        jp.add(new JLabel("A:"));jp.add(txtA);
        jp.add(new JLabel("B:"));jp.add(txtB);
        jp.add(btnAdd);jp.add(btnDel);jp.add(btnModify);
        btnAdd.addActionListener(this);
        btnDel.addActionListener(this);
        btnModify.addActionListener(this);
        this.add(jp,"North");
        String[] columnNames = { "A", "B" };
        String[][] tableValues = { { "A1", "B1" }, { "A2", "B2" },{ "A3", "B3" },
{ "A4", "B4" }, { "A5", "B5" } };
        tableModel=new MyDefaultTableModel(tableValues,columnNames);
        table.setModel(tableModel);          //设置 JTable 对象的模型
        JScrollPane jsp=new JScrollPane();
        jsp.setViewportView(table);          //将滚动面板上的显示组件设置为 table
        this.add(jsp,"Center");
    }

    public void actionPerformed(ActionEvent e) {
        if(e.getSource()==btnAdd){
            if(!(txtA.getText().isEmpty() || txtB.getText().isEmpty())){
                String[] rowV={txtA.getText(),txtB.getText()};
```

```
                tableModel.addRow(rowV);                          //添加行
            }
        }
        else if(e.getSource()==btnDel){
            int selectedRowIndex=table.getSelectedRow();
            if(selectedRowIndex!=-1)                              //判断是否选中
                tableModel.removeRow(selectedRowIndex);  //删除行
        }
        else if(e.getSource()==btnModify){
            int selectedRowIndex=table.getSelectedRow();
            if(selectedRowIndex!=-1 && !(txtA.getText().isEmpty() || txtB.get
Text().is Empty())){
                //修改指定索引处的值
                tableModel.setValueAt(txtA.getText(), selectedRowIndex, 0);
                tableModel.setValueAt(txtB.getText(), selectedRowIndex, 1);
            }
        }
    }
    …
}
```

例 12.8　利用例12.1创建的数据库tb_info，将其中的“学号”“姓名”“性别”字段的记录显示到JTable组件中。程序运行结果如图12-9所示。

tb_info表记录

| 学号 | 姓名 | 性别 |
|---|---|---|
| 20180101 | 张爱国 | 男 |
| 20180102 | 李小红 | 女 |
| 20180103 | 王胜利 | 男 |
| 20180104 | 张小敏 | 男 |
| 20180105 | 王凯丽 | 女 |

图 12-9　程序运行结果

代码如下：

```
public class 例12_8 extends JFrame {
    static{
        …                    //加载数据库驱动，见例12.3
    }
    public 例12_8(){
        JTable table=new JTable();
        JScrollPane js=new JScrollPane(table);
        String sqlStr="Select id as 学号,name as 姓名,sex as 性别 from tb_info";
        showDataBySql(table,sqlStr);                   //根据SQL语句显示数据
        this.add(js);
        …
    }
```

```
    public static void showDataBySql(JTable table, String sqlStr){
        Connection con=null;
        Statement stmt=null;
        ResultSet rs=null;
        try {
            con=getConnection();                                  //获取连接
            stmt=con.createStatement(ResultSet.TYPE_SCROLL_SENSITIVE,
                    ResultSet.CONCUR_READ_ONLY);                  //建立Statement对象
            rs=stmt.executeQuery(sqlStr);                         //返回查询的结果集
            if(!(rs.next())){
                JOptionPane.showMessageDialog(null, "查询的记录为空");
                return;
            }
            showDataToJTable(rs,table);         //将结果集中的数据显示到JTable中
            rs.close(); stmt.close();con.close();
        } catch (Exception ex) {
            ex.printStackTrace();
        }
    }

    public static Connection getConnection(){
        …                  //获取连接代码,见例12.3
    }
    //将ResultSet中的数据显示到JTable中
    public static void showDataToJTable(ResultSet rs, JTable table)throws Exception{
        Vector<String> columns=new Vector<String>();          //存储列字段
        Vector<Vector<String>> rows=new Vector<Vector<String>>();//存储表记录
        ResultSetMetaData rsmd=rs.getMetaData();  //获取结果集中数据的详细信息
        rs.beforeFirst();                                     //指针回到表头之前
        for(int i=1;i<=rsmd.getColumnCount();i++)             //添加所有的列字段
            columns.add(rsmd.getColumnName(i));
        while(rs.next()){
            Vector<String> rowV=new Vector<String>();         //存储当前行记录
            for(int i=1;i<=rsmd.getColumnCount();i++)
                rowV.add(rs.getString(i));
            rows.add(rowV);                           //将当前行记录添加到表记录中
        }
        //创建指定表格列名和表格数据的表格模型
        DefaultTableModel dtm=new DefaultTableModel(rows,columns);
        table.setModel(dtm);                                  //指定表格的表格模型
    }
    …
}
```

## 12.5 综合实践

在第11章综合实践的基础上，继续完善宿舍管理系统。

（1）在student_manage数据库中，创建班级表（t_class）、房间表（t_room）、学生表（t_student）。

（2）实现学生管理中学生列表界面，如图12-10所示。界面中要实现列表、搜索框、按钮等功能。

| 学生姓名 | 性别 | 班级 | 所在房间 | 联系电话 |
| --- | --- | --- | --- | --- |
| 猪八戒 | 男 | 19计科一班 | 桐梓林东路12号 | 13*27543921 |
| 黄盖 | 男 | 19广电二班 | 华桂路18号 | 18*12398997 |
| 孙权 | 男 | 19计科一班 | 华桂路18号 | 19*12301232 |
| 关羽 | 男 | 19计科一班 | 桐梓林东路12号 | 12*31231238 |
| 张飞 | 男 | 19软件测试1班 | 华桂路18号 | 18*12392319 |
| 小乔 | 女 | 19软件测试2班 | 人民南路二段21号 | 18*21374671 |
| 大乔 | 女 | 19软件测试2班 | 人民南路二段21号 | 19*19856992 |

图 12-10 学生列表界面

（3）实现学生管理中班级列表界面，如图12-11所示。界面中要实现列表、搜索框、按钮等功能。

| 班级编号 | 班级名称 | 代课老师 | 开班时间 |
| --- | --- | --- | --- |
| 10 | 19计科一班 | 曹老师 | 2021-06-04 |
| 11 | 19计科二班 | 刘老师 | 2021-06-04 |
| 12 | 19软件测试1班 | 孙老师 | 2021-06-04 |
| 13 | 19软件测试2班 | 王老师 | 2021-02-19 |
| 16 | 19广电二班 | 王老师 | 2021-06-02 |

图 12-11 班级列表界面

（4）实现学生管理中房间列表界面，如图12-12所示。界面中要实现列表、搜索框、按钮等功能。

| 房间地址 | 可容纳人数 | 已住人数 | 房租 | 房间状态 | 房东 | 房东电话 | 房间类型 |
| --- | --- | --- | --- | --- | --- | --- | --- |
| 人民南路二段21号 | 2 | 2 | 1200/月 | 损坏 | 王先生 | 268173* | 女生宿舍 |
| 桐梓林东路12号 | 4 | 2 | 1400/月 | 正常 | 刘先生 | 279846* | 男生宿舍 |
| 华桂路18号 | 4 | 3 | 1300/月 | 正常 | 李先生 | 279548* | 男生宿舍 |
| 龙周路233号 | 5 | 0 | 1300/月 | 正常 | 刘先生 | 245987* | 男生宿舍 |
| 金周路530号 | 4 | 0 | 800/月 | 正常 | 谢先生 | 182930* | 女生宿舍 |
| 二环路东1段25号 | 3 | 0 | 1200/月 | 正常 | 杨先生 | 102983* | 女生宿舍 |

图 12-12 房间列表界面

（5）实现学生、班级、房间的信息管理和数据维护功能。

## 习 题

1. 编写一个简单数据库管理信息系统的应用程序，要求包含登录、主窗体以及各个表的信息维护功能及查询功能。

2. 编写一个简单的学生信息管理系统应用程序，要求包含以下内容：

（1）在db_student数据库中，继续添加登录表t_login，分别包含用户名和密码两个字段；添加班级表t_class，包含班级的信息，如班级名、班级人数、班主任等信息。在两个表中输入测试数据。

（2）设计登录窗体。

（3）设计主窗体，包含主菜单与工具栏。

（4）实现修改当前用户密码的功能。

（5）实现基本信息维护功能。

（6）实现班级分数维护功能。

（7）实现班级信息维护功能。

（8）实现查询功能，如查询班级信息、学生基本信息、学生分数信息等。

# 第13章 多　线　程

**学习目标**

◎掌握线程的状态与优先级，能够解决多线程之间的数据同步问题；

◎掌握利用Thread类 创建多线程应用程序的方法。

**素质目标**

◎通过对多线程的理解，培养团队合作、同步开发的意识。

到目前为止我们学到的都是有关顺序编程的知识，即程序中的所有事务在任意时刻都只能执行一个步骤。编程中的大多数问题都可以通过顺序编程来解决。然而，对于某些问题，如果能够并发执行程序中的多个部分，则会变得非常方便。人们可以一边跑步，一边听音乐，用户可以利用计算机一边打印文件，一边编辑文档。这些活动都是可以同时进行的，Java语言将这种思想称为并发，而将并发完成的每一件事情称为线程。

Java语言的并发机制非常重要，但是并不是所有的程序语言都支持线程。在以往的程序中，多以一个任务完成后再进行下一个项目的模式进行开发，这样下一个任务的开始必须等待前一个任务的结束。Java语言提供并发机制，用户可以在程序中执行多个线程，每个线程完成一个功能，并与其他线程并发执行，这种机制称为多线程。线程是比进程更小的执行单位。每个进程在其执行过程中可以产生多个线程，每个线程就是一个程序内部的一条执行线索，这些线程可以交替运行。

多任务与多线程是两个不同的概念。前者是针对操作系统而言，表示操作系统可以同时运行多个应用程序；后者是针对一个程序而言，表示一个程序内部可以同时执行多个线程。

## 13.1　案例 13-1：走动的时钟

### 1. 案例说明

运用Java多线程技术，编写一个电子时钟的应用程序，运行程序时会显示系统的当前日期和时间，并且每隔1秒会自动刷新当前日期和时间。程序的运行结果如图13-1所示。

图 13-1　程序运行结果

### 2. 实现步骤

（1）在chap13包中创建Example13_1类，将超类修改为javax.swing.JFrame。

（2）输入相应代码，运行程序。

```
…
public class Example13_1 extends JFrame {
    static JLabel lblOut=new JLabel();
    public Example13_1(){
        this.add(lblOut);
        showTime();                                    //显示当前日期和时间
        …
    }
    //创建方法，在窗体的标签上显示当前日期和时间
    public void showTime(){
            SimpleDateFormat sdf=new SimpleDateFormat("yyyy'年'MM'月'dd'日
'HH:mm:ss");                                          //格式化时间显示类型
        Calendar now=Calendar.getInstance();           //得到当前日期和时间
        String time=sdf.format(now.getTime());         //得到格式化的当前日期和时间
        lblOut.setFont(new Font("楷体",Font.BOLD,18));  //设置字体
        lblOut.setText(time);
    }

    public static void main(String[] args) {
        ClockThread thread=new ClockThread();          //创建线程
        thread.start();                                //启动线程
    }
}
//创建ClockThread类继承Thread类
class ClockThread extends Thread{
    Example13_1 clock=new Example13_1();
    public void run(){
        while(true){
            try {
                Thread.sleep(1000);                    //线程休眠1 000 ms
            } catch (InterruptedException e) {
                e.printStackTrace();
            }
            clock.showTime();                          //刷新当前日期和时间
        }
    }
}
```

**3．知识点分析**

本案例设计了一个简单的“电子时钟”，通过继承Thread类的方式实现多线程，调用sleep()方法实现线程休眠。上述代码中，main()方法和MyThread类的run()方法可以同时运行，互不影响，这正是单线程和多线程的区别。

# 13.2　创建多线程

创建多线程有两种方法：继承Thread类与实现Runnable接口。

## 13.2.1　继承Thread类

一个Thread类的对象就是Java程序的一个线程，所以Thread类的子类的对象也是Java程序的一个线程。因此，创建Java程序可以通过构造Thread类的子类的对象来实现。创建Thread类的子类主要目的是让线程类的对象能够完成线程程序所需要的功能。

通过继承Thread类的方法创建的线程，在程序执行时的代码被封装在Thread类或其子类的成员方法run()中。为了使新建的线程能完成所需要的功能，新创建的线程子类应重写Thread类的成员方法run()。

线程的启动或运行并不是调用成员方法run()，而是调用成员方法start()，从而能间接调用run()方法，线程的运行实际上就是执行线程的成员方法run()。

例 13.1　通过继承Thread类创建线程，在主控程序中同时运行两个线程。输出奇数和偶数。

```
package chap13;
public class 例13_1 extends Thread {
    private int num=0;
    public 例13_1(String name,int n){
        this.setName(name);                          //设置线程名
        this.num=n;                                  //成员变量赋值
    }
    //重写 run() 方法
    public void run(){
        int j=num;
        System.out.print("\n");
        System.out.print(this.getName()+":");
        while(j<20){
            System.out.print(j+" ");
            j+=2;
        }
    }
    public static void main(String[] args) {
        例13_1 t1=new 例13_1("Thread1",1); //创建输出奇数的线程
        例13_1 t2=new 例13_1("Thread2",2); //创建输出偶数的线程
        t1.start();                                  //启动线程
        t2.start();
        System.out.println("活动的线程个数为: "+activeCount());
    }
}
```

程序输出结果为：

```
当前活动的线程个数为: 3
Thread1:1 3 5 7 9 11 13 15 17 19
Thread2:2 4 6 8 10 12 14 16 18
```

不同的机器性能会导致例13.1的输出结果不尽相同，即使在同一台机器上，每次运行的结果也可能不一样。由于线程1输出“3”之后，时间片已经用完，系统强制切换线程去执行线程2。当线程2时间片用完之后，再继续执行线程1。

线程被创建后不会自动执行，需要调用start()方法启动线程。main()方法本身也是一个线程。

### 13.2.2 实现Runnable接口

由于Java语言不支持多继承，每个类只允许有一个父类。对于一个已经有父类的子类，在实现线程时就不能用Thread类实现了，而应采用Runnable接口实现。从本质上说，Thread类也是实现Runnable接口的，其中run()方法正是对Runnable接口中run()方法的具体实现。

实现Runnable接口的程序需要创建一个Thread对象，并将Runnable对象与Thread对象关联。Thread类中有以下两个构造方法：

```
public Thread(Runnable r);                    //利用 Runnable 对象创建 Thread 对象
public Thread(Runnable r, String name);       //利用 Runnable 对象创建 Thread 对象
```

例 13.2 创建一个窗体，通过Runnable接口实现图标移动的功能。图标显示在标签上，从窗体的最左端移动到最右端，到达最右端后再重新回到起点。

```
…
public class 例13_2 extends JFrame implements Runnable{
    JLabel lblShow = new JLabel();
    private int count = 0;                            //声明计数变量
    public 例13_2() {
        setBounds(300, 200, 300, 100);                //绝对定位窗体大小与位置
        this.setLayout(null);                         //窗体设为绝对布局
        lblShow.setIcon(new ImageIcon("image/Jellyfish.jpg")); //将图标放置在标签中
        lblShow.setBounds(10, 10, 50, 50);            //设置标签的位置与大小
        lblShow.setOpaque(true);
        this.add(lblShow);                            //将标签添加到容器中
        setTitle("滚动的图片");
        setVisible(true);
        setDefaultCloseOperation(JFrame.EXIT_ON_CLOSE);
    }
    //重写run()方法
    public void run() {
        while (count <= this.getWidth()) {
            lblShow.setBounds(count, 10, 50, 50); //将标签的横坐标用变量表示
            try {
                Thread.sleep(100);                    // 使线程休眠100 ms
            } catch (Exception e) {
```

```
            e.printStackTrace();
        }
        count += 4;                              //横坐标每次循环递增4
        if (count >= this.getWidth()-lblShow.getWidth())
            count = 10;           //当图标到达标签的最右边，使其回到标签最左边
    }
}
public static void main(String[] args) {
    例13_2 r=new 例13_2();                      //创建实现接口的类的对象
    Thread t=new Thread(r);                     //创建线程对象
    t.start();                                  //启动线程
}
}
```

Runnable接口只有一个方法run()，利用Runnable接口创建线程子类，必须重写Runnable接口中的run()方法。例13_2类的对象r虽然有run()方法的线程体，但其中没有start()方法，所以r不是一个线程对象，只能作为一个带有线程体的目标对象。

如果线程类是继承Thread类的子类，那么可以直接实例化创建线程对象；如果这个类只是实现了Runnable接口，那么就需要将它的对象传递给Thread类的构造方法，即在main()方法中，必须将对象r作为目标对象创建Thread类的对象t，通过调用t.start()方法启动线程。

启动一个新的线程，不是直接调用Thread子类对象的run()方法，而是通过调用它的start()方法产生一个新的线程，让这个线程运行run()方法。

## 13.3 线程的生命周期

线程具有生命周期，其中包含七种状态，分别为出生状态、就绪状态、运行状态、等待状态、休眠状态、阻塞状态和死亡状态。图13-2所示为线程生命周期状态图。

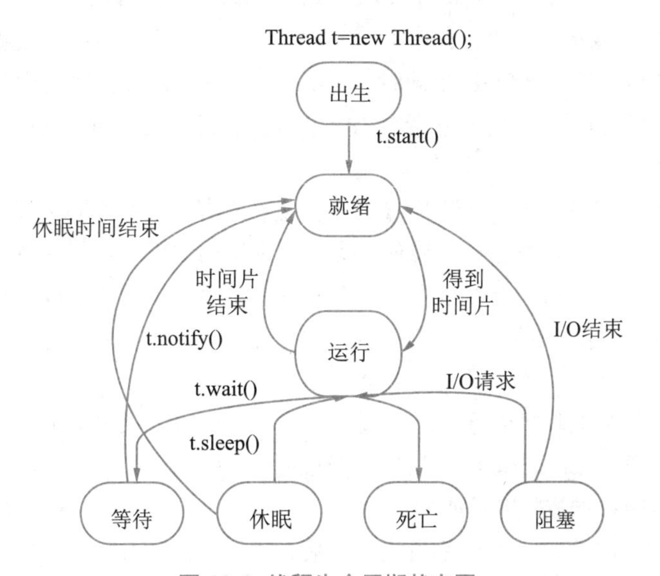


图13-2 线程生命周期状态图

### 1. 出生状态

出生状态是用户在创建线程时所处的状态，在用户使用该线程实例调用start()方法之前，线程都处于出生状态。

```
Thread t = new Thread();
```

### 2. 就绪状态

当用户调用start()方法后，线程处于就绪状态（又称可执行状态）。一旦线程进入就绪状态，它会在可执行状态与运行状态之间转换，也有可能进入等待、休眠、阻塞或死亡状态。

```
t.start();
```

### 3. 运行状态

当线程得到系统资源（时间片）后即进入运行状态。

### 4. 等待状态

当处于运行状态的线程调用wait()方法时，线程进入等待状态。进入等待状态的线程必须调用notify()方法才能被唤醒，唤醒之后线程又进入就绪状态等待下一次被执行。

```
t.wait();
```

### 5. 休眠状态

当调用sleep()方法时，线程进入休眠状态。当休眠时间结束后，线程又进入就绪状态等待下一次被执行。

```
t.sleep();
```

### 6. 阻塞状态

如果一个线程在运行状态下发出I/O请求，则该线程进入阻塞状态，在其I/O结束时，线程又进入就绪状态等待下一次被执行。

### 7. 死亡状态

当线程的run()方法执行完毕，线程进入死亡状态，即该线程结束。

虽然多线程看起来像是同时执行，但事实上在同一时间点上只有一个线程被执行，只是线程之间的切换很快，使人感觉线程好像是同时执行的。在Windows操作系统中，系统会为每个线程分配时间片，当线程得到时间片时，它会在CPU中得到执行；当时间片结束时，CPU就会强制切换，去执行下一个线程。

线程的优先级代表该线程的重要程度或紧急程度。当有多个线程同时处于可执行状态，并等待获得CPU时间时，Java虚拟机会根据线程的优先级来调用线程。在同等情况下，优先级高的线程会先获得CPU时间，优先级较低的线程只有等排在它前面的高优先级线程执行完毕后才能获得CPU资源，对于优先级相同的线程，则遵循队列的“先进先出”原则，即先进入就绪状态的线程被优先分配使用CPU资源。

Java线程的优先级从低到高以整数1～10表示，共分为10级，可以调用Thread类的getPriority()方法获取线程的优先级和setPriority()方法改变线程的优先级。

Thread类优先级有关的成员变量如下：

（1）MAX_ PRIORITY：一个线程可能有的最大优先级，值为10。

（2）MIN_PRIORITY：一个线程可能有的最小优先级，值为1。

（3）NORM_PRIORITY：一个线程默认的优先级，值为5。

## 13.4　线程的同步

在单线程程序中，每次只能做一件事情，后面的事情需要等待前面的事情完成之后才可以进行。但是如果使用多线程程序，就会发生两个线程抢占资源的情况，如两个人同时说话，很多人同时过一个独木桥等。所以在多线程编程中需要防止这些资源访问的冲突。Java语言提供了线程同步的机制防止这些冲突。

例 13.3　创建一个类，实现Runnable接口，模拟火车站售票系统。假设当前火车票一共剩余10张，有4个窗口同时售卖。

```
package chap13;
public class 例13_3 {
    static final int MAXNUM=10;                              //设置总票数
    public static void main(String[] args) {
        TicketOffice office=new TicketOffice();              //实例化对象
        Thread window1=new Thread(office);                   //创建线程
        window1.setName("售票点1");                           //设置线程名
        window1.start();                                     //启动线程
        Thread window2=new Thread(office);
        window2.setName("售票点2");
        window2.start();
        Thread window3=new Thread(office);
        window3.setName("售票点3");
        window3.start();
        Thread window4=new Thread(office);
        window4.setName("售票点4");
        window4.start();
    }
}
//创建实现Runnable接口的类TicketOffice
class TicketOffice implements Runnable{
    private int tickets=0;                                   //统计卖出的票数
    public void run(){
        boolean flag=true;                                   //表示是否还有余票
        while(flag){
            if(tickets<例13_3.MAXNUM){
                tickets++;                                   //卖出一张票
                try {
                    Thread.sleep(500);                       //休眠500 ms
                } catch (InterruptedException ex) {
                    ex.printStackTrace();
```

```
                }
                String name= Thread.currentThread().getName(); //获取当前线程名
                System.out.println(name+": 卖出了第 "+tickets+" 张票 ");
            }
            else flag=false;                                    //余票已售完
        }
    }
}
```

程序输出结果为：

```
    售票点 1: 卖出了第 4 张票
    售票点 3: 卖出了第 4 张票
    售票点 2: 卖出了第 4 张票
    售票点 4: 卖出了第 5 张票
    售票点 1: 卖出了第 8 张票
    售票点 4: 卖出了第 9 张票
    售票点 3: 卖出了第 10 张票
    售票点 2: 卖出了第 10 张票
    售票点 1: 卖出了第 10 张票
    售票点 4: 卖出了第 10 张票
```

从输出的结果可以看出，每个站点卖出第几张票完全乱了套。这是因为同时创建了4个线程，这4个线程执行run()方法，对共同的资源——tickets变量进行操作。线程1对tickets进行递增操作，随后进入休眠；线程2、3、4也都对tickets进行递增操作，随后都进入休眠；等这些线程被唤醒准备输出tickets的值时，tickets早已不是当初递增时候的值了。

如何解决资源共享的问题？基本上所有多线程资源冲突问题都会采用给定时间只允许一个线程访问共享资源的解决方法，这时就需要给共享资源上一道锁。这就好比一个人使用洗手间，这个人进入洗手间后将门锁上，当他出来时再将锁打开，然后其他人才可以进入。

Java语言提供了专门机制解决这种冲突，确保任何时刻只能有一个线程对同一个数据对象进行操作。这套机制就是synchronized关键字，它有两种用法：synchronized()方法和synchronized块。

### 1. 同步块

使用同步块的方式解决例13.3出现的问题。

```
...
public void run(){
    boolean flag=true;                                      //表示是否还有余票
    while(flag){
        synchronized(""){                                   //同步块
            if(tickets<例13_4.MAXNUM){
                tickets++;                                  //卖出一张票
                try {
                    Thread.sleep(500);                      //休眠500 ms
                } catch (InterruptedException ex) {
                    ex.printStackTrace();
```

```
                }
                String name= Thread.currentThread().getName();
                                                        //获取当前线程名
                System.out.println(name+":卖出了第"+tickets+"张票");
            }
            else flag=false;                            //余票已售完
        }
    }
}
...
```

程序输出结果为：

```
售票点1:卖出了第1张票
售票点1:卖出了第2张票
售票点2:卖出了第3张票
售票点1:卖出了第4张票
售票点4:卖出了第5张票
售票点4:卖出了第6张票
售票点3:卖出了第7张票
售票点2:卖出了第8张票
售票点3:卖出了第9张票
售票点3:卖出了第10张票
```

从输出的结果来看，售票工作恢复了正常。这是因为将共同资源放置在了同步块中，这个同步块又称临界区，它使用synchronized关键字建立，语法格式如下：

```
synchronized(Object obj){
    语句块
}
```

通常将共享资源的操作放在synchronized定义的区域内，当其他线程也想获取到这个锁时，必须要等待锁被释放才能进入该区域。

### 2. 同步方法

同步方法是在方法前面添加关键字synchronized，语法格式如下：

```
synchronized 返回类型 方法名(参数列表){
    方法体
}
```

当某个对象调用了该同步方法时，该对象上的其他同步方法必须等待该同步方法执行完毕后才能被执行。必须将每个能访问共享资源的方法修饰为synchroized，否则会出错。

synchronized关键字修饰的方法控制对类成员变量的访问，每个对象对应一把锁。每个synchronized修饰的方法都必须获得调用该方法的对象的锁才能执行，否则所属线程阻塞。方法一旦执行，就独占该锁，直到从该方法返回时才将锁释放，然后只有被阻塞的线程才能获得该锁，重新进入可执行状态。这种机制保证了同一时刻同一个数据对象只能被一个线程操作。

例 13.5 使用同步方法解决例13.3出现的问题。

```
class TicketOffice3 implements Runnable{
    private int tickets=0;                                //统计卖出的票数
    public void run(){
        boolean flag=true;                                //表示是否还有余票
        while(flag)
            flag=sell();
    }
    //卖票的同步方法
    public synchronized boolean sell(){
        boolean tag=true;
        if(tickets<例13_5.MAXNUM){
            tickets++;                                    //卖出一张票
            try {
                Thread.sleep(500);                        //休眠500 ms
            } catch (InterruptedException ex) {
                ex.printStackTrace();
            }
            String name= Thread.currentThread().getName(); //获取当前线程名
            System.out.println(name+":卖出了第"+tickets+"张票");
        }
        else tag=false;                                   //余票已售完
        return tag;
    }}
```

程序输出结果为：

```
售票点1:卖出了第1张票
售票点4:卖出了第2张票
售票点4:卖出了第3张票
售票点3:卖出了第4张票
售票点3:卖出了第5张票
售票点3:卖出了第6张票
售票点2:卖出了第7张票
售票点2:卖出了第8张票
售票点2:卖出了第9张票
售票点2:卖出了第10张票
```

将对共享资源的操作放置在同步方法中，运行结果与使用同步块的结果一致。

## 13.5 综合实践

**题目描述**

设计一个图片浏览器。左边列表框的各项为“image/pics/”目录中图片文件的文件名，当鼠标选择不同的选项时，在右边的画布上显示对应的图片。

图片浏览器可以自动播放，分别有“顺序播放”“随机播放”“暂停”三种方式，如图13-3所示。

顺序播放：按图片在列表框中的排列顺序播放，每张图片显示的时间为1 s；

随机播放：按随机顺序播放列表框中的图片，每张图片显示的时间为1 s；

暂停：停止自动播放功能，此时可以用鼠标选择播放。

图 13-3 运行结果

# 习 题

1. 将案例13-1走动的时钟改成用Runnable接口的方式实现。

2. 设计一个键盘事件应用程序。程序启动后，当用户按下【Ctrl+X】组合键时，则程序在10 s后退出，如图13-4所示。

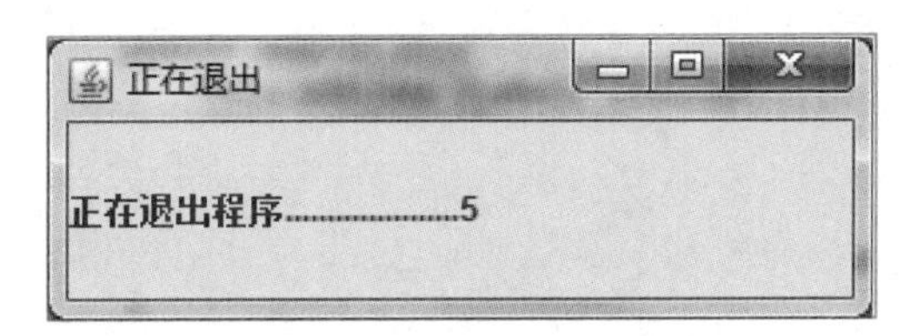


图 13-4 第 2 题运行结果

3. 修改例13.2，使窗体上的按钮绕一个矩形的边移动。

# 参 考 文 献


[1] 孙修东，王永红. Java程序设计任务驱动式教程[M]. 3版. 北京：北京航空航天大学出版社，2016.

[2] 明日科技. Java从入门到精通[M].5版. 北京：清华大学出版社，2019.

[3] 徐明华，邱加永，纪希禹. Java基础与案例开发详解[M]. 北京：清华大学出版社，2014.

[4] 埃克尔.Java编程思想（第4版）[M]. 陈昊鹏，译. 北京：清华大学出版社，2007.